이 책에 대한 찬사

"부디 한 사람이라도 더 이 기적 같은 책을 읽었으면 하는 간곡한 마음으로, 논픽션 중에서 단연 가장 많이 추천하고 다녔던 책이 드디어 복간되어 말할 수 없이 기쁘다. 이 책을 처음 읽었을 때 말 그대로 완전히 압도당했다. 세 여성 과학자가 유인원들과 교감을 넘어 측량 불가한 사랑에 빠지는 과정, 그 사랑에 목숨을 걸고 서서히 온 삶을 바쳐 가는 과정, 그 사랑을 감당하는 방식의 차이가 비슷하게 시작했던 세 여성의 삶을 현저히 다른 방향으로 이끄는 과정을 좇는 일은 숨 막힐 정도로 감동적이면서 잠깐씩 읽기를 멈추고 한참 울어야 할 정도로 애끓고 아프다. 남성 지배적인 경험과학의 금기를 부수며 그들이 집요하게 밀고나간 연구가 위대한 과학적 업적을 이뤘듯이, 그들의 발자국을 한 발 한 발 따라 걷는 듯 생생히 담은 이 책도 여느 위대한 문학작품 못지않은 성취를 이뤘다. 읽고 나면 동물과 세상과 삶을 바라보는 커다란 스케일의 시선 하나가 마음에 단단히 심겨지고, 그로 인해 이 책을 읽기 전으로 돌아가지 못하게 될 것이다."

김혼비, 『다정소감』

"가진 것이 변변찮았던, 심지어 대학 졸업장도 없던 20대 여성 셋이 과학 연구의 패러다임을 바꾼 기적 같은 이야기. 그들은 자격증을 따거나 남들이 그럴 듯하다고 여기는 직업을 준비하는 데 시간을 허비하지 않았다. 일단 도전하고 부딪쳤다. 그들의 '용기'를 10대, 20대가 읽고서 느끼면 좋겠다.
영장류를 연구하던 세 여성 과학자의 선택은 또 얼마나 흥미로운가. 고릴라, 침팬지, 오랑우탄을 보호하고자 한 명은 총을, 한 명은 마이크를, 한 명은 찻잔을 들었다. 각각의 선택이 낳은 이야기를 따라서 읽다 보면, 세상을 바꾸기 위해 그들이 평생 고민하고 시도하며 찾아낸 '지혜'까지 배우게 된다. '용기'와 '지혜'를 주는 보석 같이 빛나는 책이다."

강양구, 『강양구의 강한 과학』

"매혹적인 이야기들로 가득하다. 사이 몽고메리는 세 여성이 추구한 과학의 엄청난 복잡성, 낯 가리는 생명체들을 관찰하는 일의 까다로움, 그리고 그것을 꾸려 가는 데 따르는 수많은 미묘한 기법에 대해 들려준다. 가장 중요하게는, 그녀는 유인원과 숱한 시간을 보내는 여성들에게 뭔가 문제가 있는 게 틀림없다는 상투적인 비판을 가뿐히 피해 가며, 인간만이 알 가치가 있는 유일한 존재라는 개념이 얼마나 독단적인지 입증해 보인다. 통찰력과 감성과 시사성을 두루 갖춘 마음을 사로잡는 책이다."

《뉴욕 타임스 북 리뷰》

"명료하고 유려하고 세련되고 신선하다. 유명 여성을 다룬 수많은 전기가 한담과 시시콜콜한 가십에 집중하느라 꼬이는 것과 달리 이 놀라운 책은 그런 요소들을 철저히 배제한다. 몽고메리는 생기발랄하고 빈틈없고 다정다감한 발군의 작가다. 이 책은 결국 '삼인방'이라고 알려지게 되는 세 여성에 관한 전기이기도 하지만, 더 정확히는 그들이 유인원과 맺은 관계를 다룬 전기다."

엘리자베스 마셜 토머스, 「개의 숨겨진 삶」

"제인 구달, 다이앤 포시, 비루테 갈디카스가 우리를 유인원의 세계로 인도했다면, 몽고메리는 현대의 샤먼인 이 세 여성을 온정적으로 깊이 이해하도록 우리를 인도한다. 또 인간과 나머지 생명체 사이에 가로 놓인 거리를 좁혀 볼 수 있는 특별한 방법을 깨닫게 해 준다."

팔리 모와트, 「울지 않는 늑대」

"열다섯 번째 생일을 맞는 조카에게 야생의 증거로서 선물할 참이다. 제인 구달, 다이앤 포시, 그리고 비루테 갈디카스가 뛰어든 작업을 친절하게 소개하는 연구서일 뿐 아니라 인간의 마음속에 드리운 야생, 특히 여성들의 맹렬한 헌신을 일별하게 하는 책이다. 여성 전사들의 세계에 오신 것을 열렬히 환영한다."

캐슬린 노리스, 《헝그리 마인드 리뷰》

"이 책은 더없이 사랑스럽고 감동적이고, 때때로 더없이 마음을 괴롭히기도 한다. 일독을 적극 권한다."

《라이브러리 저널》

"흥미진진한 책이다. 몽고메리는 발군의 기량을 발휘해, 대형 영장류 장기 연구를 대중이 쉽게 다가갈 수 있는 방식으로 소개한다. 연구자들은 물론 그 방면에 문외한인 독자들까지 끌어들이는, 빼어난 이야기다."

"예술적으로 짜인 매혹적인 책이다. 몽고메리는 따뜻한 공감을 담아 이 혁신가들을 소개한다."

《스미소니언》

"마음을 온통 사로잡는 헌사 같은 책. 몽고메리의 이야기에 마음이 움직이지 않을 독자는 거의 없을 것이다. 그녀의 산문은 숨이 막힐 듯이 아름답다."

《샌프란시스코 이그재미너》

"우리 대부분은 보르네오 정글을 두고 떠날 때면 결코 뒤돌아보지 않을 테지만, 비루테 갈디카스에게는 그곳이 나날의 삶터였다. 생생하고 도발적인 이 삼인 전기는 그녀의 경력과 다른 두 '유인원 여성(제인 구달과 다이앤 포시)'의 경력을 매혹적이리만치 소상하게 묘사한다. 몽고메리는 이 여성들이 유인원과 나눈, 인간들 사이에서도 흔치 않은 동질감에 초점을 맞춘다."

《버팔로 뉴스》

"독특한 과학적 자매애의 전설을 다룬 통찰력 있고 박진감 넘치는 책."

《시카고 트리뷴》

"삼인방에 대한 전기를 통해 몽고메리는 세 여인의 삶과 관련한 사실을 그들이 관찰한 유인원에 대한 연구 결과와 솜씨 좋게 버무려 들려 준다. 그와 유사한 몽고메리의 접근법은 이 과학자들에 대한 기왕의 흥미 위주 보도들에 깊이를 더한다."

《미드웨스트 북 리뷰》

"『유인원과의 산책』은 사랑(곧 우리가 '타자'와 관계를 맺기 위해 자기 자신과 본인의 이익을 넘어서도록 이끌어 주는 힘)이 과연 어떻게 삶과 세상을 변화시킬 수 있는지 보여 주는 책이다. 저자인 몽고메리는 감탄스러울 정도로 격조 있고 친절하게 세 여성의 삶과 작업을 다룬다. 그렇게 함으로써 여러 면에서 세 여성 과학자가 깊이 관찰하고 목숨처럼 사랑한 동물들에게 건넨 것과 동일한 존엄과 존경을 그들에게도 부여했다. 특별하고 열정적인 글쓰기에 힘입은 전문적인 스토리텔링의 모범으로서도 읽어 볼 만한 가치가 있는 책이다."

《케이프 코드 타임스》

"훌륭한 소설은 으레 매혹적인 인물, 솔깃한 이야기, 그리고 흥미진진한 장소들을 포함한다. 논픽션이 이와 동일한 조건을 충족하면, 그것은 천국 아니면 '어둠의 심연'이 되기 십상이다.『유인원과의 산책』은 우리에게 이 두 가지 측면을 동시에 선사한다. 아프리카에 대한 묘사는 사랑과 비극에 관한 이야기뿐 아니라 흔히 소설에서 만날 법한 모든 것이 망라된 세계를 창조하는 데 도움을 준다."

《포트 로더데일 선 센티널》

"이 비범한 여성 영장류학자들을 다룬 전기에서 저자는 적절하게도 그들을 연민과 겸손과 경외감으로 무장한 채 그 동물들 나라에 발을 들여놓은 '샤먼'으로 표현한다. 이제 우리는 이 대형 유인원들을 보존하는 노력을 지원함으로써 저자의 시도에 부응할 수 있다. 주변에 널리 알려야 할 훌륭한 책이다."

《브루샷의 책 소식》

"탁월하며 재미있고 유익하다.『유인원과의 산책』은 몇 가지 이유에서 더없이 소중하다. 우선 세 영장류학자들의 작업을 비교 및 대조한다. 그리고 (구달의 침팬지나 포시의 고릴라만큼 관심을 받지 못했던) 인도네시아 오랑우탄과 씨름한 갈디카스의 작업을 독자들에게 소개한다. 또 우리로 하여금 여성이 과학적 연구를 정의하는 방법에 대해 생각해 보도록 이끈다."

《글로스터 타임스》

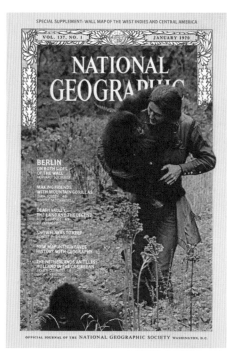

© 2009 National Geographic

Jen and Des Bartlett / Bruce Coleman / Photoshot

▲ 1970년 1월《내셔널 지오그래픽》표지 기사에 실린 다이앤 포시는 수백만 사람들 뇌리에 영웅적 여성으로 각인되었다.

▼ 고인류학자 루이스 리키와 그의 아내 메리가 "우리의 사랑스러운 아이"라고 부르던 진잔트로프스 화석을 바라보고 있다.

Jane Goodall

▲◀ 케냐 스위트워터 생추어리에서 구조된 침팬지와
　　시간을 보내고 있는 제인 구달.

▲▶ 제인 구달의 곰베 침팬지 현장 연구는 2010년에
　　50주년을 맞았다.

▶　오늘날 세계에서 가장 유명한 과학자이자 삼인방
　　가운데 1인자인 제인 구달.

◀▲ 플로의 딸 피피가 그녀 아들 파우스티노와 함께 시간을 보내는 중이다. 플로가 남긴 유산은 언제까지나 곰베에 살아 숨 쉬고 있다.

◀▼ 끈끈하게 맺어진 피피 가족에게서는 다정하게 털 고르는 장면을 흔히 볼 수 있는데, 이 행위는 사회적 유대를 유지하는 데 도움을 준다.

▼ 오솔길을 따라 걷는 인간처럼 침팬지도 더러 열을 지어 걷곤 한다.

© The Dian Fossey Gorilla Fund International

Yann Arthus-Bertrand / ardea.com

◀▲ 픽이 다이앤 포시의 얼굴을 부드럽게 어루만지고 있다.

◀▼ 다이앤 포시와 그녀가 고용한 수색자들은 불법적인 밀렵용 덫 수천 개를 찾아내 파괴했다.

▼ 다이앤 포시가 살해된 직후 내가 그녀 오두막을 찾았을 때, 크리스마스 장식물인 풍선에 아직도 그녀 숨결이 어려 있었다.

▼▼ 훗날 다이앤 포시도 함께 묻힌 디짓 무덤.

▼▶ 다이앤 포시의 무덤은 오늘날 관광 코스 가운데 하나로 자리 잡았다.

"NYIRAMACHABELLI"

DIAN FOSSEY

1932 — 1985

NO ONE LOVED GORILLAS MORE
REST IN PEACE, DEAR FRIEND
ETERNALLY PROTECTED
IN THIS SACRED GROUND
FOR YOU ARE HOME
WHERE YOU BELONG

Birutė Galdikas

Rodney Brindamour / National Geographic Stock

sy @portgomery

◄▲ 제인 구달과 다이앤 포시를 따라 현장에 뛰어든 비루테 갈디카스는 대형 유인원 가운데 침팬지, 고릴라에 이어 세 번째이자 가장 덜 알려진 오랑우탄을 연구했다.

◄▼ 오랑우탄은 대형 유인원 가운데 가장 비사회적이고, 마주치기 어렵다.

▼ 리키 캠프로 가려면 클로톡을 타고 세코니어캐넌강을 따라 상류로 거슬러 올라가야 하는데, 그 여정은 족히 하루가 걸린다.

sy montgomery

Birute Galdikas

Michael P. Turco

sy mon gomery

◁ 비루테 갈디카스가 보르네오습지에서 고아 오랑우탄들의 어미 노릇을 하고 있다.

▽ 1988년 내가 방문했을 때 파시르팡장에 있는 그들 집에서 자세를 취한 비루테 갈디카스와 그녀의 다야크인 남편 팍 보함.

▷ 장난스러운 어린 오랑우탄들이 리키 캠프 구석구석에 활력을 불어넣었다.

Birute Galdikas

▶ 입으로 세계를 탐험하는 고아 새끼 오랑우탄들은 인간이 쓰는 비누를 먹기도 하고 샴푸를 들이마시기도 했다.

▼ 자신의 갓난 새끼를 안고 있는 수피나.

유인원과의 산책

제인구달 다이앤포시 비루테 갈디카스

유인원과의 산책

사이 몽고메리
김홍옥 옮김

여르리

나의 아버지,

A. J. 몽고메리 준장을 기리며

개정판을 위한 추천의 말

나를 포함한 많은 사람들은 『유인원과의 산책』이 재출간될 거라는 소식을 듣고 뛸 듯이 기뻐했다. 침팬지를 연구한 제인 구달, 고릴라와 함께한 다이앤 포시, 그리고 오랑우탄과 더불어 살아 온 비루테 갈디카스, 이 세 여성의 삶을 담아냈을 뿐 아니라 그들이 영장류학에 끼친 더없이 소중한 기여를 깊이 있게 다루었기 때문이다. 이들 연구를 그처럼 광범위하고도 훌륭하게 한데 엮어 낸 책이 달리 없기 때문이기도 하다.

그런데 사이 몽고메리 자신에 대한 이야기도 그들 이야기만큼이나 흥미진진하다. 사이 역시 용감하고 매혹적인 여성인 것이다. 이 책을 쓰기로 마음먹었을 때 그녀의 이력은 이제 막 걸음마 단계였다. 이 책이 평단의 찬사를 얻으며 출간된 뒤, 사이는 다양한 상들을 휩쓴 수많은 성인용·아동용 책들을 써 낸 생명 분야의 유명 작가로 꾸준히 성장해 왔다. 하지만 『유인원과의 산책』을 집필하기로 계획했을 때만 해도, 그녀는 프리랜서 작가이자 저널리스트였고, 그러니만큼 그런 직종에 종사하는 여느 사람들과 마찬가지로 돈에 허덕였다. 그러나 사이는 무릎 꿇지 않기로 결심했다. 그래서 한 푼이라도 아끼려고 애썼다. 1년 넘는 기간 동안 쌀과 물만 먹었는데 그걸로도 충분치 않았다. 마침내 출판업자에게 받은 쥐꼬리만 한 선인세—평범한 유명 인사가 디자이너의 드레스 한 벌이나 여행 한 번에 지출할 수 있을 만한 액수—를 받아 항공권 티켓을 구매할 수 있는 여비를 마련했다. 사이는 사전에 신중하고 철저하게 자신의 여행을 계획했으며, 일부 연구자들—영장류 연구에 참여하고 있는 세 명의 영장류학자와 그 외 몇몇 사람—을 방문하고 인터뷰할 방안을 마련했다. 케냐, 르완다, 탄자니아, 인도네시아 같은 멀리 떨어진 지역의 경우 당시 전화가 믿을 만하지 않거나 존재하지 않았기 때문에 미국에서 미리 접촉하거나 우편으로 약속을 잡아야 했다. 드디어 만반의 준비가 갖춰진 것 같았고 여행 일정 계획도 물 샐 틈 없었다. 비행기는 이튿날 아침에 떠날 참이었다. 그런데 저녁에 계획한 바를 재확인하려고 전화를 걸었을 때 당혹스럽게도 가장 중요한 약속 가운데 하나가 자기도 모르게 취소되었다는 사실을 알게 되었다.

사이는 과연 어떻게 해야 옳았을까? 비행기표는 환불도 변경도 불가능했다. 두 달, 또는 세 달 이내에 우편으로 새로 약속을 잡을 수도 없었다. 그때 아니면 기회는 다시 없었다. 일단 떠나는 것 말고 달리 선택의 여지가 없었다.

나이로비에서, 사이는 자신이 찾을 수 있는 가장 저렴한 숙소에 작은 방을 하나 잡았다. 술주정뱅이와 강도가 들끓는 그 도시에서 임대료가 싼 지역 깊숙한 곳에 들어선, 터미널 호텔

Terminal Hotel이라는 으스스한 이름*이 붙은 숙소였다. 첫날 밤, 방에 혼자 몸을 웅크린 그녀는 너무 무서워서 몸을 떨었다. 계획은 산산조각이 났다. (지금은 출간 18주년을 맞는) 이 멋진 책을 쓰는 데 필요한 자료를 영영 얻지 못할지도 모른다는 불길한 느낌에 휩싸였다. 나이로비에는 아는 사람이 아무도 없었다. 그런 사정은 아프리카 전체를 통틀어도 매한가지였다. 게다가 조언이나 도움을 구하기 위해 집에 전화를 걸 형편도 못 되었다. 당시에는 전화를 걸려면 분당 40달러가 넘는 비용을 치러야 했다. 하루에 딱 한 끼 검소한 식사를 할 정도 금액만 수중에 남겨놓은 상황에서 감당하기 벅찬 거액이었다.

그럼에도 최선을 다해 보기로 마음먹고 홀로 르완다로 길을 나섰다. 작고한 다이앤 포시의 캠프를 방문하기 위해서였다. 그곳에 도착해서 과연 무엇을 알아내게 될지는 오리무중 상태였다. 가는 도중에 일부는 히치하이킹을 했고 일부는 걸었으며, 어느 때는 마타투matatu를 타고 이동했다. 마타투는 아프리카 시골 지역의 상당 부분에서 수송을 담당하는, 금방이라도 부서질 것 같은 소형 버스이다. 마타투는 대부분 여섯에서 열 명이 탈 수 있도록 설계되어 있지만 부득이 스물에서 스물다섯 명을 수용하는 데다 어느 때는 가축도 함께 실었다. 너무나 불편하고 위험천만했다. 하지만 사이는 그 시련을 이겨내고자 잠을 청하는 다른 승객들을 곁눈질해 터득한 기술을 활용해 제 의지대로 잠드는

* 영어 'terminal'에는 동사 'terminate(끝내다, 끝장내다)'에서 파생된 '불치의, 말기의'라는 뜻도 있다.

법을 익혔다. 대다수 사람들은 더없이 친절했다. 시골 아프리카인들이 외로운 이방인에게 으레 그렇듯이, 우호적이고 예의 바르고 기꺼이 도움을 줬다. 하지만 사이가 비룽가 화산 기슭에 당도했을 때, 산 위까지 동행하기로 배정된 경비원이 돈을 내놓지 않으면 죽이겠다고 협박했다. 그녀는 돈이 없다고 이실직고했지만, 소지품 중에 그가 빼앗아 갈 수 있는 귀중한 지폐가 한 장 있었다. 그는 결국 그것을 가져갔다. 유효기간이 지나 쓸모없는 영국 파운드 지폐였다. 어쨌거나 사이가 나중에 말한 대로 "쓸모없기는 그자도 마찬가지였다".

사이는 자신의 놀라운 책에서 이런 어려움에 대해서는 입도 뻥긋하지 않았다. 그 여행의 위험에 대해서도, 다르에스살람*에서 시달린 지독한 열병에 대해서도, 인도네시아 정글에 머물 때 브래지어 속에 기어들어 온 거머리들에 대해서도 언급하지 않았다. 인도네시아에서 사진작가 다이앤 테일러 스노와 함께 환기가 안 되는 더러운 간이 숙박시설에 머무는 동안 둘 다 끔찍한 열병에 걸렸을 때, 둘 중 한 사람이 상대 죽음을 확인하면 그 남편에게 알려 주기로 약속했던 일에 대해서도 함구했다. 방문을 예약했던 깊은 정글 속 연구 사무소에 약속 시각에 맞춰 도착했지만 인터뷰이가 나와 있지 않았던 일, 심지어 그가 사이가 (환불도 변경도 불가능한 항공권 때문에) 미국으로 떠나는 날까지 돌아올 계획이 없음을 알게 되었던 일, 이번에도 누구 하나 그녀에게 미리 귀

---

* 탄자니아의 수도.

떰해 주지 않았다는 일에 대해서도 침묵했다.

그 당시 아프리카에 거주하던 미국인과 영국인은 꽤나 기묘한 무리였고, 그들 다수는 거만하고 배려심 없고 다른 사람들을 경멸했으며 가당치 않을 정도로 거드름을 피웠다. 따라서 대다수 아프리카인과 극명한 대조를 이루었다. 이러한 태도가 그 외딴 정글의 연구 사무소에까지 스며들었는지 여부는 단언하기 어렵다. 좌우간 그녀는 매력 넘쳤고 우정 쌓는 재능이 출중하다. 사이의 사회적 기술은 그녀의 투지와 더불어 타의 추종을 불허한다. 어찌 된 영문인지는 알 길이 없지만 매우 젊은 이 여성은 자신이 필요로 하는 정보를 줄 수 있는 온갖 사람과 용케 인터뷰를 진행했으며 본인이 마음먹은 모든 것을 관찰할 수 있었다. 게다가 그녀는 작고한 다이앤 포시의 캠프에 있는 연구원들뿐 아니라 제인 구달이나 비루테 갈디카스와도 친구가 될 수 있었다. 그래서 제 나라로 돌아가기 위해 비행기에 올라탔을 때, 놀랍게도 그녀는 다른 어떤 것과도 다르지만 정확히 자신이 쓰고 싶었던 형태의 책—바로 이 책—을 집필하는 데 필요한 전부를 확보해 놓은 상태였다. 한 마디로 이 책은 다면적인 승리라 할 만했다.

비루테 갈디카스가 자신의 전기 작가 가운데 한 명을 화나게 했던 경험에서 배웠다시피, 사람들은 흔히 잉크 가진 사람을 결코 괴롭혀서는 안 된다고 말하곤 한다. 하지만 사이는 자신의 곤경 자체에는 그다지 관심이 없었기에 그것을 기술하는 데 잉크를 허비하지 않았다. 사이가 겪은 어려움들을 통해 그런 어려움을 초래한 범인들에 대해 알게 되는 것보다 여기에 잉크를 낭비하지 않는 사이의 태도를 통해 그녀의 저널리즘적 기술과 윤리적 지향에 대해 알게 되는 것이 더 많고 더 중요하다. 그녀는 연구자들과 동물들을 기리는 데, 그리고 여성에게 무척이나 적합한 현장 연구 방법론—대체로 남성 중심적인 과학 공동체의 방법론과는 판이한—을 기술하는 데 잉크를 썼다. 남성 연구자들이 동물학과 동물행동학 분야에서 더 많이 활약해 온 것은 어김없는 사실이지만, 그들은 흔히 남성 중심적 관점에 치우쳐 있었다. 가령 과거에는 주로 일군의 암컷 동물(예컨대 암사자)이 그들 무리에 있는 수컷의 하렘harem*이라는 가설이 우세했지만, 실제로는 그런 경우가 좀처럼 드물었다. 그 집단은 대체로 어미, 자매, 딸, 이모나 고모나 숙모, 그리고 그들의 어린 자녀로 이루어진 응집력 있는 무리다. 만약 그 종이 텃세를 주장한다면 주인은 바로 암컷이다. 암컷 무리 속에서 단연 눈에 띄는 성년 수컷은 그곳에 그저 일시적으로, 암컷의 쾌락을 위해 존재할 따름이다. 하지만 이런 질서는 인간의 가부장 문화에서는 퍽 낯설어 보였기 때문에, 우리는 많은 해를 흘려보낸 뒤에야 암컷들에 둘러싸인 비인간 수컷이 어떤 의미를 지니는지 온전히 이해할 수 있게 되었다.

그런가 하면 남성 과학자들은 연구 대상 동물과 상호작용하는 방식에 관한 관행을 세워 놓았는데, 이는 일반적으로 그들과 감정적 거리를 유지하는 방식이었다. 사적으로 관계를 맺지 않는 것이 훌륭한 과학의 징표로 여겨졌으며, 따라서 많은 연구자

●   번식을 위해 한 마리 수컷을 공유하는 암컷들.

는 자료를 제시할 때 우스꽝스러우리만큼 극단적으로 연구 대상을 탈인격화했다. 그리고 그들을 '그'나 '그녀'가 아니라 '그것'이라 지칭했다. 동물에게 성별(gender)이 있음을 인정하면 감상으로 치부되었다. 나는 현장에서 연구하는 남성 과학자 가운데 그 어떤 개별 야생동물에게든 평생 헌신한 사람을 단 한 명도 떠올릴 수 없다.

구달, 포시, 그리고 갈디카스는 정확히 그 반대편에 선 인물들이었다. 그들의 연구 방법은 야생동물학자들의 방법보다 인류학자가 취하는 방법에 한층 더 가까웠다. 촌장을 '그것'이라고 부르는 게 최선이라 여기는 인류학자는 웃음거리가 될 뿐 아니라 대번에 쫓겨나고 말 것이다. 일반적으로 인류학자들은 연구에 도움을 줄 만큼 친절한 마을 사람들과 돈독한 관계를 형성한다. 인류학계가 박수칠 만한 헌신을 보여 주는 지표로서, 혼례를 통해 그 집단의 일원이 되는 인류학자들도 적지 않다. 여성은 남성보다 그들 자신과 동물들 사이에 가로막힌 장벽을 덜 느낄 가능성이 있으며, 항상 헌신을 쏟아붓는 경향도 있다. 그렇기에 여성은 연구 대상에 대해 좀더 직관력을 발휘하며 그들로부터 더욱 쉽게 배운다. 이 사실을 알아차린 루이스 리키는 남성 연구자들에게 자신이 구상한 중요한 대형 유인원 연구를 수행하도록 장려하는 대신, 구달, 포시, 그리고 갈디카스를 선택했다. 따라서 사이는 그들을 기술하기에 완벽한 인물이었다. 그녀보다 동물을 더 잘 알고, 세 여성을 더 잘 이해하고 더 잘 존중하며 그들의 개성을 더 잘 찾아낼 수 있는 사람은 없기 때문이다. 그녀 작업의 주된 목적은 세 여성과 그들의 연구 대상 동물 간 관계를 조명하고, 그 동물들뿐 아니라 그들의 인간 관찰자들에 관한 이야기를 들려주려는 것이다. 이 책에서 가장 감동적인 이야기 가운데 하나는 포시와 야생 고릴라 디짓 간의 관계다. 둘 다 살해되었다. 먼저 디짓은 밀렵꾼들에 의해, 이어 포시는 알려지지 않은 가해자에 의해. 그들은 카리소케 연구 사무소에 나란히 묻혀 있다. 동물 옆에 나란히 누운 남성 연구자는 과연 몇 명이나 될까? 그리고 서로 연결되어 있는 경우는 그렇지 않은 경우보다 연구 대상 종에 대해 얼마나 더 많은 통찰을 얻을 수 있을까? 세 여성 영장류학자는 연구 대상 동물 집단과 평생에 걸친 관계를 형성했고 그들을 극진히 돌보았으며, 이른바 주류 과학자들이 못마땅해하지 않게끔 자신이 공명정대한 척 굴지도 않았다. 오늘날 이세 여성은 선구자로 찬양받고 있으며, 그들 연구는 전 세계적으로 중요성을 인정받는다. 그들은 수많은 현장 생물학자가 취하는 좀 더 전통적인 방식이 아니라 인류학자들이 인정하는 방식으로, 즉 개별 동물에 대한 그들의 심오하고 사적인 지식을 이용해서 연구를 수행했다. 이것이 바로 사이 책의 핵심이다.

그런데 공교롭게도 이 책은 오늘날에는 익숙해 보이는 방법론으로 자료를 수집해 씌었다. 당신은 연구 영역에 뛰어들어 연구 대상을 골라낸 다음, 처신을 통해 해를 끼치지 않는다는 것을 그들에게 안심시키고자 노력한 후 그들로부터 배운다. 당신이 거기에 있는 까닭은 그들과 그들이 하는 일에 관심이 있기 때문이다. 이것이 사이가 한 일이었다. 사이는 유명한 여성 연구 대상들에게 접근했다. 정확히 그들이 제 연구 대상에게 공감을 통해 접근했던 것처럼 말이다. 포시는 사이가 책을 집필하기 시작했을 때 이미 이 세상 사람이 아니었다. 하지만 구달과 갈디카스 역시 자신들을 이해하고자 노력한 이 여성에 대해 거의 아는 게 없으며, 따라서 사이의 작업이 어떤 결과물을 낳을지에 대해서도 크게 아는 바가 없었다. 둘은 그 점에서 그들 자체의 연구 대상 동물들과 별반 다를 바가 없었다. 전기 작가나 저널리스트들의 삶을 손쉽게 만들어 주는 것은 현장 연구를 수행하는 과학자들의 임무가 아니다. 나는 갈디카스와 구달이 사이가 해야 할 모든 일을 스스로 알아서 하도록 내버려 두었으리라 확신한다. 하지만 사이는 그런 어려움 따위에 뜻을 꺾을 사람이 아니었다. 무릇 훌륭한 영장류학자라면 대형 유인원이 위협적인 미소를 짓거나 무언가를 집어던진다고 해서 물러서지 않는 것처럼 말이다. 연구 대상을 이해하는 일은 영장류학자의 과업이다. 그것은 또한 저널리스트의 과업이기도 하다. 사이는 너끈히 그 일을 감당해 냈다. 그 결과 연구자와 연구 대상 동물 양자에 경의를 표하는 공감으로 가득 찬 책이 탄생했다. 모든 독자의 마음속에서 살아 숨 쉬게 될 무척이나 아름다운 책이다.

2009년
엘리자베스 마셜 토머스

차례

이 책은 아프리카와 인도네시아에서 살아가는 유인원과 그들을 연구한 세 여성에 관한 이야기다. 하지만 나는 이 책을 아프리카나 인도네시아가 아니라 오스트레일리아에서, 유인원이 아니라 날개 없는 거대한 새를 만난 후에 구상했다.

　　나는 남부 오스트레일리아의 웜뱃 보호구역에 펼쳐진, 마치 화가 난 듯 보이는 넓고 건조한 바시아숲 한가운데 혼자 웅크리고 앉아 있었다. 때는 7월의 한겨울이었고, 그날 작업에서 가장 어려운 부분은 장비가 날아가지 않도록 지키는 일이었다. 나는 시카고 동물학회가 지원하는, 이 지역의 질소 순환에 관한 연구를 돕고 있었다. 칼집에 든 칼과 1제곱미터의 금속 측정기 외에 내 연구 장비란 세 번째 재활용하고 있는 종이 도시락 가방들뿐이었다. 나는 표집 지역에서 식물을 잘라 그 가방에 수집하고, 거기에 종 이름을 붙인 후 나중에 그것을 말려서 무게를 달기로 되어 있었다. 일하다 고개를 든 어느 순간 20여 미터 떨어진 곳에서 거의 사람 키만 한 커다란 새 세 마리를 발견했다. 에뮤들이었다.

에뮤는 예로부터 생존해 온 타조같이 생긴 날개 없는 새로, 날개 대신 20센티미터 정도의 날개 흔적을 가졌으며, 시속 60킬로미터로 달릴 수 있는 강력한 다리, 그리고 잠망경 같은 머리와 거위처럼 생긴 주둥이 아래 검고 긴 목이 있다. 에뮤는 오스트레일리아의 상징인 국장國章에서 캥거루 옆에 서 있는 새다.

몇 분 후 나를 바라보던 세 에뮤는 뒤로 약간 굽은 다리로 태평하고 우아하게 발걸음을 옮기면서 유유히 사라졌다. 건초가리 같은 갈색 몸체가 갈색 풀숲으로 사라지고 나서야 4~5도의 서늘한 날씨에도 내가 비 오듯 땀을 흘리고 있다는 사실을 깨달았다. 나는 커다란 충격에 빠졌다. 그 새들은 여태껏 보아 온 어떤 생명체보다도 놀랍고 아름다웠던 것이다.

그 후 여섯 달 동안 그 새들을 발견할 때마다 쫓아다니며 그들의 행동과 섭생을 기록했다. 몇 주가 지나자 매일 그들이 있는 위치를 알아내고 불과 4~5미터 이내로 그들에게 접근하여 따라다닐 수 있었다. 세 개체를 분간하게 되면서 그들에게 각각 이름을 붙여 주었다. 그러나 끝까지 그들의 성별만은 알아내지 못했다. 겉모습만으로는 성을 식별할 수 없었기 때문이다. 하지만 성숙한 에뮤의 특징이라고 할 수 있는 청록색 반점이 목에 없는 것으로 보아 그들이 아직 미성숙한 존재임은 알 수 있었다. 그들은 항상 함께 움직였다. 셋은 분명 한 어미 새가 낳고 한 아비 새가 품은 검푸른 대형 알에서 동시에 부화한 자녀들일 것이다.

이 기간 동안 나는 이따금 루이스 리키의 '유인원 여성들' 가운데 가장 유명한 제인 구달을 떠올리곤 했다. 우리 둘의 연구는 더할 수 없이 달랐다. 그녀는 서로 혈액 교환이 가능할 정도로 인간과 관련이 깊다는 침팬지를 연구했고, 나는 인간보다 공룡에 더 가까울 존재를 연구 중이었다. 그녀는 정글에서, 나는 관목 숲의 사막에서 작업했다. 그녀는 30년 동안이나 연구에 매달려 왔고, 나는 불과 여섯 달 만에 고국으로 되돌아가지 않을 수 없는 처지에 놓여 있었다. 그럼에도 나는 그녀의 접근법을 모델로 삼았다. 나는 어떤 공식적인 과학적 훈련도 받지 않았는데, 그녀도 처음 연구를 시작할 때에는 나와 비슷했으리라는 사실을 떠올렸다. 그녀가 어떻게 동물들에게 자기 존재를 적응시켰는지 기억하고 있었고 나 또한 그 방식을 흉내 내 보았다. 다시 말해 매일 똑같은 옷—입고 자는 셔츠와 진, 아버지의 초록색 군용 재킷, 빨간색 스카프—을 입었고, 그래서 에뮤들은 나를 이내 알아볼 수 있게 되었다. 제인처럼 나도 그들이 분명히 편안해하는 어느 한 지점에서만 그들에게 다가갔다. 결코 그들이 나에게 추적당한다는 느낌을 갖게 하고 싶지 않았다. 그들로부터 뭔가 훔쳐 내기를 원하지도 않았다. 심지어 그들이 나를 흘끗 바라봐 주기조차 바라지 않았다. 나는 다만 그들이 선택한 것 그대로를 내게 보여 주었으면 했다. 그들의 방식대로 그들 삶에 들어가고자 한 것이다.

이 일을 시작하면서 나는 인간과 야생동물이 맺을 수 있을 법한 관계에 대해 생각해 보았다. 우리가 야생동물과 맺는 관계는 개나 고양이, 말 같은 가축과 맺는 관계와는 완전히 다르다. 비키 헌이 훌륭한 저서 『아담의 과업Adam's Task』에 썼듯이 가축과 교류해 온 수 세기 동안 인간은 그들과 일종의 공통 언어와 협정을 만들어 냈다. 우리가 그것을 좋아하든 그렇지 않든 간에 반려동물이나 가축은 우리에게 의존하고 우리는 그들을 지배한다. 협정 내용은 이렇다. 나, '주인'은 X(음식, 식수, 보금자리 등)를 제공하고, 너, '동물'은 Y(벗해 주기, 운송, 보초의 의무 등)를 제공할 것. 이들 동물은 우리 인간 없이는 한시도 살아갈 수 없는 것이다.

그러나 우리는 야생동물과는 이런 식으로 협정을 맺지 않는다. 야생동물과의 관계에는 다음 몇 가지가 있을 수 있다. 하나는 현대인이 늑대와 맺는 것 같은 적대적 관계이다. 또 하나는 아이들이 숲에서 다람쥐를 데리고 놀 때처럼 먹이 따위를 제공함으로써 야생동물을 '길들이는' 식의 관계이다. 여기에서도 인간은 다시 한 번 계약을 한다. 그리고 이것도 관계라고 부를 수 있다면 현장 연구자와 연구 대상 동물 간에 흔히 발견되는 관계도 가능하다. 현장 연구자는 동물을 숨어서 관찰하거나 마취제를 먹인 후 무선 칼라를 달아 그들을 추적한다. 하지만 이 모든 경우에 동물은 인간과 기꺼이 접촉하는 게 아니다. 이들 관계는 동물의 의지와는 무관하게 그들에게 일방적으로 강요된 것이다.

하지만 제인 구달이 곰베의 침팬지와, 다이앤 포시가 르완다의 마운틴고릴라와, 비루테 갈디카스가 탄중푸팅의 야생 오랑우탄과 맺은 관계는 그와 다르다. 세 여성과 그들의 동물 간에는 신뢰가, 그 어떤 것과도 다른 특별한 신뢰가 형성되어 있었다.

이 신뢰 관계를 위한 협정 내용을 작성한 장본인은 인간이 아니라 바로 동물이다. 이 관계는 동물이 주도하여 이루어진 것이다. 내가 에뮤와 함께 나눈 신뢰도 결코 나의 안전을 위한 계약이 아니었다. 이것은 혹자가, 예컨대 자신의 개와 함께하며 쌓은 그러한 종류의 신뢰가 아니다. 중간 정도 크기의 개는 사람을 죽일 수도 있지만 우리는 그렇게 하지 않도록 그들과 협정을 맺는다. 물론 그 협정은 우리가 작성한 것으로 음식물을 제공하고 보호해 준다는 조건 아래 강행되었다. 나는 에뮤와 그런 식으로 거래하지 않았다. 제인이나 다이앤, 비루테도 자신의 대형 유인원과 그런 거래를 하지 않기는 마찬가지였다. 에뮤의 다리는 발길질 한 번으로 철조망을 무너뜨릴 만큼 강력하다. 그들은 마음만 먹으면 나를 죽일 수도 있다. 나는 그 사실을 잘 알고 있었지만 그들을 두려워하지는 않았다. 나의 신뢰는 단지 그들과 함께 있는 것이 내게 엄청나게 가치 있다는 느낌에서 비롯되었을 뿐이다.

다이앤과 비루테는 제인의 접근법을 모델로 삼았다. 그들은 동물에 대한 통제를 그치는 데에서 연구를 시작했다. 대개 지배나 통제 능력으로 성취를 측정하는 서양 학문의 남성 중심 세계에서 그들 연구 방식은 독특한 접근법을 지녔다. 대형 유인원의 장기 연구를 구상한 고인류학자 루이스 리키가 이 세 여성으로 하여금 연구를 이끌도록 결정한 것은 전혀 우연이 아니었다. 설령 몇몇 남성도 어떤 식으로 통제를 멈출 수 있는지 알고 있었다 해도 이 접근법은 특별히 여성적이었다. 이것은 타자의 방식으로 관계 맺기를 가능하게 하는 접근법이다.

나는 세 에뮤를 따라다닐 때 내게는 영웅과도 같았던 세 여성의 발자국을 따라 걷고 있는 듯한 즐거운 착각에 빠지곤 했다. 여섯 달 동안 이루 형언할 수 없을 만큼 즐겁게 그 새들이 매일매일 한 일, 휴식을 취하고 부리로 날개를 다듬고 풀을 뜯어먹고 나뭇잎을 먹고 장난을 치고 노니는 일 등을 기록했다. 세 에뮤는 거의 늘 서로 100미터 이내에 머물러 있었다. 한 마리가 멀리 떨어져 배회하다가도 고개를 들어 다른 둘로부터 너무 멀어져서 안전하지 않다는 것을 알아채면 즉각 터벅터벅 걸어서 거리를 좁혔다. 나는 그들이 부리로 날개 다듬는 모습을 보는 게 좋았다. 거위 주둥이처럼 생긴 부리로 갈색 털을 엉성하게 빗질하는 광경을 볼 때면 햇살이 내리쬐는 오후, 소파에 파묻힌 내 머리를 빗겨 주던 할머니 모습이 떠오르곤 했다. 그 빗질이 나를 한없이 편안하게 해 주었듯이 그들도 그 빗질에 편안함을 느끼리라고 나는 짐작했다.

곧 5미터 이내로, 그러니까 그들의 커다란 발톱을 자세히 살펴볼 수 있고, 그들이 먹는 나뭇잎의 잎맥을 다 볼 수 있을 만큼 가까이 그들에게 접근하게 되었다. 동공이 구멍처럼 검고 홍채가 적갈색인 그들 눈을 들여다볼 수도 있었다. 그동안 그들에 대한 상당한 자료를 수집했다. 하지만 그중에 학문적으로 무슨 획기적인 발견이라고 할 만한 것은 하나도 없었다. 모두 다음과 같이 지극히 '사적인' 것들뿐이었다.

일주일 동안 세 에뮤와 떨어져 지낼 수밖에 없었던, 화석 발굴의 지원 작업 도중이었다. 매일 밤 빗물이 스며 눅눅한 침낭에 누울 때면 나는 그 새들이 지금 뭘 하고 있을지 궁금해서 견딜 수 없었다. 뭉툭한 날개 밑에 부리를 끼운 채 잠을 자고 있을까, 아니면 이 달빛 아래를 어슬렁거리며 배회하고 있을까? 자료 수집을 맡겨 두고 온 자원봉사자는 내가 없는 동안 나와 동행하지 않은 채로도 그 새들을 잘 따라다니고 있을까? 하루하루 지날수록 밤이 되면 점점 더 끔찍해졌다. 결국 자료 수집이 잘 되지 않을 것 같다는 불안감 때문에 예정보다 하루 일찍 화석 발굴 작업장을 떠나 와 버렸다.

공원에 돌아온 날 밤, 자원봉사자가 자료 용지를 100장도 넘게 가득 채워 놓았다는 것을 알았다. 그런데도 나는 그 기록들을, 에뮤를 찾아보기 위해 해거름녘 캠프를 떠나기 전에 단지 한 번 쓰윽 훑어보기만 했다. 바람이 불고 비가 내렸으며, 그러한 날씨에는 으레 그렇듯 새들이 신경을 곤두세웠다. 저녁나절에는 그들과 만나는 일이 항상 어려웠다. 아니나 다를까 그날 밤 어두워지는 풀숲으로 들어가는 새들을 그만 놓쳐 버리고 말았다. 나는 그들과 함께 있고 싶다는 생각에 정해 놓은 규칙을 깨고 필사적으로 그들을 뒤쫓아 갔다. 하지만 그들은 이미 어디론가 자취를 감추고 없었다. 비는 점차 우박으로 바뀌는 중이었다. 나는 비에 젖고 우박에 얻어맞은 참담한 심정으로 지게라 수풀에 몸을 맡긴 채 눈물을 펑펑 흘리며 울었다. 그때 비로소 내가 원한 것이 단지 자료만이 아니었음을 깨달을 수 있었다. 그저 그들과 함께 있고 싶었던 것이다.

며칠 후 나는 오스트레일리아를 떠나야만 했다. 물론 떠나기 전날에도 그 에뮤들을 찾아갔다. 새들은 나를 찾고 있는 것 같았다. 온종일 그들을 따라다녔다. 땅거미가 질 무렵 그들은 야생 겨자 잎을 먹으려고 멈춰 섰다. 그때 나는 그들이 내게 준 것에 대해 고마움을 전할 수 있다면 얼마나 좋을까 생각했다. 세상을 경험하는 방식이 나와 전혀 다른 피조물에게 어떻게 그걸 표현할 수 있을까? 하는 수 없이 내 방식대로 그들에게 소리쳤다. "너희들이 서로 떨어져 있을 때 느끼는 것보다 훨씬 더 큰 내 안의 두려움을 없애 줬구나. 너희들이 따뜻한 태양 아래에서 부리로 깃털을 다듬을 때 느끼는 것보다 훨씬 더 깊은 편안함을 선사해 주었구나. 내가 보답할 수는 없겠지만, 내가 느끼는 이 고마움을 너희들이 알아주기를 바라."

이것은 알지 못하는 사자의 무덤에 꽃을 놓는 것과 같은 행동이다. 받는 사람은 알지도 못하고 관심을 가지지도 않는. 그러나 우리 인간은 설령 그들이 듣지 않는다 해도 우리 기도문을 읊조린다. 그들과 함께 밤이 이슥해질 때까지 수풀에 앉아 있으면서 그들을 향해 몇 번이고 이렇게 되뇌고 또 되뇌었다. "사랑해. 사랑해……."

에뮤를 떠난 지 5년 후, 이 책을 쓰기 위해 취재를 시작했다. 제인, 다이앤, 비루테가 각각 자신이 연구한 대형 유인원과 맺은 관계는 내가 세 마리 에뮤와 맺은 관계와 비교할 수 없을 정도로 깊다. 제인은 침팬지 여러 세대를 수십 년 동안 연구했다. 그녀는 그들 가운데 많은 침팬지의 출생부터 사망까지를 내내 지켜보았다. 다이앤은 마운틴고릴라와 18년을 함께 살았다. 비루테 또한 의심의 여지 없이 다이앤보다 훨씬 더 오랫동안 오랑우탄과 살것이다.

이들은 하나같이 자신의 유인원에 대해 열정적이었다. 다이앤이 살해되기 전 뉴욕에서 열린 한 심포지엄에서 나는 세 여성을 한꺼번에 본 적이 있었다. 그때 그들 각자가 '어떤 점에서 자신의 유인원이 가장 인간과 닮았는지' 보여 주기 위해 상대를 앞지르려고 기를 쓰는 모습에 다소 의아했었다. 그들은 청중들이 자신의 동물에게 더 끌릴 수 있도록 하려고 심혈을 기울였다. 비루테는 오랑우탄이 눈자위가 하얗다는 점에서 인간과 가장 비슷하다고 말했다. 다이앤은 가족 집단의 탄탄한 결속력을 이유로 마운틴고릴라가 가장 인간을 닮았다고 주장했다. 제인은 침팬지의 유전 물질은 인간과 99퍼센트 동일하다며 침팬지가 인간과 가장 관련이 깊은 유인원이라는 사실을 애써 상기시키고자 했다. 그들을 보면서 나는 "우리 아빠가 너희 아빠 이겨."라고 우기는 아이들, 혹은 서로 자기 손주가 더 잘났노라고 극구 앞세우는 할머니들을 떠올렸다. 그녀들 누구도 상대방 작업을 비방할 의도는 없었지만 자신이 사랑한 동물이 최고라는 신념은 결코 굽히지 않았다. 그들은 모두 자신의 동물을 사랑했다. 그 사랑은 마치 자식이나 배우자, 연인에 대한 사랑처럼 깊고 열정적이었다. 하지만 그 어느 것과도 다른 사랑이었다. 그 여성들과 그들이 연구한 유인원이 맺은 유대는 복잡하고 미묘하며, 간단히 이해할 수 없는 성격의 것이었다.

일부 동물행동학자들은 '연구자는 자신의 연구 주제에 감정적으로 개입해서는 안 된다.'고 믿고 있다. 비록 세 여성이 자신의 유인원과 맺은 관계는 그들에게 호된 시련을 안겨 줬지만 그들이 이룬 성취 가운데 가장 중요한 것이 되기도 했다. 그 관계는 그들의 과학에 정보를 제공하고, 그들의 헌신에 영감을 주고, 마침내는 그들의 삶 자체를 변화시켰다. 그들이 유인원과 인간에 관한, 그리고 동물과 인간에 관한 우리 관점을 변화시킬 수 있었던 것은 바로 그들이 동물과 맺은 관계를 통해서였다. 내가 이 책을 쓴 것도 그 관계, 그 여성들의 역량과 성과를 보여 주고 그에 경의를 표하기 위해서이다.

1990년 5월
뉴햄프셔주 핸콕

1부
양육자들

1

비루테 갈디카스와 수피나

비루테 갈디카스는 날개 편 독수리처럼 큰대자로 진흙 바닥에 누워 있는 암컷 오랑우탄 수피나 옆에 다리를 포갠 채 앉아 있다. "가엾은 수피나, 곧 나아질 거야. 이렇게 하면 곧 나아질 거야." 그녀는 비탄에 잠겨 나직이 읊조렸다.

여러 미국인 자원봉사자가 옆에 서 있고 길든 긴팔원숭이가 나무에서 정찰하고 있긴 했지만 이 지상에는 위대하고 강력한 성년 암컷, 비루테와 수피나 단 둘만 존재하는 것 같았다. 수피나 쪽이 더 붉었으나 둘의 머리칼은 모두 적갈색을 띠고 있다. 비루테의 회색 눈이 수피나의 얼굴에서 떠나지 않았고, 그녀의 목소리는 찬물처럼 맑은 음조를 띠었다.

젊은 미국인 영상의학과 의사가 환부에 꼬이기 시작한 구더기를 제거할 목적으로 몸무게가 45킬로그램인 수피나에게 마취를 해 놓은 상황이었다. "나는 부랑자 다리에 생긴 구더기 한 마리 안 보고 의과대학을 졸업했어." 흰 얼굴에 마스크를 낀 주디 와인스타인이 중얼거렸다. "그런데 말이야, 지금 여기서는 오랑우탄 질에서 구더기를 낚고 있지." 의사가 꿈틀거리는 창백한 유충 또 한 마리를 수술 집게로 건져 바닥의 먼지 구덩이로 내던지며 말했다.

개미들이 피로 얼룩진 그 구더기들 위에 올라타 그것들을 어딘가로 옮기느라 분주했다. 후끈한 열기가 밀려들어 구슬 같은 땀방울이 이마와 입술 위로 연신 흘러내렸다. 이제 곧 그늘에서도 온도 32도, 습도 90퍼센트의 고온다습 상태―카메라 필름을 녹게 할 정도의 더위, 필름과 녹음테이프가 부풀어 올라 엉겨 붙을 정도의 습도―가 될 것이다. 마흔두 살인 비루테는 이런 혹염 아래 오랑우탄, 불개미와 거머리, 독사와 태양곰의 틈바구니 속에서 17년을 살았다. 리투아니아인 혈통인 비루테는 독일에서 태어나 캐나다에서 자라고 미국에서 공부했다. 하지만 그녀의 고향은 분명 남부 인도네시아 보르네오섬에 있는 다습한 정글, 이곳 탄중푸팅 국립공원이다.

의사는 해부용 메스로 수피나의 살을 가른 다음 썩은 살을 도려냈다. 비루테는 특대형 초록색 빗으로 수피나 얼굴에 붙은 붉고 긴 머리칼을 한없이 온화하게 쓸어 주고 있다. "사람들이 수피나에게 나쁜 짓을 할 때면 이렇게 빗질을 해 줍니다. 그러면 한결 편안해해요." 비루테가 모인 사람들에게 말했다.

1981년 인도네시아 정부가 불법 소유주로부터 압수한 수피나가 처음 이곳 리키 캠프에 왔을 때 그녀는 비루테를 보자마자 안겼다. 그때 이후 비루테는 여기에서 10년을 더 살았다. 그녀는 비록 야생 오랑우탄을 연구하려고 이곳에 왔지만, 수피나처럼

양육자들

생포되었다 풀려난 고아 오랑우탄 수십 마리를 열대우림으로 다시 복귀시킬 수 있을 때까지 기르고 돌보는 어미 노릇을 하기도 했다. 비루테는 당시 수피나가 여섯 살 정도라고 추측했다. 그때 비루테는 서른다섯 살이었다.

캠프에 온 첫해에 수피나는 오직 비루테의 작은 나무집과 직원 식당 사이 몇십 미터만을 오갔다. "수피나는 특별히 달라붙지는 않았어요. 그저 나와 함께 있고 싶어 했을 뿐이에요." 수피나는 비루테의 집 앞 계단에서 그녀가 나오기를 고대하거나, 식당 말뚝 아래 숨어 그녀를 기다리거나, 식당 지붕에서 그녀를 지켜봤다.

처음에 수피나는 다른 오랑우탄에게 전혀 관심을 보이지 않았다. 생포되었다 풀려난 열두 오랑우탄 가운데 한 마리가 다가가자 수피나는 자신을 위로해 주고 커다란 초록색 빗으로 털을 빗겨 주던 비루테에게 달아나듯이 달려왔다.

하지만 그 첫해가 지나고 얼마 안 돼 수피나는 점차 생기를 되찾고 조금씩 장난스러워졌다. 차츰 다른 오랑우탄과도 뒹굴고 부둥켜안으면서 어울리기 시작했다. 수피나는 숲으로 먹을 것을 찾아다니느라 한 번에 몇 주씩 캠프를 떠나 있기도 했다. 그렇더라도 인간과 교제하며 경험한 즐거움이 사라진 것은 아니었다. 수피나는 나무 뒤에 숨어 눈을 번득이면서 사람들이 지나가기를 기다리고 있다가 마음 놓고 지나가는 방문객에게 느닷없이 뛰어올라 그들의 카메라 도구며 공책 따위를 낚아채 나무 위로 뛰어올라가 그 노획물을 이리저리 살피거나 입에 넣어보거나 핥았다. 이따금 수피나는 선착장에서 방문객을 기다리고 있다가 '핸드시즈'라는 놀이를 하려고 길고 검은 손가락으로 방문객의 창백한 손을 잡기도 하고, 얼굴에 한껏 장난스러운 미소를 머금은 채 그들을 덮쳐 함께 뒹굴기도 했다.

비루테는 수피나가 유난히 머리가 좋은 오랑우탄이라고 생각했다. 수피나는 캠프를 어슬렁거리는 생포生捕 오랑우탄 사이의 위계질서를 재빨리 알아채고는 지배적인 암컷들과 평화를 유지했다. 또 식당에 잠입해 콜라를 손에 넣는 방법이며 달콤한 내용물을 먹기 전에 이빨로 병뚜껑 따는 방법 따위를 잘 알고 있었다. 몇 시간 만에 발전기를 분해해 망가뜨린 것도 벌써 여러 번이었다.

비루테의 작업이 《내셔널 지오그래픽》 기사와 텔레비전 특집 프로그램을 통해 유명해진 후 그녀의 캠프에는 서양 자원봉사자들이 줄지어 찾아들었다. 매사추세츠 워터타운에 본부를 둔 어스워치는 현장 연구 프로젝트—그 가운데 비루테의 오랑우탄 프로젝트가 가장 인기 있는 2~3주 코스 탐험이었다—를 도울 아마추어 팀을 모집했다. 어스워치 회원들은 수피나를 캠프의 마스코트라고 불렀다. 어떤 이들은 그녀를 주인공 삼아 다음과 같은 이야기를 짓기도 했다.

태초에 이 대형 오랑우탄은 적포도주 빛 원시 습지 라와*를 창조

---

* '늪'이라는 뜻의 인도네시아어.

했다. 그는 라와에 더럽고 지저분하고 질척거리는 온갖 것들을 숨겨 둔 채 그들에게 말했다. "꼼짝 말고 있으면서 때를 기다려라." 그리고 자신의 숲 사람들에게는 빛나는 붉은 코트가 더러운 물에 젖지 않도록 밀림 차양부에서 자유롭게 지낼 수 있는 길고 강력한 팔을 선사했다. 하지만 그의 백성들은 숲 생활이 따분해서 급기야 자신들 주군인 이 대형 오랑우탄에게 찾아가 간청하기에 이른다. "우리가 이 숲에서 웃을 이유를 만들어 주십시오."

이야기는 계속된다.

고심 끝에 이 대형 오랑우탄은 허약한 팔과 뭉툭한 다리를 가진 바보 같은 미국인을 창조했고, 그들이 라와에서 여러 날 동안 뾰루지와 물린 상처로 범벅된 채 숨겨진 통나무 위나 어두운 구멍 속 따위를 당황하며 여행하도록 했다. 이게 바로 오랑우탄이 그렇게나 큰 입을 가지게 된 이유다. 이제 오랑우탄은 라와에 있는 어스워치 자원봉사자들을 보고 맘껏 웃을 수 있게 되었다.

수피나는 유쾌한 장난을 즐겼다. 철망에 구멍을 내고 창문을 넘어 여행자용 숙소로 뻔질나게 쳐들어가서는 자원봉사자들의 타월이나 말라리아 약, 자외선 차단제 등을 훔쳐 냈다. 한 번은 어느 방에서 발견한 페인트 통 뚜껑을 열어 다른 방 침대에 쏟아붓기도 했다. 팡칼란분에서 세코니어캐넌강을 따라 나무 모터보트로 다섯 시간 동안 여행한 끝에 캠프에 다다른 방문객에게 가

장 먼저 인사를 건네는 오랑우탄도 수피나였다. 수피나는 선착
장에서 새로운 방문객을 기다리고 있다가 붉은 털이 북슬북슬
한 기다란 팔을 번쩍 들어 그들을 맞이하거나 레인케이프* 속이
며 사롱* 치마 위로 머리를 쓰윽 들이밀곤 했다.

그러나 비루테는 사이먼프레이저 대학에서 강의하느라 1년
간 캐나다 브리티시컬럼비아주를 다녀온 후 밝게 빛나던 수피나
의 눈이 고뇌에 시달린 눈으로 달라져 있음을 알아차렸다. 비루
테가 없는 동안 수피나는 첫 새끼를 낳았다. 그런데 그 새끼는 어
미가 젖이 나지 않아 며칠 만에 죽고 말았다. 비루테가 수피나를
위로하려고 예전처럼 빗으로 머리를 빗겨 주는 등 백방으로 애
썼지만 그녀는 힘없이 돌아앉을 뿐이었다. 수피나는 더 이상 다
른 오랑우탄과도 방문객과도 어울리지 않았다. 그러던 어느 날
비루테는 수피나 눈빛에 담긴 의미를 온전히 이해할 수 있게 되
었다. 한 미국인 여성 자원봉사자에게서 본 것과 똑같은 눈빛이
었던 것이다. 그녀의 장남, 10대 소년은 자살을 기도했었다. "갑자
기 두 눈빛이 똑같다는 것을 깨달았어요. 오직 고통뿐인, 완전히
고통으로 가득 찬 그런 눈빛……."

비루테는 다른 동물처럼 오랑우탄도 나이 들면서 점차 활동
량이 줄어든다는 것을 알고 있었다. 더욱이 성년 오랑우탄은 대
형 유인원 가운데 가장 고독하게 지낸다. 한 젊은 성년 암컷은 다
른 야생 오랑우탄과 단 한 번도 만나지 않은 채 한 달 이상 지내

● 망토처럼 두르는 소매 없는 비옷.
◆ 말레이군도 원주민들이 허리에 감는 천.

기도 한다. "그러나 수피나가 한사코 혼자 있으려고 한 게 그런 자연적인 이유 때문만은 아닐 겁니다. 그건 수피나답지 않아요. 나는 그녀가 새끼의 죽음을 인식하고 있었다고 생각합니다."

비루테는 언젠가 죽은 새끼를 안은 어미 야생 오랑우탄을 따라다닌 적이 있었다. "그 어린것이 숨진 후 어미 오랑우탄은 사체를 보살폈어요. 여태껏 봐 온 것 중에 가장 헌신적이고 애정이 가득한 모습이었습니다." 어미 오랑우탄은 사체를 정성껏 돌보다 그 사체에 구더기가 꼬이기 시작하자 그걸 꺼내 먹었다. 어미는 사체 눈알을 부드럽게 핥아 주었다. 그 눈알이 마침내 튀어나올 때까지 오랫동안 새끼 사체를 몸에 꼭 끌어안은 채 데리고 다녔다. 여러 날이 지난 후 어미는 자신이 전에 밤잠을 자던 나무 꼭대기의 둥우리에 미라처럼 말라 버린 자식의 몸을 내려놓고서야 그곳을 떠났다.

비루테도 그 어미 오랑우탄처럼 아이를 잃는다는 것이 어떤 느낌인지 어느 정도는 알고 있다. 자신의 첫 아이 빈티를 캐나다 밴쿠버에 있는 아버지에게 보내야 했을 때 그 아이는 고작 세 살에 불과했다.

비루테와 로드 브랭다무르가 처음 인도네시아에 발을 디딘 1971년은 그 부부의 결혼 생활이 2년째에 접어든 때였다. 남편 로드는 헬리콥터 조종사를 꿈꾸는 젊은 대학생이었다. 그런데 말라리아 약을 장기 복용한 결과, 망막이 떨어져 나가는 고통을 겪었다. 그는 밀림에 사는 게 본인 이력에 별로 도움이 되지 않는다고 느꼈다. 게다가 그는 빈티를 돌봐 주던 유니라는 젊고 아름다운 인도네시아 여성과 사랑에 빠져 있었다. 비루테는 1978년 캘리포니아 대학 로스앤젤레스 캠퍼스(UCLA)에 제출한 박사학위 논문을 쓰는 과정에서 도움을 준 유니에게 격식을 차려 고마움을 표시했다. 이듬해 중순쯤 로드는 유니와 함께 캐나다로 떠났다. 그로부터 6개월 후 빈티도 그들과 합류했다.

비루테는 로드가 자신을 버리고 떠난 것에 대해 특별히 원망하지는 않는다. 비루테가 야생 오랑우탄을 관찰하는 데 전력을 다한 7년 동안 로드는 찌는 듯 무덥고 거머리가 들끓는 늪지에 길을 내거나 인도네시아 관리와 협상하는 일에 열과 성을 다했다. 그곳에 도착한 처음 몇 달 동안 부부는 자신들 캠프를 인도네시아 정부가 압수한 생포 고아 오랑우탄을 위한 자연복귀 센터로 사용했다. 그때부터 비루테와 로드는 자신들을 물고 자신들에게 매달리며 소리를 질러대는 어린 오랑우탄을 한꺼번에 다섯 마리까지 침대에 함께 데리고 지냈다. 그 오랑우탄들은 먹을거리를 찾느라 침대 매트리스 솜을 마구 풀어헤쳐 놓거나 움막의 초가를 떼어 냈다. 식탁에서는 쌀을 마구 입에 쑤셔 넣고, 사람이 보지 않으면 마시는 차에 몰래 알약을 집어넣었다. 샴푸를 들이마시고 치약을 삼키고 만년필 잉크를 쭈욱 빨아 먹기도 했다. 로드는 비루테를 떠나면서 낙심한 어조로 "당신은 나보다 오랑우탄을 더 사랑한다."라고 말했다.

비루테는 금발의 아들 빈티가 지내기에 열대우림보다 북미가 더 낫다는 데 어쩔 수 없이 동의했다. 부부는 빈티가 보르네오섬에 서식하는 턱수염 난 돼지에게 잡아먹히지 않을까 전전긍긍

입으로 세계를 탐험하는 고아 새끼
오랑우탄들은 인간이 쓰는 비누를
먹기도 하고 샴푸를 들이마시기도 했다.

했다. 캠프에서 아들의 가장 친한 놀이친구는 인간이 아니라 생
포 오랑우탄이었다. 빈티의 얼굴 표정, 제스처, 목소리는 점점 더
오랑우탄을 닮아 갔다. 빈티는 심지어 사람들을 물었다. 캠프를
방문한 어느 심리학자는 부부에게 "여기에서 아이를 내보내야
한다."라고 충고했다. 하지만 빈티가 로드와 함께 자신을 떠나 비
행기에 탑승했을 때 비루테는 하염없이 눈물을 흘리면서 우두커
니 서 있었다.

그 후 비루테는 자신보다 일곱 살 어린 다야크족 남성 팍 보
합과 사랑에 빠졌다. 결국 둘은 1981년에 결혼했다. 비루테는 그
와의 사이에서 1982년 프레더릭을, 1985년 제인 구달의 이름을
딴 딸 제인을 낳았다. 비루테는 로드와 함께 빈티에 대한 양육권
을 나눠 가졌으며, 해마다 사이먼프레이저 대학에서 강의할 때
면 그를 찾아간다.

리키 캠프에서 팍 보합과 낳은 자녀들에게는 함께 어울릴 수

있는 동갑내기 '인간' 친구가 생겼다. 더 이상 고립된 밀림의 전초기지가 아닌 그 캠프에는 인도네시아인 도우미 가족 수십 명이 함께 머물게 된 것이다. 비루테는 사람들에게도 관심이 깊었지만, 여전히 오랑우탄에게 주로 매여 있다. 오랑우탄의 생활 리듬은 바로 그녀의 생활 리듬이기도 하다.

수술을 받기 3주 전에 수피나는 캠프 부근의 숲속 작은 빈터에서 두 번째 새끼를 낳았다. 그때 비루테는 가까이에 함께 있어서 그들을 만질 수 있었다. 그녀는 오랑우탄에게도 출산은 고통이 될 수 있으리라 생각했다. 비루테는 높은 나무 위에서 이루어지는 야생 오랑우탄의 출산을 처음으로 지켜본 영장류학자였다. 산통이 계속되는 동안 어미 수피나는 분명히 불편한 기색이 역력한 모습으로 자신의 둥우리 근처를 어슬렁거리거나 고통을 멈추게 하려는 듯이 나무 기둥에 달라붙어 있었다. 비루테도 진통제 없이 두 번 분만했다. 그녀는 출산할 때 산모에게 놓아 줄 마취제조차 갖추지 못한 인도네시아 병원에서 빈티와 프레더릭을 낳았다. 그녀가 고통에 겨워 비명을 지르자 간호사는 시끄럽다고 화를 내면서 조용히 하라고 했다. 간호사는 인도네시아 여성들은 진통을 겪을 때 소리 지르지 않는다고 일러주었다. 병원 분만실에서 여성은 단 한 번 길고 커다란 탄식으로 침묵을 깨면서 출산하고, 그다음 아이의 울음소리를 듣게 된다는 것이다.

수피나의 두 번째 출산은 비교적 순조로워 보였다. 몇 분 만에 산통이 그치고 그녀 몸에서 작은 암컷이 쑤욱 미끄러져 나왔다. 하지만 새끼는 조산으로 450그램 정도밖에 나가지 않는 미숙한 상태였다. 게다가 이번에도 수피나는 젖이 나지 않았다. 사흘 후 새끼는 열이 오르고 탈수 증세가 심해지더니 급기야 의식 불명 상태에 빠지고 말았다. 타월에 싸인 새끼는 미국인 자원봉사자와 인도네시아인 도우미들이 정성스레 간호한 끝에 마침내 열이 내리고 식욕을 되찾았다.

이제 위험에 처한 쪽은 수피나였다. 비루테는 마취제가 너무 위험해서 수술하기를 주저했었다. 동물원에서는 병든 오랑우탄 20퍼센트 정도가 마취제 부작용으로 죽어 간다. 비루테는 오랑우탄에게 마취제를 거의 사용하지 않았기에 그녀 오랑우탄 중에는 마취제로 숨진 경우가 없었다. 수피나가 출산으로 약에 대한 제어력이 약해진 상태여서 비루테는 몹시 걱정했다.

　비루테의 얼굴은 고요한 호수처럼 평온하다. 보통 그녀는 좀처럼 속내를 드러내지 않는다. 그녀가 1971년 탄중푸팅에 처음 왔을 때보다 지금이 그 마음을 훨씬 더 읽기 어렵다. 위대한 모험에 막 첫발을 내디딘 것은 그녀 나이 스물다섯일 때였다. 비루테는《내셔널 지오그래픽》에 실린 자신의 옛날 사진을 보면 결코 웃는 표정이 없다고 말한다. 천진한 소녀 같은 얼굴과 나긋나긋하고 맵시 있는 외모임에도 당시 그녀의 적갈색 머리칼과 하트형 얼굴은 항상 결기를 띤 다소 경직된 모습이었다.

　요즈음 그녀의 머리칼은 관자놀이 부근이 약간 회색빛을 띤

다. 외모는 출산과 원숙함으로 한층 부드러워졌다. 그녀는 부처
같은 평정을 유지하며 웃지도 찡그리지도 않고 그저 조근조근
말할 뿐이다. 유쾌한 음색의 말은 인도네시아어 개구 모음의 영
향을 받아 잘 마모된 돌처럼 부드럽다. 하지만 그녀가 무슨 생각
을 하는지는 쉽게 짐작할 수 없다.

비루테는 감상적인 여성이 아니다. 탄중푸팅에서 그녀와 로
드는 한 번도 자신들 생일을 기억해 축하해 본 적이 없다. 그녀는
팍 보합과 결혼한 날짜도 제대로 기억하지 못한다. 그러나 지금
이 순간만큼은 인상을 써서 터무니없이 큰 플라스틱 안경테 위
이마에 작은 자국이 생겼다. 이를 감상주의라 치부할 수는 없다.
응급실에서 어머니가 아픈 아이의 손을 잡고 있을 때, 아내가 고
통에 휩싸여 있는 남편의 이마를 닦아 줄 때 볼 수 있는 그런 표
정이다. 짙은 모성애가 담긴 비루테의 표정을 보면 어쩐지 수피나
보다 녀석을 바라보면서 허둥대는 그녀의 마음을 더 먼저 어루만
져 주어야 할 것 같다.

갑자기 수피나가 몸을 벌떡 일으켰다. 의사는 조심스럽게 처
치를 중단했다. 이렇게 일찍 마취기가 풀리면 안 되는데…… 외
과의를 보조하던 다이앤 테일러 스노의 얼굴이 굳어졌다. 수피
나는 다이앤을 좋아하지 않는다. 뚜렷한 이유도 없이 다이앤의
무릎을 문 적도 있다. 비루테는 항상 수피나가 성격 좋다고 역성
드느라 여념 없지만, 그녀가 다이앤을 이상할 정도로 싫어하는
점만큼은 인정했다. 구경꾼들이 몸서리치면서 뒤로 물러섰다. 오
랑우탄 수피나는 죽은 나무를 쓰러뜨리거나 사람 팔을 뜯어 낼

만큼 성숙했고 몸집도 크다. 고통이 커질수록 그녀 안에 잠재된 괴력은 우리 중 누군가를 향할 수도 있다. 수피나가 갑자기 무슨 짓을 저지를지는 아무도 예측할 수 없다.

수피나가 입술을 움찔거리면서 치석으로 덮인 이빨을 으드 득 갈았다. "진정해, 수피나. 곧 괜찮아질 거야." 비루테는 계속 큰 빗으로 수피나의 머리를 빗기면서 부드럽게 말했다. 수피나는 다시 머리를 거꾸로 처박고 누웠다. 검게 변한 얼굴에서 가장 취약해 보이는 분홍빛 눈꺼풀이 도로 부드럽게 감겼다. 수술이 재개되었다. 수술이 끝나갈 무렵 그녀 몸에서 구더기가 100여 개나 제거되었다. 조산으로 감염이 심해진 것이다. 의식이 가물가물한 상태에서 수피나는 회복을 위해 철사와 나무로 된 검역 우리에 옮겨졌다.

리키 캠프의 공원순찰 대장 머시먼 씨는 수피나의 새끼 시디디를 삼각 붕대에 매어 옮겼다. 사람들은 시디디에게 작은 소리로 중얼거리며 말을 걸었다. 어떤 남자는 사람들이 인간 아기에게 하듯이 자신의 손가락을 잡을 수 있도록 내밀기도 했다. 시디디를 돌보는 사람이 두 나무 사이에 매 놓은 해먹에서 쉬고 있을 때 그녀는 그의 가슴 위에 누워서 기분 좋게 잠을 잤다.

'야생의' 새끼 오랑우탄은 시디디처럼 가련할 정도로 연약한 경우가 드물다. 야생에서는 새끼들이 태어난 후 2년 정도까지 어미의 푸석푸석한 오렌지빛 몸털에 거의 붙어살다시피 한다. 건강한 새끼 오랑우탄은 네 주먹으로 어찌나 꽉 매달리는지 사람 살에 타박상을 입히기도 한다. 사람들이 잠깐이라도 몸에서 떼어 내려고 하면 그는 두려움을 스스로 가눌 수 있을 때까지 긴장에 찬 애처로운 비명을 질러 댄다.

비루테의 첫 자식은 그녀가 낳은 인간 빈티가 아니고 바로 오랑우탄 수기토였다. 이 한 살짜리 수컷 오랑우탄은 비루테와 로드가 캠프를 세운 지 채 며칠 되지 않아 이곳에 도착했다. 야생에서 어미로부터 탈취당한 뒤 작은 나무 상자에 갇혀 살고 있던 수기토를 인도네시아 정부 관리들이 발견하고 구출해 온 것이다. 비루테는 새끼를 돌보는 암컷처럼 수기토에게 어미 노릇을 하기로 결심하고 옆구리, 팔, 다리, 머리 할 것 없이 자신에게 매달리는 이 천진한 새끼 오랑우탄과 자고 먹고 목욕하며 거의 줄곧 붙어살았다.

얼마 지나지 않아 시나가, 애크매드, 시스우요, 소비아르소, 군둘 등이 합류했다. 비루테는 80여 마리나 되는 생포 오랑우탄에게 어미 노릇을 했다. 대부분 벌레가 들끓거나 성장이 부진하거나 병든 상태로 그녀에게 왔다. 수많은 오랑우탄이 그녀 품속에서 죽어 갔다. 용케 유년기를 살아남은 오랑우탄은 야생 삶에 제 발로 걸어 들어갈 때까지 수피나처럼 자유롭게 캠프 주변이나 캠프 밖 숲을 쏘다니며 지냈다.

프레더릭과 제인이 태어나기 전 비루테는 옆구리에 새끼 오랑우탄을 매달고 야생 오랑우탄을 만나러 습한 숲으로 나가기 일쑤였다. 언젠가 수기토를 데리고 나간 비루테는 숲속 나무 높은 곳에 있는 어미와 새끼 오랑우탄 한 쌍을 본 적이 있었다. 그때 야생 새끼는 나무 아래로 내려오려 했고 수기토는 그 나무를 향

비루테 갈디카스가 보르네오
습지에서 고아 오랑우탄들의
어미 노릇을 하고 있다.

해 올라가려 했다. "나와 그 어미 오랑우탄은 둘 다 자기 새끼가
움직이지 못하게 붙잡고 있었어요!"

비루테는 어미 오랑우탄을 흉내 냈고 그녀의 인간 자식 빈티
는 새끼 오랑우탄을 따라했다. 반대로 생포 오랑우탄은 인간 행
동을 흉내 냈다.

비루테는 1980년 《내셔널 지오그래픽》에 이렇게 썼다. "이따
금 나는 예의범절이라고는 한 번도 배워 본 적 없는, 오렌지색 옷
을 입은 야생 아이들에게 둘러싸인 것 같았다."

수기토는 식탁에 놓인 칼과 포크를 들고 비루테와 로드를 위
협하기도 했다. 밤에도 곧잘 촛불을 획 불어 꺼 버렸다. 어떤 고

아 오랑우탄은 크고 오목한 나무껍질 위에 쌀을 수북이 담아 '요리'랍시고 비루테에게 가져다주기도 했다. 내가 리키 캠프를 방문했을 때의 일이다. 선착장에서 내 옆에 앉아 있던 어린 오랑우탄 한 마리가 내 겉옷 지퍼를 열고 벗겨 달아나서는 자기 머리 위로 후딱 뒤집어썼다. 캠프 오랑우탄들은 나뭇잎으로 뒤를 닦는 시늉을 하기도 했다. 생리적 욕구를 해결하는 인간을 흉내 내고 있었던 것이다.

내가 방문했던 1988년에는 비루테가 그 전과 달리 집이나 식당에 오랑우탄 출입을 금지했다. 하지만 그녀가 아직 돌보고 있는 25마리 남짓한 오랑우탄과 야생으로 풀어준 50여 마리 생포 오랑우탄은 여전히 리키 캠프의 특성을 보여 주었다. 선착장에서 기숙사로 연결된 아담한 흙길을 걷고 있노라면 캠프 오랑우탄들은 어느 순간 내 등에 뛰어 올라타거나 카메라를 빼앗아 달아나거나 무심하게 다가와 털북숭이 손으로 내 손을 살그머니 잡거나 연인처럼 천연덕스럽게 옆에서 나란히 걸었다.

오랑우탄에게 선택받아서 함께 걷는 일은 예상하지 못한 영광이다. 수피나를 수술한 직후 다이앤 테일러 스노와 수의사는 선착장에서 폭풍우가 그치기를 기다리며 서 있었다. 그들이 레인케이프 속에 몸을 웅크리고 있을 때 90킬로그램쯤 되어 보이는 늠름한 수컷 생포 오랑우탄 쿠사시와 육중한 성년 암컷 투트가 숲 가장자리에서 그들에게 다가왔다. 오랑우탄은 비 맞는 것을 좋아하지 않는다. 그래서 유인원 중 유일하게 나무 꼭대기에 짓는 둥지에 지붕을 얹는다. 쿠사시와 투트는 비를 피하려고 두 사람의 레인케이프 속에 머리를 디밀었다. 그들은 인간의 가슴에 등을 기댄 자세로 폭풍우가 그칠 때까지 아무 말 없이 그렇게서 있었다.

그런데 유인원과 사람이 더불어 살아가는 에덴 같은 이곳에서도 그다지 심각하지는 않지만 더러 오해가 빚어질 때가 있다.

지금 시디디를 돌보고 있는 머시먼은 유난히 새끼들을 자상하게 보살핀다. 비루테는 그 모습을 흐뭇하게 지켜보지만 때로는 머시먼이 너무 지나치다고 생각한다. 그가 돌본 최초의 고아는 다이앤이라는 새끼로 1986년 이곳에 당도했다. 그는 가는 곳마다 다이앤을 데리고 다녔다. 어느 날인가는 강가에 있는 쿠마이 마을에 양식을 구하러 가면서도 다이앤을 데려갔다. 캠프에 다시 돌아왔을 때 그의 손에는 노란색 아기 드레스와 모자가 들려 있었다. 비루테는 그것들이 다이앤에게 입힐 물건이라는 사실을 알고 어안이 벙벙했었다.

어스위치 자원봉사자 가운데 어떤 여성은 리더 격인 암컷 생포 오랑우탄 시스우요와 오랜 시간을 보냈다. 그녀는 시스우요를 보기만 하면 팔을 뻗어 털을 골라 주었다. 어느 날 그녀는 시스우요가 선착장에 있는 걸 보고 다가가 껴안으려고 했다. 그런데 시스우요는 그녀를 들어 땅바닥에 냅다 패대기치고는 팔을 꽉 물어버렸다.

비루테는 그 자원봉사자가 그날 시스우요의 기분이 좋지 않다는 것을 미처 눈치채지 못해서 생긴 일이라고 설명했다. 시스우요는 자기 새끼가 애처로운 소리를 내며 울고 있어서 오전 내

내 비루테 집 현관 계단에 앉아 조치를 취해 주길 기다리고 있었는데, 글 쓰느라 바빴던 비루테가 계속 모르는 척했던 것이다.

물론 이런 상황은 누군가의 기분이 엉망일 때 사람들 사이에서도 얼마든지 일어날 수 있다. 하지만 인간에게는 암묵적인 사회적 협정이 존재한다. 이 협정은 우리가 스스로 옷을 입고 언어를 배우고 인간 문화를 익히기 시작하는 어린 시절부터 체결한 것이다. 하지만 이것은 인간과 오랑우탄 간에 맺어진 협정과는 전혀 다르다.

언젠가 비루테가 지도하는 대학원생 한 명이 상심한 채 그녀를 찾아왔다. 그는 탄중푸팅에 온 지 몇 주밖에 안 된 학생으로 수컷 리초를 좋아했다. 그런데 그날은 "오랑우탄을 신뢰할 수 없을 것 같아요."라며 비루테에게 투덜거렸다. "나는 리초를 친구라고 생각했어요. 그런데 내가 보지 않는 틈을 타서 내 비누를 훔쳐갔어요." 그는 진짜로 모욕감을 느낀 듯이 씩씩거렸다.

비루테가 말했다. "오랑우탄과 친구가 된다는 건 그런 의미가 아니야, 전혀!"

비루테는 여러 문화권을 두루 거치며 성장했다. 그녀는 독일 비스바덴에서 태어났다. 두 살 때 리투아니아인 부모는 소비에트 점령 후 비루테와 비루테의 여동생, 또 두 남동생을 데리고 유럽으로 망명했다. 그 후 그녀는 식구들과 캐나다 온타리오로 이주

양육자들

했다. 거기에서 아버지는 광부, 기계공 등으로, 어머니는 간호사로 일했다. 비루테의 첫 번째 언어는 리투아니아어였다. 그녀는 토론토의 유치원에 다니던 초기에 선생님과 친구들 말을 전혀 알아들을 수 없었다. 그러나 초등학교 1학년에 올라갈 때쯤에는 두 언어를 완벽하게 구사할 수 있었다. 그녀는 '세계를 바라보는 방법에는 여러 가지가 있다.'라는 것을 그때 이미 어렴풋하게나마 깨달았는데, 이런 관점은 나중에 그녀에게 큰 도움을 주었다.

글을 읽을 수 있게 되면서 비루테는 과학과 역사에 관심이 많아졌다. 1학년 때 토론토 공공 도서관에서 처음 대출한 책은 원숭이에 관한 내용을 담은 『호기심 많은 조지』였던 것으로 기억한다. 비루테는 자연을 사랑했다. 아이 때는 토론토의 거대한 하이파크를 거닐며 그곳에 있는 그레나디어 연못에서 올챙이를 잡고 바위 아래에서 도롱뇽을 찾아내기도 했다. 저녁나절이면 어머니는 그녀를 목욕시키면서 인간 문명의 발전에 대한 이야기를 들려주었다.

비루테가 언젠가 말했다. "나는 역사시대가 아니라 선사시대에 깊이 매료되었어요, 인간이 기록한 역사 이전 시대에. 게다가 인간 역사뿐 아니라 그 너머에도 관심이 많았어요. 그리고 인간과 가장 가까운 친척을 이해한다면 우리의 기원과 우리의 행동을 이해할 수 있으리라 생각했어요."

1500만 년 동안 이어진 진화는 오랑우탄 수피나와 그 수피나가 어서 깨어나 자신을 쳐다보길 기다리며 검역 우리 옆에 서 있는 인간 비루테를 깊은 심연으로 갈라놓았다. 비루테를 늘 오랑우탄에게 이끌리게 만든 것은 인간처럼 눈동자가 흰자위로 둘러싸여 있는, 유인원 가운데 가장 특이한 바로 그 눈이었다.

1500만 년 전 오랑우탄과 인간은 조상이 같았다. 우리는 그 조상들이 어떻게 세계를 경험했는지에 대해 그저 상상만 할 뿐이다. 조상들은 아마 새끼를 사랑하고 보호했으며 이성을 갈망하고 좋은 음식을 즐겼을 것이다. 또 당연히 유머 감각과 기억력을 지니고 죽음을 애도할 줄도 알았을 것이다. 말레이시아인과 인도네시아인은 이 친족 관계를 인정하고 말레이시아어로 '숲의 사람'이라는 뜻을 가진 '오랑우탄'이라는 이름을 그들에게 붙였다. 비루테는 그 이름을 경건하게 발음한다. "오롱-우-탄^{orong-oo-tahn}." 그녀는 결코 어떤 오랑우탄도 '사람'을 의미하는 '오랑'이라고 부르지 않는다.

인간과 오랑우탄은 1500만 년 동안 각기 다른 진화 과정을 밟았다. 오랑우탄은 나무에서 살기에 적합한 쪽으로 진화했다. 그들이 사회적 협정을 맺은 곳은 바로 대지와 하늘 사이에 있는, 잎이 무성한 밀림의 차양부遮陽部다.

비루테는 나무 사이를 종횡무진하는 야생 암컷 오랑우탄 한 마리를 무려 31일간이나 따라다닌 적이 있었다. 같은 기간 동안 그 암컷은 다른 오랑우탄과 다섯 번밖에 마주치지 않았다. 그녀는 나머지 오랑우탄을 힐끗 쳐다보지도 않았다. 그녀가 자기에게 딸린 자손을 제외한 다른 오랑우탄과 함께 지낸 시간은 모두 합쳐 봐야 그 한 달 동안 고작 여섯 시간에 불과했다.

하버드 대학 영장류학자 피터 로드먼은 보르네오 쿠타이에서 15개월 동안 야생 오랑우탄을 연구한 끝에 오랑우탄은 다른 어떤 포유동물보다 비사회적이라고 밝혔다. 과일이나 숲에 널리 흩어져 있는 자원을 주식으로 하는 까닭에 덩치 큰 성년 오랑우탄은 고릴라나 침팬지, 사람처럼 떼 지어 생활하지 않고 주로 혼자 어슬렁거리며 다닌다. 함께 이동하는 동물이 많으면 한 지역에 있는 익은 과일이 금세 거덜 날 것이기 때문이다. 성년 암컷 오랑우탄은 대개 자신이 부양하는 새끼와만 함께 다닌다. 성년 수컷은 선택된 배우자와 교미할 때만 동행한다. 성년 수컷은 자기 영역을 침범한 다른 수컷과 피 터지는 싸움을 벌이기도 한다. 그들은 대개 혼자 고독하게 지내며 '단 한 명의 일행'과 있거나 자기 내면세계에 머물 때 비로소 평온을 느낀다. 그러나 비루테는 오랑우탄의 삶에서 또 다른 측면을 발견하기도 했다. 어린 오랑우탄, 특히 어린 암컷 오랑우탄은 비교적 사회적인 성향이 있어서 며칠씩 함께 밀림 여기저기를 뒤적이거나 쏘다니기도 한다는 것이다.

비루테가 오랫동안 연구한 또 한 마리 오랑우탄은 야생 암컷 퍼른이었다. 비루테는 퍼른을 어미 프란과 함께 이동하던 어릴 적에 처음 만났다. 퍼른은 첫 임신 기간 동안 줄곧 어미 프란과 동행했다. 그러나 출산 후 퍼른이 어미와 함께 있는 모습은 그로부터 10년 반이 넘도록 단 한 차례도 보지 못했다.

종종 퍼른과 프란은 인접한 나무 꼭대기에서 따로 지낼 때도 있었다. 그때도 둘은 상대방에게 전혀 관심을 보이지 않았다. 비루테는 "만약 애초에 그들이 모녀지간인 줄 몰랐더라면 눈 하나

꿈쩍하지 않고 스쳐 지나가는 그들 관계를 눈치채지는 못했을 것"이라고 썼다.

비루테는 함께 자고 씻기고 껴안아 주고 먹을 것을 제공하던 고아 오랑우탄들이 이처럼 고독한 야생 생활에 적응할 수 있도록 서서히 준비시켰다. 비루테가 좋아했던 고아 우뉴크는 제 어미에게 하듯이 그녀 팔에 기어오르기 일쑤였다. 때로는 비루테에게 프렌치키스를 건네기도 했다. 그러던 우뉴크는 어느 날 숲으로 들어가 두 해 넘게 돌아오지 않았다.

비루테는 우뉴크가 다시 돌아와 캠프에 들렀던 날을 기억한다. "그녀가 나를 알아봤다는 유일한 표시가 나를 쳐다보는 것이었어요. 우뉴크는 그저 나를 쳐다볼 뿐이었는데 그 눈이 내 눈을 붙들었어요. 내가 가까이 다가갔을 때 그녀는 끽끽 소리를 내며 조금 울었습니다. 하지만 오랑우탄으로서 그건 대단한 거예요. 오랑우탄으로서는 최대치의 표현이죠."

야생 오랑우탄과 관계 맺는 일은 생포되었다 풀려난 오랑우탄과 소통하는 것보다 훨씬 더 어렵다. 전자에게는 인간이 제공하는 음식 따위가 아무 소용이 없다. 야생 오랑우탄은 인간의 카메라나 옷, 문화 등에 하등 관심을 보이지 않는다. 나뭇잎, 짖는 소리, 과일, 하늘, 대지, 습지 등으로 이루어진 그들 삶터는 우리와 완전히 무관한 세계이다.

하지만 비루테는 한 야생 수컷 오랑우탄과 우정을 쌓아 갔다. 그녀는 그를 랠프라고 불렀다. 검은 얼굴에는 볼살이 불룩했는데 한쪽 크기가 족히 접시 반만 해 보였다. 자신의 세력권을 알리기 위해 뼛속에 사무치는 무시무시한 울음소리를 낼 때만 사용하는 공기주머니는 평상시에는 바람 빠진 풍선처럼 가슴 위로 축 늘어져 있었다. 140킬로그램 정도 나갈 듯한 몸은 스모 선수 같았다. 1미터인 팔은 인간 장정 다섯의 힘을 합친 것만큼이나 세 보였다. 비루테는 그가 상당한 크기로 자란 나무를 쿵 넘어뜨리는 광경을 본 적도 있다.

비루테가 숲에서 처음 랠프를 만났을 때 그는 혈기 왕성한 성년 수컷이었다. 하지만 16년이 지난 후에도 통 늙은 것처럼 보이지 않았다.(오랑우탄은 대개 예순 살 너머까지 산다.) 랠프는 그동안 숱한 전투를 겪어 양 볼살에는 베인 자국이, 등에는 둥근 상처가 나 있고 손가락 대여섯 개는 잦은 부상으로 뻣뻣했다. 하지만 여전히 건장한 모습이었다. 비루테가 아는 한 랠프는 싸움에서 진 적이 없다.

딸 제인이 두 살일 때 비루테는 캠프 근처에서 예기치 않게 랠프와 맞닥뜨린 적이 있었다. 비루테는 제인을 팔에 안고 있었다. 랠프는 그들과 4~5미터 정도 떨어진 곳에 멈춰 섰다. 그는 그녀를 밀어젖히기라도 하려는 듯이 거부 표시로 턱 끝을 치켜들었다. "당신이라면 아마 기겁했을 거예요. 랠프는 그 정도로 가까이 있었습니다." 하지만 그녀는 발을 땅에 붙인 채 움직이지 않고 가만히 서 있었다. 랠프는 그녀 눈을 바라보더니 서서히 발길을 돌렸다.

"나는 자신 있게 우리 관계가 얼마나 깊은지 말할 수 있습니다. 그 관계는 인간들 사이에서 가능할 법한 최상의 관계보다 훨썬 더 깊습니다." 다 큰 오랑우탄 수컷이 도망치거나 공격하지 않고 외면한다는 것은 깊은 신뢰와 존경, 그리고 친근감을 드러내는 표현이다. 이것은 비루테에게 두 인간이 깊은 포옹을 나누는 것만큼이나 감동적인 몸짓이었다.

다음번에 랠프와 만난 것은 비루테가 캠프에서 수 킬로미터 떨어진 숲속을 거닐고 있을 때였다. 랠프는 교미하기에 앞서 암컷과 교제하는 중이었다. 두 오랑우탄은 나무 위에서 비루테를 힐끗 내려다보았다. "교제를 관찰하려면 그들을 따라다녀야 했습니다. 하지만 나 또한 그들처럼 그토록 빈번하게 이성과 함께하고 싶었던 시절이 있었는지라 랠프에게 선심을 쓰기로 했지요." 그녀는 뒤돌아서 천천히 사라져 주었다.

"만일 당신이 성년 야생 오랑우탄과 관계를 맺을 수 있다면 당신은 잘난 척하는 마음이 누그러지고 겸허해질 겁니다. 나는 랠프와 그가 가진 힘을 진정으로 두려워했습니다. 우리는 모두 친구입니다, 한 성년 야생 오랑우탄이 배우자 아닌 다른 누군가와도 될 수 있는 그런 친구. 하지만 그건 인간이 다른 인간과 맺는 관계하고는 다릅니다. 그들은 인간이 아닐뿐더러 관계에 대한 기대감이 인간과는 판이하기 때문입니다. 그 관계는 그들 식대로 이루어진 것입니다, 전적으로."

이것이 바로 오랑우탄과 친구가 된다는 의미다. 오랑우탄과 맺은 우정은 결코 다른 어떤 우정의 불완전한 버전이 아니라 그 자체로 고유하고 독자적이다.

자신의 갓난 새끼를 안고
있는 수피나.

수술한 지 한 달이 지나자 수피나는 새끼 시디디를 조금씩 돌보
려고 했다. 시디디는 눈물 콧물이 범벅된 채 어미의 팔과 가슴 사
이에 아무렇게나 머리를 처박고 있다. 어미 몸을 꽉 움켜쥔 시디
디는 젖을 찾으려고 하거나 뭔가 마음대로 되지 않을 때마다 사
방으로 발버둥쳤다. 시디디 피부가 탈수 기미를 보이자 비루테는
그 새끼가 설사를 하지 않을까 걱정했다. 수피나는 여전히 쇠약
한 상태여서 젖이 잘 나오지 않았다.

　비루테는 수피나 앞으로 다가가 조심스럽게 무릎을 꿇고 그
녀 품에서 시디디의 자세를 바로잡아 주었다. 새끼는 코를 비비
다가 드디어 수피나의 겨드랑이 아래에서 젖꼭지를 발견했다.

"오, 이런! 수피나. 그래, 이제 됐어."

수피나는 자식을 돌보는 데에서 혼란을 겪었다. 그녀는 그동
안 내내 시디디를 몸에서 떼어 땅에 내려놓았었다. 리키 캠프에
오기 전 6년 동안 수피나는 젖을 먹인 다음 이내 자식을 내려놓
는 영장류인 인간과 함께 살면서 그들만을 역할 모델로 삼아 온
반려동물이었던 것이다.

하지만 비루테는 수피나가 본능적으로 시디디를 온유하게
대하는 데 깊이 감동했다. 그녀는 수피나가 흑발의 자기 아들 프
레더릭과 놀아 주던 것을 기억한다. 프레더릭은 수피나에게 뛰
어오르기도 하고 그녀를 주먹으로 때리기도 하고 심지어 깨물기
까지 했다. 비루테는 어린 오랑우탄이 야생에서 이렇게 행동하
는 것을 보았었다. 어린 오랑우탄은 이따금 어미 옆구리에 매달
린 채 끽끽거리거나 꽉 잡거나 물면서 울화통을 터뜨리곤 한다.
흔히 어미가 먹고 있는 음식을 달라고 떼쓸 때 하는 행동이다. 어
미는 대개 어린것의 울화가 그치기까지 기다렸다가 아무 일 없었
다는 듯이 과일 조각을 건네준다. 프레더릭이 달려들면 수피나
는 그 공격을 제지하는 법이 없었다. 그녀는 매번 장난스러운 얼
굴로 프레더릭의 공격을 참아 냈다.

인간 아이에게는 더없이 온화하지만 막상 제 새끼에게는 서
투른 수피나는 비루테처럼 두 세계의 기로에 서 있다. 컵·접시·
옷·집이 있는 인간의 세계, 그리고 우림·나뭇잎·우짖는 소리·
과일·하늘이 있는 오랑우탄의 세계.

비루테는 수피나가 마침내 새끼를 데리고 다시 숲으로 돌아

가기를 바란다. 또 시디디는 야생 오랑우탄으로 성장하기를 바란다. 비루테는 그들을 바라보면서 그동안 알아 왔던 오랑우탄을 하나하나 떠올려 본다. 2년간 캠프를 떠나 있다가 다시 돌아와서 그저 힐끗 쳐다보고 몇 번인가 끽끽 운 것으로 희미하게 인사를 대신하던 우뉴크, 그리고 10년 반 동안이나 서로 함께 다니지도 접촉하지도 않은 퍼른과 프란…….

비루테는 오랑우탄이 머릿속에 무엇을 담고 있는지 아는 척하지 않는다. 그러나 그들에게 기억력이 있다는 사실만큼은 똑똑히 알고 있다. 1987년 비루테는 밀림의 차양부에서 퍼른과 프란을 다시 보았다. 10년 남짓 만에 만난 그들 모녀는 서로를 알아보고 껴안았으며 나흘 동안 함께 지냈다.

2

제인 구달과 플로

햇빛이 비치는 곳에서 플로는 새끼 플린트를 등에 올려놓았다. 플로는 바닥이 까만 둔한 발로 생후 10주 된 아들의 손목을 부드럽게 잡고, 손으로 그의 사타구니와 목을 간질였다. 얼굴에 분홍빛이 도는 새끼는 갓난아기처럼 반사적으로 산만하게 팔다리를 놀리고 있다. 아직 이가 안 난 입에는 행복한 미소를 한껏 머금은 채로.

플로는 그때 이미 야생 침팬지치고는 너무 늙어서 서른다섯 살쯤은 되어 보였다. 이른 아침의 찬란한 햇볕 속에서도 갈색 털은 푸석푸석해 보이고 흉터 자국이 난 귀는 너덜너덜 찢겼으며 이빨은 잇몸 부근까지 마모되어 있었다. 하지만 아들을 바라보는 그녀의 갈색 눈은 장난스러움으로 환하게 빛났다.

플로의 다섯 살짜리 딸 피피는 어린 남동생을 물끄러미 쳐다보면서 가끔 손을 뻗어 손가락 끝으로 그를 부드럽게 어루만졌다. 그녀는 동생을 더 자세히 보려고 목을 길게 뺐다. 그 옆에서 플로의 큰 아들 파벤과 피건은 서로 치고받으며 투덕거리고 있

양육자들

다. 그들은 연신 침팬지 웃음을 킬킬거렸다. 제인 구달은 플로와 그녀의 가족을 통해 침팬지의 새끼 보호 방식, 발달 과정, 그리고 가족 관계를 풍부하게 관찰할 수 있었다.

제인은 당시 서른 살로 갓 결혼한 신혼이었다. 남편 휴고 반 라윅이 침팬지를 바라보는 그녀 옆에 쪼그리고 앉아 있다. 서양인은 보통 발뒤꿈치를 들고 어정쩡한 자세로 쪼그려 앉는데 제인과 휴고는 아프리카식으로, 그러니까 발바닥 전체를 땅에 딛고 그렇게 한다. 안정적일 뿐 아니라 즉각 일어날 수 있는 자세이다.

휴고는 《내셔널 지오그래픽》에 제인의 작업을 보도하기 위해 1962년 처음 그녀 캠프에 왔다. 그들은 첫눈에 서로의 삶이 잘 어울린다는 것을 직감했다. 그들은 둘 다 동물과 바깥 생활을 사랑하고 일에 헌신적이었다. 휴고는 제인에게 해외 전보로 이렇게 프러포즈했다. '나와 결혼해 주시겠습니까. 사랑합니다. 휴고.' 제인은 그 자리에서 수락했다.

둘은 1964년 3월 28일 런던에서 결혼식을 올렸다. 웨딩 케이크는 플라스틱 신랑 신부가 아닌 점토 침팬지로 장식했다. 축하 연장에는 휴고가 찍은 대형 침팬지 컬러 사진을 즐비하게 진열했다. 플로, 피피, 파벤, 피건, 그리고 제인이 사랑해 마지않던 점잖은 수컷 데이비드 그레이비어드, 강력한 우두머리 골리앗…….

결혼식이 있기 3주 전, 제인은 캠프의 요리사 도미니크로부터 플로가 출산했다는 소식을 들었다. 그래서 부부는 신혼여행을 사흘로 줄이고 플로의 새끼를 보려고 서둘러 곰베로 돌아왔다.

그들이 곰베에 도착했을 때 플린트는 생후 7주 된 상태였다.

제인은 그를 처음 본 순간을 결코 잊지 못한다. "나는 플로가 플린트를 배에 매달고 우리에게 가까이 다가오던 그 순간 느꼈던 전율을 그 후 6년이 지나서야 겨우 다시 경험할 수 있었다." 제인은 1971년 출판한 책 『인간의 그늘에서』에 이렇게 썼다. "제 어미가 앉자 플린트는 우리를 둘러보았다. 작고 주름지고 창백한 그의 얼굴은 검게 빛나는 눈, 귓바퀴에 분홍빛이 도는 둥근 귀, 윤기 나는 검은 털로 정말이지 흠잡을 데가 없었다. 그는 팔 하나를 뻗어 가녀린 분홍빛 손가락을 구부리더니 플로의 털을 꽉 붙잡고 입으로 젖꼭지를 찾을 때까지 코를 비벼 댔다." 플로는 자기 아래 매달린 새끼 플린트를 어르면서 쉽게 젖을 찾을 수 있도록 이리저리 자세를 잡았다. 플린트는 젖을 다 빤 후 이내 눈을 감았다. 플로는 자기 배에 붙어 잠든 아이의 등을 한 손으로 받치고 일어나서 세 발로 조심스럽게 걸어갔다.

　　제인이 처음 플로를 만난 것은 두 살 된 딸 피피가 어미 등을 기수처럼 타고 있을 때였다. 제인은 플로가 내리는 빗속에서 그 어린 딸을 보호하는 광경을 본 적이 있다. 플로는 피피를 끌어당겨 털이 북슬북슬한 큰 팔과 다리로 그녀를 덮었다. 비구름이 걷히자 피피는 빗물 한 방울 묻지 않은 보송보송한 상태로 어미의 포옹에서 벗어났다.

　　가끔 플로는 어린 딸과 과일을 나누어 먹기도 했다. 그녀는 피피가 자기 입에서 먹이를 뺏어 먹어도 내버려 두었으며 굳은살이 박인 검은 손으로 딸에게 과일을 나누어 주었다. 제인은 그들이 함께 흰개미 낚시를 하는 것도 보았다. 피피는 플로가 개미 흙

무덤 속으로 탐침처럼 풀을 집어넣고 흰개미가 달라붙기를 기다렸다 꺼내서 핥아먹는 모습을 유심히 지켜보았다. 피피가 어미를 흉내 내서 자기 나무줄기를 집어넣어 그 발발거리는 곤충을 낚는 동안 플로는 옆에서 잠자코 기다려 주었다. 매일 밤 피피는 높은 나무 위에 플로가 무성한 잎으로 만든 야간용 둥우리에서 어미 품에 안겨 편안하고 따뜻하고 아늑하게 잠들었다.

그때까지 신혼 티를 벗지 못했던 제인은 완벽한 외모의 새끼 플린트를 얻은, 어미로서는 자신보다 선배인 플로를 지켜보았다. 제인은 분홍빛이 감도는 인간의 손톱, 작고 아름다운 푸른 눈, 자식을 구슬려 웃음을 얻어 내는 즐거움 등을 상상해 볼 수 있었다.

───────────

플로는 제인이 곰베에서 처음으로 이름 붙여 준 침팬지들 가운데 하나였다. 초기에는 수컷들이 적극적이었다. 데이비드 그레이비어드는 숲에서 자기를 따라다니던 제인이 덩굴식물에 걸려 넘어지거나 가시 올가미 따위에 옷이 찢겨 뒤처질 때면 제대로 뒤쫓아 올 수 있도록 기다려 주곤 했다. 그러나 뭐니 뭐니 해도 암컷 플로야말로 제인의 존재를 가장 잘 인내해 준 침팬지다. 일그러진 주먹코, 누더기처럼 너덜너덜해진 귀, 열린 채 축 늘어져 낮게 붙은 입술 등 플로는 겉모습만으로는 그저 더럽고 늙은 가모장家母長처럼 보였다. 하지만 그녀의 눈을 들여다보았을 때 제인은 그 속에 깊은 지혜와 고요함이 깃들어 있음을 알았다.

플로는 자신을 돌봐 주던 리더 격의 성년 수컷과 동행할 때조차 자신감에 차고 느긋했다. 입술 모양이 불안정하고 얼굴이 긴 암컷 올리는 성년 수컷을 너무나 두려워하여 그들이 다가오기만 하면 신경질적으로 툴툴거리면서 거의 숨이 막힐 지경에 이르곤 했다. 심지어 어떤 암컷은 성년이 된 자기 아들이 다가와도 도망쳐 버렸다. 이따금 성년 수컷 침팬지는 자신의 남성적 매력과 정력을 과시하는 행동을 보여 주는 데 골몰한 나머지 곧잘 무언가를—심지어 보통 때 같으면 관대하고 자애롭게 대하던 어린 새끼까지—습격한 후 자신들이 오가는 길에 질질 끌고 다닌다. 세월이 한참 흐른 뒤 플로의 아들 피건이 스무 살쯤 되었을 때 제인은 그가 그러한 돌격적인 과시 행동을 하는 것을 본 적이 있다. 피건은 털을 꼿꼿이 세우고 비탈길에 몸을 던지며 어떤 내면의 악령에 이끌린 것처럼 미친 듯이 내달렸다. 한 번은 플로가 직접 그 길에 앉았다. 부근에 있던 다른 침팬지는 모두 달아나고 플로만이 꼼짝 않고 그 자리를 지켰다. 그녀는 거구인 아들이 이내 머리 위로 뛰어오르자 그저 몸을 한 번 휙 구부리기만 했다.

같은 어미라고 해서 모두 플로처럼 의연하고 관대한 것은 아니다. 플로와 그녀의 가족은 때로 올리, 그녀의 딸 길카와 함께 다니기도 했다. 올리는 먹을 것을 달라고 조르는 어린 딸 길카의 요청을 번번이 묵살했다. 또 다른 어미 패션은 두 살짜리 딸이 등에 뛰어오르도록 기다리지 않고 혼자만 벌떡 일어나서 휭 걸어가 버렸다.

그래서 제인은 그렇듯 침착하고 너그러운 플로가 올리의 아들 에버레드를 습격했을 때 깜짝 놀랐다. 에버레드와 플로의 아들 피건은 실컷 잘 놀다가 어느 순간부터 실랑이를 벌이기 시작했다. 피건이 끽끽거리며 울자 플로는 흥분하여 털을 세우고는 전력을 다해 에버레드 옆구리로 돌진했다. 플로는 사납게 날뛰며 에버레드를 후려치고 그가 히스테리성 비명을 지르며 달아날 때까지 계속 그를 굴렸다. 제인은 그 습격의 부도덕함에 경악했다. 여러 해 동안 제인은 그날 플로가 한 행동을 이해하지 못했다.

나이 많은 플로는 역사에 대한 감각을 지녔다. 그녀는 제인이 그때껏 상상할 수 없던 수십 년간의 고통, 출생과 죽음, 승리와 슬픔을 경험했다. 이 늙은 침팬지는 전투의 상흔을 몸 이곳저곳에 간직하고 있다. 너덜너덜해진 귀는 과거의 사건과 병마, 이기고 진 숱한 전투를 증거해 주었다. 제인은 플로에 대해 "최후까지 강인하게 살아남은 자"라고 찬미하듯이 말했다. 플로는 자신의 젊음에서 무엇을 기억하고 있을까. 제인은 그 점이 늘 궁금했다.

———————

제인이 연구를 시작할 때 그녀 나이는 고작 스물여섯이었다. 금발머리를 포니테일로 묶고 짧은 바지 아래 창백한 다리를 드러낸 제인은 여전히 에덴동산, 젊음의 초상, 새로운 여성성, 인간적 취약성 속에 머문 순진무구한 존재였다. 그녀는 박사학위를 받은 상태로 이곳에 오지 않았으며 당연히 이론으로 무장되어 있지도 않았다. 제인은 다만 어린 시절의 꿈에 이끌려 이곳에 왔다.

제인이 18개월 된 아이였을 때 어머니는 그녀에게 일생 동안 소중하게 간직하게 될 장난감을 하나 사 주었다. 런던 동물원에서 최초로 태어난 침팬지를 기념하기 위해 만든 침팬지 봉제 인형이었다. 이웃들은 제인의 어머니에게 어린 소녀가 그렇게 흉측한 장난감을 품고 자면 필시 악몽에 시달릴 거라고 참견했다. 하지만 제인은 그 인형에게 '주빌리'라는 이름을 지어 주고 소중하게 여기고 사랑했으며 지금껏 간직하고 있다.

제인의 아버지 모르티머는 엔지니어였다. 어머니 밴은 작가이자 주부였다. 아동기와 청소년기에 그녀는 부모님, 여동생 주디, 삼촌 둘과 함께 잉글랜드 해안가 마을에 있는 크고 오래된 벽돌집에서 화목하게 살았다.

제인은 언제나 자연과 동물을 사랑했다. 두 살 때 베개 옆에 지렁이를 두고 자다가 어머니를 기겁하게 만든 적도 있었다. 네 살 때에는 암탉이 알 낳기를 기다리며 닭장 안에서 다섯 시간을 쪼그려 앉아 있기도 했다. "나는 암탉의 어디가 알이 나올 만큼 그렇게 크게 열리는지 늘 궁금했습니다." 그날 그녀는 기어이 그 비밀을 알아내고야 말았다. 일곱 살경에는 『정글북』과 『타잔』 시리즈뿐 아니라 『둘리틀 박사 이야기』를 일곱 차례나 읽었고, 그때 이미 언젠가는 아프리카에서 야생동물을 연구하리라 결심했다. 학교의 진학 상담사는 "여자는 절대로 그런 일을 할 수 없다."라고 으름장을 놓았다. 하지만 제인의 어머니는 '안 돼'라는 말은 결코 하지 않으며 자식을 키웠다. 언젠가 제인은 어머니가 삼촌에게 자신의 계획에 대해 말하는 것을 우연히 나무 뒤에서 엿

양육자들

들었다. 삼촌이 "글쎄, 제인은 몸이 너무 약해서……" 하고 말끝을 흐렸다. 제인은 학교에 다니면서부터 편두통에 시달려 왔는데 그날 이후로 다시는 그 누구에게도 편두통을 호소하지 않았다. 제인이 처음 곰베에 갔을 때 그녀 인생은 정해진 것 하나 없는 미래와 의문뿐이었다. 하지만 제인은 쭈글쭈글하게 늙은 플로에게 많은 것을 배웠다. 플로는 제인에게 성행위, 모성, 나이 들면서 생기는 지혜 등을 조금씩 알려 주었다. 오랑우탄 수피나가 어떻게 어미가 되는지를 비루테에게 배웠듯이 제인은 거꾸로 침팬지인 플로에게 어떻게 인간 엄마가 되는지를 배웠다. 제인에게 그후 펼쳐진 삶은 플로의 인생을 더 잘 이해할 수 있게 해 주었다.

제인은 곧 까무러칠 만큼 굉장한 플로의 성적 수용력을 관찰함으로써 침팬지 성행위에 대해 많은 사실을 알게 되었다. 제인은 어떤 연령대건 성년 수컷 침팬지들이 한 암컷에게 그토록 격렬하게 흥분하는 일을 이전뿐 아니라 후에도 본 적이 없다. 제인이 알고 있던 곰베의 수컷이란 수컷은 모두 분홍빛으로 유난히 부풀어 오른 플로의 성기를 보고 달뜬 나머지 그녀를 뒤쫓아 제인의 캠프로 따라 들어왔다. 늙은 미스터 맥그리거, 골리앗, 성마른 제이비, 데이비드 그레이비어드, 젊은 마이크, 리키, 휴, 햄프리…… 플로는 믿기지 않을 정도로 부푼 자신의 모습을 보여 주려고 그들에게 차례차례 다가갔다.

수컷들은 한 손을 플로의 등에 부드럽게 올려놓은 채 직립 자세로 쪼그리고 앉아서 그녀와 교미했다. 성교 한 번은 간단하게 끝났다. 한 쌍은 불과 10초에서 15초 정도만 결합해 있었다. 하지만 그들은 분명 쾌락을 느꼈다. 제인은 이따금 침팬지들이 황홀경에 빠져 눈을 지긋이 감는 모습도 보았다.

플로에게 접근하는 것을 두고 싸움이 벌어지지는 않았지만 수컷들은 그녀가 도중에 달아나 버려서 한 번 더 성교할 기회를 놓치게 되진 않을까 전전긍긍했다. 그들은 갈망에 찬 허기진 눈길로 그녀의 일거수일투족을 좇았다. 거의 6주 동안 14마리가량 되는 수컷 침팬지들이 그녀가 가는 곳마다 무리 지어 쫓아다녔다. 어느 날에는 제인이 플로의 성교 횟수를 세어 본 적이 있는데 무려 50번에 달했다.

그 6주 동안 플로는 플린트를 임신했다. 물론 제인은 플린트의 아비가 누구인지 알지 못했지만 자신이 알고 있는 침팬지 가운데 하나임은 분명했다. 제인은 수컷 침팬지들 얼굴을 서로 분간할 수 있었다. 미스터 맥그리거, 둥글고 음흉한 얼굴의 마이크, 제인이 본 침팬지 가운데 눈이 가장 아름다운 데이비드 그레이비어드, 늙고 주름이 쭈글쭈글한 미스터 워즐……. 암컷들도 마찬가지로 구분 가능했다. 얼굴이 긴 올리, 너덜너덜한 플로, 긴장한 얼굴에 귀 끝이 뾰족한 패션…….

3년 전 제인이 처음 이곳에 도착했을 때만 해도 쌍안경으로 1킬로미터쯤 떨어진 곳에서 본 침팬지는 그저 검은 점들에 불과했다. 침팬지는 놀라거나 흥분하면 빠른 속도로 돌아가는 필름처럼 미친 듯이 움직였다. 곰베에 사는 개코원숭이는 바깥으로 뻗친 찻잔의 손잡이처럼 꼬리가 시작되는 부분을 곧추세운 채 당당하고 우아하게 돌아다닌다. 반면 침팬지 동작은 절도 있는 인간 동작과 비교했을 때 처음에는 굼뜨고 부주의하고 싱겁기 짝이 없어 보인다.

그러나 돌연 강력하게 움직일 경우 침팬지는 무시무시한 동물로 돌변한다. 수컷 침팬지는 키가 1.2미터밖에 되지 않지만 몸무게는 인간 여성(45킬로그램)만큼 나가고 힘은 인간 장정 두 사람을 합친 것보다 세다. 연구 초기에 제인은 비바람과 천둥 번개 속에서 침팬지 행동을 관찰한 적이 있었다. 비가 퍼붓자 침팬지들은 흥분하여 검은 털을 곤두세운 채 나무로 뛰어 올라가 가지를 흔들어 댔다. 털이 검은 이 유인원들은 초인적 광기에 빠진 샤먼들처럼 손으로 나뭇가지를 부러뜨린 후 땅에 뛰어내려 그것들을 질질 끌고 돌아다녔다. 그들은 흰 이빨과 분홍빛 잇몸이 드러나도록 입술을 뒤로 끌어당기면서 거세지는 천둥소리에 자신 목소리를 더했다. 그러고는 손발로 나무를 두드리면서 비명을 질렀다. 그들이 거세게 두드리고 흔드는 행동은 번개가 번쩍이는 하늘의 힘을 흉내 낸 것이었다.

제인은 이 광경을 두려움에 떨면서가 아니라 거의 종교적인 경외감을 가지고 지켜보았다. 제인은 "원시인도 이 같은 힘과 활력을 보여 줌으로써 감히 폭풍우에 도전하려 했을지 모르겠다."라고 썼다. 침팬지가 빗속에서 추는 춤은 인간의 가장 오래된 갈망, 즉 신과 같은 힘을 가진 존재가 되고자 하는 염원을 일깨워 주는 것 같았다.

오늘날 DNA 비교는 침팬지가 인간과 유전 물질 99퍼센트를 공유한, 우리와 가장 가까운 피조물이라는 사실을 증거한다. 실제로 침팬지는 오랑우탄이나 고릴라보다 인간과 훨씬 더 관련이 깊다. 제인은 "침팬지는 지적으로나 정서적으로 욕구, 기대감, 인생관 등에서 우리 인간과 너무나 흡사하다."고 밝혔다. 두 침팬지는 헤어졌다 다시 만나 인사할 때면 마치 두 인간이 거리에서 만나 인사를 나누는 것처럼 허리를 굽혀 절하거나 손을 잡거나 키스하거나 껴안거나 애무한다. 싸움을 끝내고 화해해야 하는 인간처럼 두 침팬지는 싸운 뒤 상대와 포옹하기 위해, 패자가 승자의 등에 손을 얹기 위해, 혹은 키스하도록 상대방에게 손을 내밀기 위해 서로를 향해 되돌아온다. 침팬지의 게임은 인간 아이가 하는 게임과 매우 유사하다. 침팬지들은 장난감 공처럼 둥근 과일을 가지고 놀고, 체구가 작은 침팬지는 마치 인간 아이가 하듯이 팔을 바깥으로 쭈욱 뻗은 채 발끝으로 계속 어지럽게 회전하면서 논다. 티타임 놀이를 하면서 잔과 잔 받침을 가지고 노는 인간 아이처럼 침팬지는 흙무덤 속 흰개미 사냥 놀이를 하기 위해 나뭇가지를 써먹기도 한다.

제인은 인간이 자신을 인간이라고 규정하는 특성들, 즉 인간의 상상력, 인간의 유희, 접촉하며 서로 맺는 관계 등의 기원을 바로 이들 침팬지에게서 보았다. 곰베 침팬지의 삶에서 제인은 인간의 유산을 보았고 우리 혈통의 먼 과거를 보았다. 그리고 플로의 깊은 눈동자에서는 어렴풋하게나마 자신의 미래를 볼 수 있었다.

———————

플린트는 생후 5개월 즈음 첫걸음마를 시작했다. 얼마 동안 제인과 휴고는 플린트가 한 발은 플로의 털을 붙잡고, 나머지 세 발로서 있는 것을 지켜보았다. 그러던 어느 날 아침 제인은 플린트가 갑자기 어미 손에서 놓여나 제힘으로 네 발로 서 있는 모습을 보았다. 제인은 『인간의 그늘에서』에 당시를 이렇게 적었다. "그는 침착하게 한 발을 들어 조심조심 앞으로 내밀었다. 그리고는 멈추어 섰다. 곧이어 또 한 발을 땅에서 떼려다 옆으로 기우뚱하며 비틀거리더니 끽끽 소리와 함께 고꾸라졌다." 플로는 즉시 손을 뻗어 두 팔로 아들을 끌어안았다.

피피는 홀린 표정으로 남동생이 자라는 모습을 지켜보았다. 처음부터 피피는 어린 동생이 사랑스러워서 견딜 수 없었다. 그녀는 손, 발, 입술 등으로 동생을 만지려고 안달했다. 플로가 플린트를 품에 안고 있을 때 피피는 한사코 동생의 가녀린 손가락을 만지작거리려고 했다. 그럴 때면 어미 품속의 어린것은 귀찮다는 듯이 낑낑거렸고 플로는 부드럽게 딸의 손을 걷어 냈다. 피피는 좌절감에 빠져 애원하듯이 머리 뒤로 두 팔을 꼬면서 이리저리 왔다 갔다 했다. 그녀는 마치 불만에 찬 사람처럼 입술을 비죽 내밀고 유난스럽다 싶을 정도로 계속 그 어린것을 들여다보았다.

마침내 피피가 플린트를 어미로부터 떼어 오는 데 성공한 것은 플린트가 생후 13주째 되던 때였다. 제인은 피피의 계획이 전개되는 과정을 흥미진진하게 지켜보았다. 플로가 피건을 돌보느라 여념이 없을 때 플린트는 어미의 털에 매달려 있었다. 어미 플로가 다른 곳에 정신이 팔려 있음을 눈치 챈 피피는 어린것의 발을 몰래 잡아당겼다. 그리고 10센티미터쯤 조심스럽게 자신 쪽으로 끌어당긴 후 잽싸게 플린트를 빼갔다. 피피는 어미 뒤에서 플린트를 배 위에 올려놓고 두 팔과 다리로 그 보물을 감싸 안은 채 귀여워서 어쩔 줄 몰라 했다. 잠깐 동안 플로도 플린트도 달라진 사태를 알아채지 못했다. 하지만 이내 플린트는 부드럽고 구슬프게 '후' 소리 내며 어미를 불렀고, 어미는 즉시 플린트를 자기 가슴으로 끌어안았다.

이 성공을 맛본 후 피피는 어린 남동생을 매일 어미로부터 낚아채 갔다. 가끔은 플린트를 10미터 밖까지 몰래 데리고 가서 털을 고르고 간질였으며, 똑바로 서서 걸을 때면 마치 사랑스러운 인형을 든 어린아이처럼 두 팔로 플린트를 꼭 안고 다녔다.

플린트가 점점 더 독립적이고 원기 왕성해지자 플로도 점차 젊음을 회복하는 것 같았다. 언젠가 제인은 가족과 즐거운 한때를 보내고 있는 늙은 어미 플로가 싱그러운 기쁨에 넘쳐 실제로 공중제비 도는 모습을 본 적도 있다.

나이 든 침팬지들은 어린것들에게 인사를 하기 위해 다가오기도 한다. 제인은 힘이 센 골리앗이 플린트에게 다가와서 턱 밑을 간지럼 태우는 모습을 보았다. 차츰 딸 피피가 어린 플린트와 놀도록 가만 놔둔 것처럼 플로는 이제 제인도 플린트와 접촉할

양육자들

수 있도록 허락했다. 제인은 플린트가 양족 동물처럼 걷고 있을 때 그의 손을 잡아 주기도 했다. 플린트는 낮은 나뭇가지에 매달려 있을 때나 땅 위를 아장아장 걸을 때 제인에게 손을 내밀었다. 휴고는 제인과 플린트가 함께 있는 사진을 여러 장 찍었다. 그중 하나에서 제인은 몸을 조그맣게 쪼그리고 동그마니 앉아 있다. 그러고는 오른팔을 뻗어 손목을 돌린다. 엄지손가락은 아래로 늘어뜨리고 나머지 손가락은 가지에 난 여린 잎처럼 구부러뜨린다. 부드러운 표정의 제인은 경외감으로 입술이 약간 열려 있다.

휴고와 제인은 플린트의 초기 생활을 처음 부모가 된 듯한 경이로운 심정으로 상세히 기록했다. 플린트가 어미 배에 매달리는 것을 졸업하고 처음으로 막 등에 올라타려던 시도, 처음으로 나무에 기어오르려던 시도, 피피가 플린트를 처음으로 붙들던 순간……

제인은 『인간의 그늘에서』에 이렇게 썼다. "나와 휴고가 그해 플린트의 발달 과정을 지켜볼 수 있었던 특권은 우리에게 가장 행복한 경험이었다. 그것은 오로지 훨씬 후에 우리 아들이 태어나서 커 가는 모습을 지켜보았을 때 경험한 기쁨과만 견줄 수 있는 것이었다."

———

제인은 아이를 임신했을 때 이렇게 썼다. "나는 침팬지 어미들이 새끼 개성에 맞게 각기 다른 접근법으로 그들을 대하는 것을 보았다. 휴고와 나는 처음부터 그 방식에 여러 측면에서 감명받았고 우리 아이를 키우는 데에도 그것을 적용해 보기로 신중하게 결심했다."

제인이 오래전부터 간파했다시피 플로는 본받을 만한 어미였다. 자식들과 함께 있는 플로를 관찰하면서 제인은 그 패턴이 서서히 펼쳐지는 광경을 지켜보았다. 자녀가 아동기를 보내는 동안 플로는 항상 그들과 함께했으며 사소한 울음소리나 부름에도 지체 없이 달려갔다. 그녀는 한없이 느긋했으며 아이들이 못된 짓을 저지르려 할 때면 간질임 등을 통해 주의를 딴 데로 돌리려고 애썼다. 플로는 끊임없이 자녀들을 붙들고 끌어안고 귀여워하고 털을 골라 주었으며, 이따금 훈육을 위해 그들을 세게 잡아당기더라도 그러고 나서는 반드시 어루만져서 안심시켰다.

1967년, 드디어 휴고와 제인 사이에서 아들 휴고 에릭 루이스가 태어났다. 당시에는 영국 여성 대부분이 아이에게 모유 대신 분유를 먹였다. 하지만 제인은 1년 동안 아이가 원할 때면 언제나 즉각 젖을 물렸다. 그녀는 거의 항상 아들과 함께 지냈으며 그를 흔들어 얼러주거나 데리고 다니거나 어루만졌다. 애벌레, 땅벌레, 구더기 따위를 뜻하는 애칭 '그럽'으로 통한 어린 휴고는 세 살까지 단 하룻밤도 엄마와 떨어져 지내지 않았다.

제인 부부는 어린 휴고가 괴로워서 울 때면 플로가 플린트에게 항상 즉시 손을 뻗었듯이 첫 울음소리가 나자마자 아들에게 달려갔다. 부부가 부모님께 드리려고 마련한 앨범에는 첫걸음마를 하다 넘어져서 우는 플린트와 그를 달래는 플로의 사진, 그리고 그 장면과 거의 똑같은 상황 속 그럽과 제인의 사진이 나란히 실려 있다. 그럽이 어른을 흉내 내면서 자기 반만 한 방망이로 텐트 기둥을 탕탕 때리려 했다. 그런데 이 어마어마한 도구를 감당할 수 없게 된 어린 소년은 그만 텐트 기둥이 아니라 본인 콧잔등을 때려 버렸다. 그럽은 손으로 얼굴을 싸매고 울음을 터뜨렸다. 제인은 즉시 아이에게 달려갔다. 그녀는 정확하게 플로와 똑같이 몸 앞에 두 무릎을 세운 자세로 앉아서 두 팔로 아이를 끌어안고 아이 얼굴에 제 얼굴을 가져다 댔다. 관자놀이를 지나는 제인의 혈관이 부풀어 있다. 사랑만이 아들의 고통을 가라앉힐 수 있다고 믿는 듯이 그녀가 눈을 감고 아들에게 키스했다.

제인은 그럽이 생후 4개월째 되었을 때 그를 곰베에 데리고 왔다. 침팬지들은 해변에 들어선 제인 부부 집 창문 너머로 이 인간 아기를 물끄러미 들여다보곤 했다. 1940년대 이 지역에서 아프리카인 아기가 침팬지에게 붙잡혀 간 사건이 두 차례 발생했었다. 그중 한 아기는 침팬지에게 살해되어 거의 다 먹힌 지경이었고, 다른 한 아기는 얼굴 살을 조금 뜯어먹힌 상태로 여섯 살 형에게 구출되었다.

언젠가 곰베에서 성년 수컷 침팬지 두 마리가 털을 빳빳이 세운 채, 제인 부부가 기거하는 방 창문의 보호철망을 흔들며 입을 굳게 다문 험악한 표정으로 그럽을 노려본 적이 있었다. 《내셔널 지오그래픽》에 제인은 이렇게 썼다. "만일 그들이 할 수만 있었다면 어린 휴고를 낚아 채 한 끼 식사로 삼았으리라는 데 한 치의 의심도 들지 않았다."

그래서 아이가 사용할 우리를 특수 제작하기로 했다. 그들은 그 우리를 밝은 푸른색으로 칠하고 천장에 형형색색의 새와 별 등을 걸어 놓았다. 친구들은 경악했다. "네 아들은 분명 콤플렉스에 사로잡혀 남은 인생을 살게 될 것"이라고 했다. 부부는 안심시켰다. 제인이 항상 그럽과 함께 있으니 위험할 게 없다고 말이다. 친구들은 이에 만족하지 않았다. 당시 어린이 교육서들은 때로 아이를 혼자 울게 내버려 두어 독립심을 길러 주어야 한다고 부모들에게 조언하고 있었다. 사람들은 "그럽은 분명 의존적인 아이가 될 것"이라며 혀를 찼다.

하지만 그럽은 쾌활하고 활동적이고 얼마간 조숙한 아이로 자랐다. 그는 플린트가 막 첫발을 떼던 때인 생후 5개월에 이미 길 수 있었고, 우리 철망을 붙들고 발 떼는 법도 재빨리 익혔다. 부부는 "우리 아들이 새끼 침팬지에게 뒤지지 않으려고 결의가 대단하다."라는 우스갯소리를 주고받았다.

그럽은 걸음마와 수영도 빨리 배웠다. 그는 곰베에서 거의 벌거벗은 채로 지내다시피 했다. 어떤 사람들은 제인이 '야생아'를 키운다고 우려했다. 제인이 그럽을 데리고 워싱턴에 있는 미국인 친구 집을 방문했을 때, 친구는 기저귀도 차지 않은 그럽이 자기 침대에 오줌 싸는 것을 보고 무척 당황스러워했다. 따스한 공기와 물이 있는 곰베에서는 그럽에게 옷이 거의 필요 없었고, 제인은 무엇보다 아이를 안을 때 직접 피부가 느껴지는 게 좋았다.

제인과 그럽은 손을 잡고 곰베의 개울과 숲, 해변을 함께 돌아다녔다. 그럽이 가시를 붙잡으려고 부주의하게 손을 내밀거나 그녀 손이 닿지 않는 곳을 걸어 다니더라도 제인은 결코 그럽을 야단치거나 볼기짝을 때리지 않았다. 플로가 피피나 플린트에게 하듯이 새로운 볼거리나 놀이로 그럽의 주의를 다른 곳으로 돌리는 방법을 썼다. 그럽이 말귀를 알아들을 만큼 충분히 성장한 후에는 부주의하거나 지각없는 행동을 나무라기도 했다. 그러나 그러고 난 후에는 꼭 아이를 끌어안아 달래 주었다.

———————

제인은 아이와 함께 있기 위해 침팬지를 온종일 쫓아다니는 일을 포기했다. 그녀는 몇 년 후 이렇게 말했다. "그건 일종의 희생임이 분명합니다. 하지만 나는 침팬지를 관찰하면서 아이의 초기 몇 년이 무척이나 중요하다는 사실을 뼈저리게 절감했습니다. 그때 내가 아이에게 양보하지 않았다면 침팬지를 연구하지 않는 편이 나았을 겁니다. 어떤 동물에게서 본 무언가가 우리 인간에게 유익하다고 믿으면서 그와 정반대로 행동하고 그래도 내 경우에는 아이를 제쳐 놓고 연구를 해야 한다고 주장하면 그거야말로 허튼소리 아닌가요? 그러면서 어떻게 인생 초기에 엄마와 아이의 관계가 중요하다는 말을 내 입으로 할 수 있겠습니까?"

———————

"어미가 피피의 손을 얼마나 부드럽게 밀어내는지 보십시오." 내셔널 지오그래픽 협회에서 제인이 청중들에게 강연하고 있다. 청중들은 처음으로 플린트를 만지려고 시도하는 피피의 모습이 담긴 사진을 보는 중이다. "인간 어머니들은 이런 상황에서 대개 아이 손을 탁 하고 때릴 겁니다. 하지만 플로는 딸의 손을 그저 부드럽게 걷어 낼 뿐입니다."

여성 해방이 서구인의 의식에서 여전히 낯선 개념이던 시절에 제인은 또 하나의 운동을 시작했다. 여성의 독립과 성취의 상징으로 여겨지는 제인이 역설적으로 여성의 전통적인 역할, 즉 지원을 아끼지 않는 온화한 풀타임 어머니 역할을 옹호한 것이다. 제인은《뉴욕 타임스》기자에게 자신은 아이보다 본인 경력을 앞세운 적이 **결코** 없다고 말했다. 그녀는 이 메시지 전달을 자신의 '주된 사명'으로 여겼다.

제인은 위계적인 지배질서를 구축한다는 의미에서가 아니라 개별 침팬지 새끼의 경험과 관점을 양성한다는 의미에서 엄마되기가 침팬지 사회의 가장 중요한 힘이라고 믿었다. 또 그녀는 출생 초기 어미와 경험하는 상호작용이 개체 침팬지에게 너무나 소중하다는 점을 강조하고 또 강조했다.

제인은 훌륭한 침팬지 어미는 자신감 있고 사회성이 좋으며 유능한 자녀를 키운다는 사실을 관찰했다. 그녀는 플로의 어미 노릇 유형을 곰베의 다른 침팬지 어미들과 비교해 설명하기도 했다. "플로는 새끼들이 잘못된 행동을 저지를 때면 부드럽게 어르면서 놀이 따위를 통해 자녀 주의를 딴 곳으로 환기시키지만 올리는 딸 길카가 그릇된 행동에 뛰어들 때면 철썩 소리 나게 때립

양육자들

니다. 플로는 자식들이 괴로워하면 아주 사소한 소리에도 지체 없이 달려가지만 패션은 딸 폼이 끽끽거려도 나 몰라라 합니다. 플로 가족을 보십시오. 큰아들 피건은 결국 그 공동체의 우두머리 수컷이 되고 피피는 보기 드물게 유능하고 충실한 어미가 됩니다. 올리의 딸 길카는 소심하고 잔병치레가 잦은 어른으로 성장합니다. 패션의 딸 폼은 거칠고 일탈을 일삼는 암컷으로 후에 동족 영아를 살해해 뜯어먹기까지 합니다."

제인은 『인간의 그늘에서』 속편인 『창을 통해서Through a Window』에 이렇게 썼다. "플로는 내게 어머니 역할을 존경하도록 가르쳐 주었다. 그리고 좋은 엄마되기가 아이에게 얼마나 중요한지뿐 아니라 엄마 자신에게도 커다란 즐거움과 만족을 선사한다는 것을 분명하게 알려 주었다."

제인은 몇 번이나 반복해서 인간 아기와 침팬지 새끼는 유사한 발달 과정을 거친다고 강조했다. "인간 아기는 그를 인간 아기로 만들어 주는 프로그램을 갖고 있습니다. 인간 아기는 뭔가를 원하면 웁니다. 인간 엄마는 그 요구에 반응하도록 점차 프로그래밍됩니다. 그런데 만일 엄마가 아이와 함께 있지 않거나 아기를 놀이터나 침대에 혼자 울며 소리치게 방치한다면 아이와 맺는 신뢰 관계는 파괴될 겁니다."

이 때문에 제인은 "아이들을 탁아소에 내맡기고 본인 경력을 추구하기 위해 나가 버리는 엄마"에게 동의하지 않는다. 그녀는 탁아는 결코 아이가 원하는 편안함이나 위안을 제공해 주지 못한다고 말한다. "탁아소에는 인원이 한참 부족하며 그들은 저

임금에 시달리고 있습니다. 당연히 이직률이 높으므로 아이와 맺는 신뢰 관계가 손상을 입기 쉽습니다. 정부가 해결해야 할 가장 큰 문제는 일을 해야 하지만 그나마 더 나은 탁아소를 이용할 경제력이 없는 이들의 자녀를 위한 조치입니다."

제인은 만일 동물 세계에서 '여성 해방 운동' 사례를 찾고 있다면 침팬지는 그에 적절한 동물이 아니라고 대답한 적도 있다. 이 같은 논평 때문에 제인은 일부 페미니스트들에게 비난받기도 했다. 이들은 자신이 애써 확대해 놓은 여성 지평을 제인이 여성의 전형적 역할을 강조함으로써 축소시킨다며 마뜩잖아 했다. 하지만 제인은 강연이 끝났을 때 자신을 뒤쫓아 온 한 젊은 엄마가 건넨 말을 의미 있게 기억한다. "제가 우리 아이들과 보내는 시간을 응원해 주셔서 정말 감사합니다⋯⋯."

————————

그럽이 세 살이 되자 제인과 휴고는 아프리카인 보모 두 명을 고용했다. 제인이 글을 쓰거나 학생들과 대화를 나누고 휴고가 사진 작업을 진행하는 오전, 그럽이 해변에서 안전하게 놀 수 있게끔 보살피도록 하기 위해서였다. 제인은 오후 시간은 오롯이 아들을 위해 남겨두었다. 그럽은 제인이 자신을 보모들에게 맡기고 떠날 때 결코 징징거리는 법이 없었지만, 점심시간에 다시 만나면 어김없이 "엄마, 엄마!"라고 반갑게 외치면서 제인을 맞이하고, 그녀의 품속으로 달려들어 목을 끌어안곤 했다.

양육자들

영어뿐 아니라 스와힐리어와 탄자니아의 반투어까지 익힌 외향적인 어린 소년 그럽은 함께 놀 수 있는 아프리카인 또래 친구를 두루 사귀었다. 그들은 하나같이 악령을 막기 위해, 비를 내리게 하거나 아이를 얻기 위해, 그리고 풍어와 풍작을 기원하기 위해 주술과 의례에 의존하는 문화권 출신이었다.

그럽도 저만의 마법을 알고 있었다. 그는 놀이친구들에게 독특한 기독교 마법을 가르친 일을 기억한다. 사자 지방lion fat과 의식의 기도문이 질병을 치료할 수 있는 것처럼, 그리고 부적을 목에 걸면 악귀로부터 보호받을 수 있는 것처럼, 그럽은 영국에서 크리스마스 휴가 때 침대 발치에 낡은 양말을 걸어 놓으면 장난감을 많이 거둬들일 수 있음을 발견했다. 그는 그 소식을 어서 전하고 싶어 입이 근질근질했다.

이제 성인이 된 그럽이 회상한다. "제가 친구들한테 말했죠. '완전 간단해. 선물 많이 받고 싶으면 이렇게 하면 돼. 크리스마스 때까지 기다렸다가 원하는 선물 목록을 작성하고 그걸 불태우면서 소원을 빌어. 그리고 침대 발치에 양말을 걸어 놓는 거야. 그러면 너희들이 원하는 걸 모두 얻을 수 있을 거야.'"

그럽이 잠시 말을 멈추고 웃는다. "물론 크리스마스가 되자 제 양말은 꽉 찼어요. 그런데 친구들이 와서 자기네 양말은 텅 비었다고 투덜거리는 거예요. 저는 왜 그 애들은 저와 달랐던 건지 항상 의아했어요."

그럽은 곰베에서 행복하게 자랐다. 그는 호수 소리를 기억한다. "열대에서는 폭풍우를 수시로 만나죠. 비 오는 계절을 좋아했어요. 천둥소리와 번개도 좋아했죠. 비는 대개 따뜻했어요. 그래서 그 비를 맞고 그냥 돌아다닐 수도 있었어요. 여러 가지 냄새를 맡을 수도, 여러 가지 소리를 들을 수도 있죠. 그리고 딱히 정확하게 뭐라고 말하기 힘든 어떤 영적인 느낌을 받을 수도 있어요."

곰베에서 단 한 가지 문제가 있었다면 그가 침팬지를 별로 좋아하지 않았다는 점이었다. "나는 침팬지를 질투하지 않았어요." 그럽이 말했다. 성인이 된 그는 거기에 대해 잠시 생각해 보았다. "사람들은 내게 그러기를 요구했지만 그 나이에는 사실 침팬지가 무서웠어요."

그럽에게는 플린트가 유독 어려운 상대였다. 휴고가 그럽을 어깨에 메고 숲을 거닐 때면 어린 플린트는 나무 뒤에 숨어 있다가 느닷없이 나뭇가지에서 손을 뻗어 그럽의 머리채를 잡아당겼다. 제인은 이런 광경을 몇 번이나 목격했는데 그때마다 "아주 비합리적인 분노가 끓어오르는 것을 애써 참아야 했다." 에버레드와 피건이 사소한 일로 시비 붙어 싸우고 있을 때 플로가 느꼈을 법한 감정이 어떤 것이었는지, 플로가 왜 그렇게까지 잔인하게 에버레드를 공격했는지 그녀가 마침내 이해하게 된 것도 바로 그때였다.

제인은 플린트를 다소 응석받이 선머슴 같은 녀석이라고 여겼다. 플린트가 다섯 살이 되었을 때 어미 플로는 제인이 '플레임'이라고 부르던 작고 귀여운 암컷을 낳았다. 동생이 생기자 플린트는 점점 더 요구가 늘어났다. 그는 플레임이 플로의 배에 달라붙어 있는 동안에도 덩치 큰 아기처럼 우스꽝스럽게 플로 등에 올라타곤 했다. 플로가 플레임을 가슴에 안고 젖을 먹일 때면 플린트는 화를 내거나 땅바닥에 몸을 내던지거나 좌절감으로 소리를 질렀다. 플린트는 늙은 어미를 치고 물고 찼다. 플린트는 제 어미를 나무에서 밀어 땅으로 떨어뜨린 적도 있었다. 제인은 그럴 때면 "그 녀석을 철썩 때려 주고 싶은 충동을 느꼈다".

하지만 플로는 좀처럼 아들을 나무라지 않았다. 그녀의 인내심은 끝없어 보였다. 그녀는 새끼에게 젖을 먹이고 있을 때 동생을 향해 뻗는 플린트의 손을 백 번이면 백 번 다 부드럽게 밀어내거나 그의 털을 만져 주거나 놀이 등을 통해 주의를 딴 데로 돌렸다. 플린트가 특히 더 공격적으로 화낼 때면 그를 물거나 철썩 때리기도 했지만 항상 그 즉시 플린트를 가까이 끌어안았다.

플레임이 태어난 지 6개월쯤 되었을 때 플로는 감기를 앓기 시작했다. 그리고 일행은 캠프를 떠났다. 제인은 플로와 플린트를 그 후 엿새 동안 보지 못했다. 그들을 찾아 나선 제인의 학생들이 마침내 발견했을 때 늙은 어미 플로는 너무 기력이 없어서 거의 움직이지 못하는 상태였다. 플린트는 어미와 함께 있었지만 플레임은 어디론가 사라져 버렸고 다시는 볼 수 없었다.

플로가 회복하자 제인은 그녀가 가장 좋아하는 음식인 달걀로 식사를 보충해 주었다. 곰베에서 연구자들은 신선한 음식을 좀처럼 구경하기 어려웠다. 신선한 채소, 고기, 달걀은 배로 하루가 걸리는 키고마에서 공수해 와야 했다. 하지만 제인은 플로를 볼 때마다 하던 일을 멈추고 부엌으로 달려가서 자신의 친구에게 소중한 달걀을 가져다 주었다. 그때마다 플로는 입속에서 그 달걀을 펑 하고 깨뜨려 나뭇잎 다발과 함께 씹어 먹었다.

―――――――

1972년 8월 어느 아침, 제인의 보조 연구원이 플로 사체를 발견했다. 그녀는 카콤베 냇물을 건너는 도중에 고꾸라져 죽은 것처럼 냇물에 얼굴을 묻은 채 누워 있었다. 제인은 그 광경을 차마 똑바로 쳐다볼 수 없었다. 그럼에도 그녀는 사체를 바로 눕혀 오랜 친구의 얼굴을 들여다보았다. 아무런 두려움도 고통도 없는 평온한 모습이었다. 그녀의 눈은 여전히 반짝이고 있었고 몸은 유연했다.

제인은 그날 밤 플로를 지키면서 밤을 지샜다. 그녀는 덤불멧돼지*에게 플로 사체가 약탈당할까 걱정했고 플린트에게 갈가리 찢긴 어미를 보여 주고 싶지도 않았다. 그뿐만 아니라 제인은 밝은 달빛 아래서 친구에게 경의를 표하고 그녀의 죽음을 애도하며 서로 나누었던 많은 이야기를 더듬어 보고 싶었다.

플로가 죽은 지 한 달이 넘도록 제인은 자기 친구가 정말로 죽었는지 실감하기 어려웠다고 토로했다. 그녀는 플로를 기리며 《런던 선데이 타임스》에 아래와 같은 부고를 실었다.

●　아프리카 야생 돼지.

플로는 과학에 크게 기여했다. 그녀와 그녀의 대가족은 침팬지 행동에 관해 우리에게 많은 정보—아동 발달, 가족 관계, 공격성, 지배, 성행위 등—를 제공해 주었다. 그러나 그게 전부는 아니다. 그녀 삶이 인간 이해의 지평을 넓혀 주었기 때문에 가치 있었다는 것은 분명한 사실이다. 하지만 설령 아무도 곰베 침팬지를 연구하지 않았다 해도 플로가 보여 준 풍부하고 충만한 삶의 활력과 사랑은 그 자체로 자연 속에서 의미와 중요성을 지녔을 것이다.

플린트는 냇가 방둑 위에 놓인 플로 사체 옆에서 등을 구부린 채 오래오래 앉아 있었다. 그는 마치 어미에게 살아 돌아오라고 간청이라도 하듯이 이따금 그녀 손을 잡아당겼다. 플로가 죽은 지 사흘째 되던 날, 제인은 플린트가 카콤베 냇물 가까이에 있는 큰 나무로 천천히 올라가는 것을 보았다. 그는 나뭇가지를 따라 걷다가 멈추어 서서 뭔가를 물끄러미 바라보았다. 제인은 그의 눈길을 따라갔다. 플린트는 며칠 전만 해도 어미와 함께 지내던 텅 빈 둥우리를 내려다보는 중이었다.

그 후 사흘 동안 플린트는 점점 더 무기력해지더니 급기야 엿새 동안은 보이지 않았다. 다시 모습을 드러냈을 때 그는 눈에 띌 정도로 건강이 악화되어 있었다. 2주 후, 플린트는 죽었다.

플린트가 숨진 시점은 어미에게 젖을 의존하던 시기를 훌쩍 지난, 여덟 살이 넘은 때였다. 부검 결과 사인은 위장염과 복막염이었다. 제인은 "상실로 인한 심리적·생리적 장애가 병에 대한 저항력을 떨어뜨린 것 같다."라고 자신의 연구서 『곰베의 침팬지

The Chimpanzees of Gombe』에 썼다. 하지만 마음속으로는 그의 죽음이 훨씬 더 분명한 이유 때문이었음을 알고 있었다. "플린트는 슬픔에 겨워서 죽었다."라고 제인은 말했다.

심지어 당시 다섯 살이던 그럽조차 어린 적수의 죽음을 슬퍼했다. 그럽은 20년쯤 후에 이렇게 회상했다. "플린트가 죽었을 때 너무나 마음이 아팠습니다. 그를 좋아하지는 않았지만 슬픔을 가눌 길이 없었어요."

———

우리가 1989년에 처음 만났을 때, 나는 스물두 살인 그럽이 달변이고 예의 바르고 잘생기고 모험적이라는 것을 알았다. 그는 곰베호숫가에 살면서 수영을 능란하게 했고 고기를 잘 잡았으며 관찰의 명수였고 아프리카 말을 능숙하게 구사했다. 게다가 자기 어머니 같은 기질을 지닌 탐험가였다. 그는 자이르*로 파견되는 연구 탐험대에서 어류학자로 초청받기도 했다. 실제로 연구된 적은 없지만 14만 제곱킬로미터 늪지에 산다고 보고된, 공룡을 닮은 어떤 생명체를 조사하러 나선 길이었다. 한 독일 잡지는 그에게 시에라리온, 코트디부아르, 라이베리아, 기니에서 자행되는 침팬지 밀렵에 대한 조사를 의뢰했다. 그는 탕가니카호 열대어를 수출하는 일을 제안받기도 했다. "매달 새로운 기회를 얻고 뭔가

* 현 콩고민주공화국.

색다른 것을 하도록 제안받는다."라고 그는 말한다.

"사람들은 우리가 그럽을 키우는 방식이 유별나다고 생각했어요. 그들은 그럽이 의존적인 어른이 될 거라고 우려했지요. 나는 인생 초기에 아이에게 사랑과 안정감을 심어 준다면 그것은 이후 인생에 충분한 거름이 될 테고, 결국 아이는 당당한 어른으로 성장할 거라고 믿었습니다." 제인은 그 믿음이 주효했다며 자랑스러움을 감추지 못했다.

다소 수척하긴 하지만 여전히 부드러움을 간직한 제인은 2009년 4월 3일에 75세를 맞았다. 그녀는 25년 전 내가 그녀를 처음 만났을 때와 거의 비슷해 보인다. 그녀는 회색 머리칼을 여느때처럼 포니테일로 묶고 있다. 하지만 소녀 같던 모습은 온데간데없다. 이제 그녀의 갈색 눈빛에서는 열정 대신 지혜와 평온을 읽을 수 있다. 그녀는 더 이상 미개척된 에덴에서 눈을 부릅뜨고 두리번거리는 소녀가 아니다. 제인은 자신의 영상을 보고 강의를 듣고 자신이 쓴 책을 읽고, 침팬지가 된다는 것이 대체 무엇인지 자신과 함께 생각해 보는 많은 사람에게 우리 인간 세계만큼이나 풍부하고 강렬한 침팬지 세계에 대한 지식을 전수하고 있는 지혜로운 여성이다.

제인 스스로도 깊은 비극을 이겨 냈다. 그녀는 그럽이 일곱 살 때 휴고와 이혼했고, 1980년에는 두 번째 남편을 암으로 잃었다. 휴고는 2002년 폐기종으로 사망했다. 같은 해에 가장 큰 영감의 원천이자 절친한 친구이면서 최고로 존경하는 동료였던 어머니도 96세 일기로 눈을 감았다. 처음 곰베에 왔을 때 그녀가 알던 침팬지들은 이제 거의 죽고 없다. 플로, 데이비드 그레이비어드, 골리앗, 올리, 미스터 맥그리거 모두 세상을 떠났다. 플로의 딸인 피피도 사라졌다. 그녀는 2004년 가을 종적을 감추었는데 죽었다고 추정된다. 피피 역시 플로처럼 더없이 인기 많고 중요한 암컷이었다. 피피는 새끼 아홉 마리를 낳아 곰베의 기록을 갈아치웠다. 제인처럼 피피도 할머니가 될 때까지 살아남았다. 피피의 첫째 딸과 둘째 딸은 피피가 침팬지치고는 꽤나 고령인 46세 나이로 죽기 전에 각각 건강하고 튼튼한 아들을 낳았다.

가족이 줄줄이 이어졌으므로 오랜 친구들과 연결되어 있다는 제인의 느낌만큼은 결코 죽지 않았다. 내가 1989년 곰베를 방문했을 때, 나와 같은 해에 태어난 피피는 막 그녀의 다섯 번째 아이 파우스티노를 낳은 상태였다.

내가 처음 파우스티노를 본 것은 태어난 지 불과 3주밖에 되지 않은, 아직 이름도 얻지 못했을 때였다. 피피는 나뭇잎들 밑으로 그림자를 만들어 내는 햇볕 아래 앉아 두 팔로 새끼를 흔들며 얼렀고, 플로시는 옆에 선 야자수에서 그 광경을 내려다보고 있었다. 이빨도 안 난 새끼가 하품하면서 입술로 동그라미를 그렸다. 그런 새끼의 분홍빛 얼굴을 내려다보는 피피의 낮게 붙은 입술은 축 늘어진 채 약간 벌어져 있었다.

피피의 장남 프로이트는 옆에 뻗은 나무에서 내려와 어미의 털을 고르기 시작했다. 피피는 새끼를 몸으로 감싸면서 아들에게는 허벅지 뒷부분을 만질 수 있도록 오른쪽 다리를 내 주었다. 둘째 아들 프로도는 오렌지색 야자수 열매를 손에 들고 다른 나

양육자들

플로의 딸 피피가 그녀 아들 파우스티노와 함께 시간을 보내는 중이다. 플로가 남긴 유산은 언제까지나 곰베에 살아 숨 쉬고 있다.

무에서 내려온 후 피피에게 걸어가 그녀의 머리를 만지기 시작했다. 딸 플로시도 나무에서 내려왔고 둘째 딸 파니도 숲에서 나타나 엉덩이를 보이면서 프로도에게 인사했다. 새끼에게 젖을 먹이느라 옆으로 누워 있던 피피는 이렇게 온 가족에게 둘러싸였고 가족들은 모두 어미의 털을 고르는 중이었다. 얼룩얼룩 비치는 햇빛 아래 공원 같은 장소에 펼쳐진 이 광경은 마치 일요일 오후의 가족 나들이처럼 보였다.

1971년 피피의 첫 아기 프로이트가 태어났을 때 제인의 학생 한 명이 특이한 점을 하나 발견했다며 보고했다. 그 학생은 이전에 침팬지 어미가 그렇게 행동하는 것을 본 적이 없었다. 피피는 등을 대고 누워서 아들을 비행기 태우고 발로는 그를 꽉 붙잡은 채 손으로는 그를 간질이고 있었다.

3

다이앤 포시와 디짓

매 호흡은 그녀 몸에 생명을 되돌려 주는 투쟁과 같았다. 천식은 마흔둘의 그녀를 덮쳐 숨쉬기조차 어렵게 했다.

다이앤 포시는 어렸을 적부터 천식을 앓았고 10대 시절에 이미 골초였다. 대학을 졸업하며 찍었던 폐 엑스레이 사진은 마치 "뉴욕의 도로 지도에 로스앤젤레스의 도로 지도를 겹쳐 놓은 모습" 같았다. 그 후 산소가 부족한 중부 아프리카의 비룽가 화산 분화구 고도에서 8년 동안 살아온 지금, 차갑고 다습한 밤공기를 들이마신 그녀의 폐는 거의 못쓰게 되었다. 고도 3000미터에 위치한 연구 캠프 카리소케를 등산하는 일이 그녀의 대학원생들에게는 한 시간이 채 걸리지 않는다. 하지만 다이앤은 숨을 헐떡거리면서 두 시간 반가량 걸어 올라야 한다. 그녀는 여러 폐렴 증세로 고생한 적도 있었는데 지금 그 병이 다시 도지고 있는 것 같았다.

그 주 초에 다이앤은 발목이 부러졌다. 물결 모양의 양철로 지은 움막 근처에서 하수 도랑에 빠질 때 탁 하고 뼈 부러지는 소

양육자들

리가 들렸다. 돌격해 오던 물소를 피하려다 그만 그렇게 된 것이다. 이틀 후에는 나머지 다리마저 독거미에 물렸다. 오른쪽 무릎이 커다랗게 부어올랐고 왼쪽 다리는 발목께가 거무칙칙해졌다. 그래도 다이앤은 산을 내려가 루헹게리에 있는 작은 병원에서 치료받을 생각을 하지 않았다. 그녀는 전에도 여러 번 건강이 크게 악화된 경우가 있었다. 한 번은 갈비뼈가 부러지면서 폐에 구멍이 났다. 또 한 번은 광견으로 추정되는 개에게 물렸다. 당시 그녀는 체온이 40.5도에 이르고 증상이 의학 서적 광견병 항목에 적힌 것과 완전히 똑같다는 점을 확인하고서야 하는 수 없이 들것에 누웠다.

다이앤은 잠시라도 대학원생들에게 캠프를 맡겨 두고 떠나는 게 싫었다. 더군다나 그들 가운데 두 학생과는 심하게 다투기까지 한 상황이었다. 한때는 가장 가까운 캠프 동료였던 켈리 스튜어트와 샌디 하코트가 서로 사랑에 빠지고 만 것이다. 다이앤은 그것을 자신에 대한 충성을 버리는 일로 여겼다. 그녀는 그들에게 호통을 쳤다. 켈리는 울고, 샌디는 뿌루퉁해졌다.

1974년 5월 1일, 미안함을 느낀 샌디는 절름거리는 다이앤에게 제4집단 방문을 도와주겠노라고 제안했다. 보행용 지팡이에 의지하고 있던 다이앤은 그 제안을 받아들였다.

제4집단은 1967년 9월 르완다에 캠프를 설치한 후 다이앤이 처음으로 만난 마운틴고릴라 가족이었다. 내전 때문에 그녀는 자이르에 있던 초기 연구 장소를 떠나지 않을 수 없었다. 그날 그녀는 카리소케—그녀의 캠프는 카리심비와 비소케 두 화산 분화구 사이에 자리 잡고 있었는데 이 둘을 조합해 만든 이름이다—를 발견했다. 공원에서 영양을 사냥하던(이것은 수십 년 동안 눈감아 온 불법 관행이었다.) 트와족 두 사람이 그녀에게 자신들이 만난 적 있는 고릴라를 보여 주겠다고 했다.

그 첫 만남에서 다이앤은 45분 동안 쌍안경을 통해 고릴라를 관찰했다. 산골짜기 건너 30미터쯤 떨어진 곳에서 그녀는 열넷으로 이루어진 한 무리 가운데 분명하게 구분되는 고릴라 세 마리를 골라낼 수 있었다. 먼저 등이 은백색인 위엄 있는 늙은 수컷 한 마리가 있었다. 몸무게가 160킬로그램쯤 나갈 듯한 이 거대한 고릴라는 분명 가족의 우두머리이자 자신을 따라다니는 암컷들의 지배자로 보였다. 식초를 삼킨 듯 입술을 일그러뜨린 채 이글거리는 눈빛을 발하는 암컷 한 마리도 눈에 띄었다. 그리고 한 녀석은 "검은 털이 어수선하게 달린 장난스러운 공 같은 어린 새끼로 불량기와 호기심이 가득해 보였다." 후에 다이앤은 자신의 책 『안개 속의 고릴라』에서 이 어린 녀석을 이렇게 묘사했다. 그녀는 그때 그가 다섯 살쯤 되었으리라고 추측했다. 그는 생기 넘치는 검은 공처럼 나뭇잎 사이를 통통 뛰어다녔다. 우두머리 은백색 등이 나무 뒤에서 다이앤을 발견했을 때 어린것은 아비의 외침에 응하며 순순히 자리를 피했다. 하지만 다이앤은 만일 아비가 부르지 않았다면 그 어린 수컷이 낯선 이방인을 보려고 꽤 오랫동안 머물러 있었으리라는 인상을 받았다. 다시 만났을 때 다이앤은 그 어린것의 부풀고 긴 가운데손가락을 여럿 속에서도 쉽게 알아볼 수 있었다. 그 녀석을 뭐라고 부를까 고심을 거듭한 끝에 그녀는 결국 손가락을 뜻하는 '디짓'이라는 이름을 붙여 주었다.

샌디와 함께 수풀 속에서 지쳐 늘어진 채 기침을 해 대고 있는 다이앤에게 멀리서 다가온 것은 이제 열두 살이 된 디짓이었다. 여린 은백색등을 지닌 디짓은 가족을 지키는 보초가 되어 있었다. 그가 자기 무리에서 떨어져 나와 그녀의 옆구리를 쿡 찔렀다. 그녀는 그의 냄새를 들이마셨다. 그녀는 그 좋은 냄새를 분명하게 알아챘다. 2년 전 얻은 목 상처 때문에 디짓의 등은 계속 구부러지고 정신은 자꾸 흐릿해져 가고 있었다. 전신 감염으로 그의 온몸에서는 정상적인 맑은 땀 냄새가 아니라 시큼한 냄새가 났다. 디짓은 차츰 기력을 잃어 갔다. 이제 집단 우두머리 은백색등과 발정기를 맞은 암컷들 간의 섹스도, 다이앤의 방문도, 그 외어떤 것도 그의 흥미를 끌지 못했다. 디짓은 몇 시간 동안 손가락으로 이리저리 자기 상처를 만지작거리면서 무슨 슬픈 기억을 떠올리려는 듯이 약간 먼 지점에 시선을 고정한 채 무리의 가장자리에 앉아 있곤 했다.

하지만 오늘은 디짓이 다이앤의 눈을 똑바로 들여다보았다. 그는 오후 내내 말이 필요 없는 오래된 친구를 방문한 벗처럼 그녀 옆에 잠자코 앉아 있었다. 디짓은 둥글고 거대한 머리를 천천히 그녀에게 돌리고는 다 알고 있다는 듯한 눈빛으로 진지하게 그녀를 바라보았다. 고릴라가 오래 응시하는 것은 일반적으로 일종의 위협을 의미한다. 하지만 디짓의 응시에는 공격성이 담기지 않았다. 마치 다이앤에게 이렇게 말하고 있는 것 같았다. "나는 알아요. 다이앤이 훗날 어딘가에 '디짓은 내가 아프다는 걸 이해하고 있다.'고 적으리라는 것을⋯⋯." 그녀는 그날 오후에 캠프로 돌아왔다. 여전히 절뚝거리고 여전히 아프고 여전히 고통스러웠지만 마음은 지극히 충만한 채로.

그녀의 학생 한 명은 나중에 카리소케에서 지낸 몇 달을 "우리는 모두 고릴라와 뭔가를 함께하고 있다고 느꼈다."라고 회고했다. 이 거대하고 진지한 동물을 잠깐만 만나 보아도 그렇게 느끼는 게 그다지 어려운 일이 아님을 알 수 있다. 자연 작가 데이비드 쿼먼은 "고릴라의 얼굴은 나를 완전히 알아보는 것 같은 충격을 던져 준다."라고 썼다. 한 시간만 마운틴고릴라 앞에 서 있으면 당신의 영혼에는 금세 경외감이 피어날 것이다. 그들은 대형 유인원 가운데 가장 덩치가 크고 가장 위엄 있고 가장 힘도 세다. 하지만 사람들을 그 자리에 꼼짝 못 하게 만드는 것은 다름 아닌 고릴라와 눈이 마주쳤을 때 그들이 당신에게 던지는 그 눈길이다. 다이앤보다 먼저 침팬지를 연구했던 자연주의자 조지 셸러는 "그 시선은 아마 고래를 제외한 다른 어떤 동물에서도 볼 수 없는 것"이라고 적었다. 그들과 함께 있으면 분명히 서로 뭔가 주고받는다는 느낌이 든다.

그날 디짓과 다이앤은 깊이 오래 소통했다. 당시 디짓은 이미 다이앤을 7년 동안이나 알아 왔다. 그녀는 디짓이 소년에서 젊은 검은등으로, 그리고 이제 은백색등의 보초로 성장하기까지 변함없이 함께 있어 주었다. 디짓은 자기가 다섯 살이 되기도 전에 죽었을 수도, 아니면 그 집단을 완전히 떠나 버렸을 수도 있는 제 어미보다 다이앤을 더 오래 겪어 왔다. 마찬가지로 다이앤이 처음 그를 발견하고 약 1년 만에 자연사한 늙은 은백색등 아비보다도 그녀를 더 길게 경험해 왔다. 디짓이 아홉 살이 되었을 때 제4집단에 속한 동갑내기 암컷이 셋이나 그의 곁을 떠나갔다. 젊은 암컷들에게 흔히 일어나는 일로 경쟁 집단의 은백색등에게 납치당한 것이다. 디짓은 그들 대신 다이앤을 놀이친구로 삼았다. 그는 때로 다이앤과 가까이 걷기 위해 무리에서 떨어져 나오기도 했다. 디짓은 다이앤의 물건을 만지거나 그녀의 장갑이며 청바지에 코를 대고 쿵쿵 냄새를 맡았으며 그녀의 긴 갈색 머리를 살짝 잡아당기기도 했다.

다이앤에게 디짓과 맺은 관계는 어머니, 아버지, 혹은 계부와의 관계보다 훨씬 더 끈끈했다. 그녀는 남편과 아이를 간절히 원했지만 끝내 결혼을 하지도 아이를 갖지도 못했다. 그녀는 디짓과 어떤 연인보다 오래 관계를 지속했고 어떤 친구보다 깊은 우정을 이어 갔다.

어느 강연에서 다이앤은 그를 '내 친구 디짓'이라고 불렀다. 그녀는 그 호칭이 너무 약하고 너무 무심하다는 점을 인정했지만 그보다 더 나은 호칭을 찾을 수는 없었다. 우리 언어는 다른 인간과 공유하는 것이다. 하지만 다이앤이 디짓에 대해 남긴 언어는 오직 그녀만이 고유하게 제 것으로 간직한 언어였다.

마운틴고릴라 집단은 영장류 가운데 가장 응집력이 강한 가족

을 이룬다. 이것이 바로 조지 셸러를 감동시킨 대목이다. 성숙한 오랑우탄의 경우 대개 혼자 살며 암컷과 수컷은 교미할 때만 만난다. 침팬지도 사회가 너무 느슨하게 조직되고 그 수나 구성이 수시로 변하기 때문에 제인 구달은 거의 10년이 지나도록 그것이 의미하는 바를 잘 이해하지 못했다. 하지만 고릴라는 엄격하게 짜여 있고 분명하게 규정된 가족을 구성한다. 일반적으로 한 집단은 우두머리 은백색등, 그의 남자 형제, 배다른 남자 형제, 조카, 그리고 여러 암컷과 그 자녀들로 이루어져 있다.

한 고릴라 집단은 함께 걸어 다니고 함께 먹이를 먹고 함께 놀고 함께 쉰다. 개체들은 좀처럼 나머지 무리로부터 30미터 이상 멀어지지 않는다. 우두머리 은백색등은 집단에서 가장 느리고 허약한 성원의 발걸음에 맞춰 이동 속도를 조절한다. 모든 어른은 때로 아주 온유하고 관대하게 집단의 새끼와 어린것을 대한다. 털이 검은 모피처럼 곱슬곱슬하고 눈을 동그랗게 뜬 새끼는 어른의 거대한 검은 몸체에 마음 놓고 기어오른다. 이제 막 아장아장 걷는 새끼는 은백색등의 거칠고 평평한 콧등 위를 걸어 다니기도 한다. 이 힘센 수컷은 부드럽게 새끼를 밀어내거나 거대한 손가락 하나로 새끼를 장난스럽게 매달고 다닌다.

제4집단을 처음 발견했을 때 다이앤은 고릴라들이 자기를 보고 달아날까 봐 숨어서 쌍안경으로 관찰했다. 다이앤은 이 집단에 속한 세 어린 고릴라들이 함께 뒹굴고 아장아장 걸어 다니는 모습을 지켜보는 게 좋았다. 그중 한 녀석이 장난이 너무 심해진다 싶으면 기침 소리를 냈고, 그러면 어미가 천천히 다가와 부드럽게 가슴으로 끌어안곤 했다. 다이앤은 디짓과 그의 어린 여동생들이 노는 모습도 관찰했다. 이들은 레슬링, 구르기, 나 잡아 봐라 같은 놀이에 빠져 덩치 큰 성년 고릴라들로부터 15미터 정도 떨어진 곳까지 가기도 했다. 때로 은백색등은 아이들을 이끌고 야자수처럼 생긴 세네시오킬리만자리 사이를 한 나무에서 다른 나무로 건너뛰며 일종의 스퀘어 댄스 같은 놀이를 했다. 고릴라들이 각자 한 나무의 줄기를 잡고 빙글빙글 돌다가 건너뛰어서 경사면 아래쪽의 다음 나무줄기를 끌어안는 식이다. 이 게임은 모든 고릴라들이 마지막 나무줄기에서 뛰어서 검은 털투성이 몸통들이 뭉쳐 있는 도착지점에 안착할 때까지 계속되었다. 그렇게 한 게임이 끝나면 은백색등은 다음 판을 시작하기 위해 어린 고릴라들을 이끌고 다시 경사면을 기어올랐다.

늙은 은백색등이 죽자 이 쾌활한 은백색등이 마침내 제4집단 우두머리 자리를 차지했다. 다이앤은 외삼촌 앨버트 채핀의 이름을 따서 새 지도자를 엉클 버트라고 불렀다. 외숙모 플로시(다이앤은 제4집단의 한 암컷에게 플로시라는 이름을 붙여 주었다.)와 외삼촌 앨버트는 다이앤이 세 살 때 그녀 아버지가 가족을 떠난 후 줄곧 그녀를 돌봐 주었다. 다이앤이 대학에 다니는 동안 앨버트와 플로시는 휴일, 주말, 여름방학 동안만 일해서는 충당하기 어려운 비용을 그녀에게 지원해 주었다. 외삼촌 이름을 따서 은백색등의 이름을 붙인 것이 다이앤 입장에서는 가장 애정 어린 감사 표시였다. 그의 이름은 집단에서 가장 마음을 끄는 수컷이자 지도자, 보호자, 그리고 다이앤으로서는 상상도 할 수 없었던 웅집력과 애정을 지닌 가족의 핵심 인물에게 주어진 것이다.

　다이앤은 외로운 외동딸이었다. 아버지 조지 포시의 잦은 음주 때문에 다이앤 부모는 이혼에 이르렀고, 결국 그녀는 아버지와 떨어져 살게 되었다. 다이앤이 다섯 살 되던 해에 어머니 키티가 재혼하면서 집안에서는 조지 포시라는 아버지 이름을 언급하는 것조차 금기시되었다. 계부 리처드 프라이스는 다이앤을 결코 가족의 일원으로 받아들이지 않았다. 매일 밤 그녀는 부엌에서 가정부와 함께 저녁식사를 해야 했다. 계부는 다이앤이 열살에 이를 때까지도 식탁에서 자기 부부와 식사하는 것을 허락하지 않았다. 계부는 건축업자로 부자인 것 같았다. 하지만 다이앤은 학교에 다니는 내내 거의 혼자 학비를 조달하다시피 했다. 공장에서 일한 적도 있었다.

　다이앤은 친구들에게 좀처럼 가족 이야기를 꺼내지 않았다. 아동기에 대한 혐오감은 어른이 되어서도 삶에 막대한 영향을 미쳤다. 캘리포니아주에 있는 가족을 떠나온 지 한참 후에도 다이앤은 자기 부모를 '프라이스 부부'라고 불렀다. 그녀는 계부 이름이 언급될 때면 언제나 재수 없다는 듯이 땅바닥에 침을 뱉었다. 외삼촌이 다이앤에게 5만 달러를 남기고 죽었을 때 계부 리처드는 르완다에 해외 전보를 보내 더 많은 돈을 타내도록 유언에 이의를 제기하라고 그녀를 부추겼다. 다이앤이 죽자 그는 캘리포니아주 법정에서 그녀 돈은 모두 자신과 아내 것이라고 우기면서 그녀가 남긴 유언 내용을 번복하기까지 했다.

　어머니와 계부는 다이앤이 아프리카로 가려는 계획을 필사적으로 방해했다. 다이앤이 스물여덟 살 때 부부는 사파리 여행을 떠나려는 딸의 간절한 꿈에 자금을 지원하기를 한사코 거부했다. 하는 수 없이 다이앤은 물리치료사로 일하던 곳에서 3년치 봉급을 담보로 그 비용을 마련해야 했다. 3년 후 그녀가 마침내 루이스 리키의 지원을 받아 마운틴고릴라를 연구하기 위해 미국을 떠나려고 했을 때도 어머니는 가지 말라고 간청했고 계부는 당장 그만두라고 위협했다.

다이앤은 그때까지 살아왔던 방식 그대로 고독하게 고산우림高山雨林에 체류하기로 마음을 굳혔다. 그녀는 바깥 세계에서는 여전히 야만과 잔인함의 상징으로 여겨지고 있는 킹콩들 속에서, 하지만 실제로는 온화하고 평화롭게 펼쳐지는 그들의 삶을 지켜보면서 살기로 작정했다.

가족과 함께 있는 엉클 버트를 관찰하던 중 다이앤은 집채만 한 수컷이 커다란 검은 손으로 흰 꽃을 한 줌 따는 광경을 지켜본 적이 있었다. 어린 디짓이 그를 향해 천천히 다가가자 그 은백색등은 디짓의 얼굴에 꽃다발을 이리저리 부벼 대며 장난을 쳤다. 디짓은 깔깔 웃으면서 엉클 버트의 무릎 위로 엎어졌다. 다이앤은 "마치 관심을 끌고 싶어 하는 강아지 같았다"고 적었다. 디짓은 거대한 수컷이 꽃잎으로 자신을 간지럽히는 동안 마치 황홀경에 빠진 듯 제 몸을 꽉 감싸 안은 채 그 은백색등에게 굴러갔다.

———————

르완다에서 고릴라 연구를 시작한 지 세 달쯤 지났을 무렵 다이앤은 두 집단은 '정기적으로', 한 집단은 '간헐적으로' 관찰 중이었다. 그녀는 대부분 시간을 비소케의 남동쪽 경사면을 차지한 제5집단의 고릴라 열다섯 마리와 제4집단에 할애했다. 모두 아홉 성년 고릴라로 구성된 가족인 제8집단은 제4집단과 서쪽 경사면을 함께 쓰고 있었다.

다이앤은 여전히 그들에게 접근하지 못하고 있었다. 고릴라 가족은 침입에 대비해 매우 신중하게 경계를 펼치기 때문이다. 각 가족은 보초를 한 마리 이상 두는데 그들은 보통 경쟁 집단의 은백색등이나 인간 사냥꾼의 위험을 감시하기 위해 집단 변두리에 배치된다. 고릴라 집단은 암컷이 자발적으로 출신 집단에서 벗어나 비혈연 은백색등 가족과 합류하려고 이전한다거나 경쟁 집단의 은백색등이 암컷을 차지하려고 '급습'하는 경우를 제외하고는 좀체 다른 가족과 교류하는 법이 없다.

성년 고릴라는 자기 가족을 방어하기 위해 목숨을 내놓고 싸운다. 밀렵꾼이 동물원에 매매할 목적으로 고릴라 새끼 한 마리를 빼내려 할 때 성년 가족을 몰살해야 하는 것도 바로 이 때문이다.

처음에 다이앤은 그 동물을 멀리 숨어서 숨 죽인 채 관찰했다. 그러고 나서는 여러 달 동안 서서히 자신의 존재를 알리기 시작했다. 먼저 그들이 만족스러울 때 토해 내는 소리를 흉내 냈다. '나움 나움 나움' 하며 목구멍 깊은 곳에서부터 울려 나오는 맑은 소리를 낸 것이다. 야생 샐러리 줄기를 와삭와삭 씹어 먹기도 했다. 또 고릴라처럼 몸을 구부정하게 하고 눈길은 다른 데로 돌린 채 제 몸을 오랫동안 박박 긁기도 했다. 마침내 다이앤은 그들 몸에서 풍기는 냄새를 맡을 수 있을 만큼, 그들이 하품할 때 입천장에 패인 이랑을 볼 수 있을 만큼, 또 쌍안경 없이도 사람처럼 생긴 검은 손톱의 표피를 관찰할 수 있을 만큼 가까이 그들에게 접근하기에 이르렀다.

그녀는 하루도 거르지 않고 그들을 찾아갔다. 이제는 나뭇잎에 눌린 자국만 보아도 욕조 형태를 띤 어느 특정 나뭇잎 둥우리에서 어떤 동물이 잠을 잤는지 식별할 수 있었다. 음식을 먹으면서 만족스럽게 토해 내는 각 개체의 목소리도 분간할 수 있었다. 하지만 그들 피부가 지닌 느낌은 그로부터 2년이 훨씬 더 지나서야 알게 됐다.

제8집단의 젊은 성년 수컷 피너츠는 처음으로 그녀 손가락에 제 손가락을 댄 마운틴고릴라였다. 다이앤은 나뭇잎 사이에서 오른팔을 쭉 뻗고 손바닥을 위로 한 채 등을 대고 누워 있었다. 피너츠는 다이앤의 손을 유심히 바라보더니 일어서서 손을 뻗어 잠시 그녀 손가락을 건드렸다. 《내셔널 지오그래픽》사진기자 밥 캠벨은 그 직후에 사진기 셔터를 누를 수 있었다. 그 사진은 너무 흐릿해서 마치 꿈결같이 몽롱하게 보인다. 몸무게가 110킬로그램 정도 나가는 고릴라의 오른손은 허공에 그대로 멈춰 있다. 다이앤은 마치 따뜻한 키스의 여운을 내내 느끼고 있는 것처럼 눈을 뜨고 있으되 뭔가 응시하지는 않고 입술을 조금 벌린 채 오른손을 입으로 가져간 상태다.

피너츠는 흥분한 나머지 가슴을 쿵쿵 두드리고는 자기 무리에 합류하기 위해 뛰어갔다. 그가 떠난 후 다이앤 혼자 남았다. 그녀는 피너츠가 자신을 건드린 지점을 '손이 만난 장소'라고 이름 붙였다. 피너츠가 다이앤을 건드린 뒤 그의 가족은 그녀에게 마음의 문을 열었다. 드디어 다이앤은 자신이 지난 2년 동안 그토록 열심히 관찰해 온 그 가족의 일원이 된 것이다. 고릴라들은 자진해서 그녀를 자신들 세계로 맞아 주었다.

디짓은 제4집단의 구성원 가운데 매번 제일 먼저 그녀에게 인사를 건넸다. 그녀는 책에 이렇게 적었다. "나는 디짓이 정말로 매일매일 날 만나길 기다리고 있다는 인상을 받았다. 혼자 있는 나를 발견하면 그는 갑자기 툭 뒤로 자빠진 채 허공에 뭉툭한 다리를 흔들면서 '당신이 어떻게 나를 거부할 수 있겠어요?' 하고 말하는 양 웃음 지으며 같이 놀자고 청하곤 했다."

이따금 고릴라 가족이 다이앤을 가까이에서 에워쌀 때면 그녀는 말 그대로 검은 모피 이불에 뒤덮인 것처럼 보였다. 어떤 멋진 사진에서 제5집단의 젊은 암컷 퍽은 다이앤의 등에 몸을 기댄 채 왼손 등을 그녀 볼에 대고 있다. 이것은 새끼 볼을 어루만지는 어미가 짓는 자세다.

어미들은 다이앤이 자기 새끼를 만지도록 허용했으며 은백색등들은 바나나처럼 굵은 손가락으로, 그러나 노련한 재봉사의 손길처럼 솜씨 좋게 그녀의 검고 긴 머리칼을 가르며 그녀를 쓰다듬곤 했다. 다이앤은 1982년 슬라이드 강연에 모인 뉴욕 청중들에게 말했다. "그들과 함께하는 것이 내게 얼마나 가치 있는 일

픽이 다이앤 포시의 얼굴을 부드럽게 어루만지고 있다.

인지 도저히 여러분에게 말로 표현할 수 없습니다. 그들의 신뢰,
응집력, 평온함……." 기침기 섞인 그녀의 쉰 목소리가 잠시 멈췄
다가 다시 이어졌다. "그건 정말 형언하기 어려운 것입니다."

　카리소케에서 다이앤과 합류한 다른 현장 연구자들도 비슷
한 순간을 기억하고 있다. 사진작가 밥 캠벨은 디짓이 자기 소맷
자락이나 바짓가랑이를 만지려고 꽤나 안간힘을 썼다고, 만질
만한 게 마땅치 않으면 하다못해 자기 손목에 난 털이라도 잡아
뜯으려 했다고 회상했다. 거기에서 일했던 사람들은 머리나 무
릎 위에 어린 고릴라가 앉아 있는 사진을 거의 다 가지고 있다.

　하지만 다이앤은 확실히 여느 사람들과는 좀 달랐다. 1976년
카리소케에 처음 왔던 이언 레드먼드는 제4집단을 관찰하려고
다이앤과 동행하던 때를 이렇게 떠올린다. 그날 그들과는 초면이

아닌 재회하는 자리였다. "고릴라들이 열 지어 우리 옆을 지나갔어요. 그들은 잠시 걸음을 멈추더니 내 얼굴을 힐끗 쳐다보았어요, 그저 힐끗. 그러고 나서는 모두 30초 넘도록 가까이에서 다이앤의 눈을 들여다보았어요. 그들은 다이앤의 얼굴을 쳐다보고 그녀가 함께 있다는 것을 스스로에게 일깨우려고 줄지어 서 있는 것처럼 보였다니까요. 고릴라가 다른 연구자보다 다이앤과 훨씬 더 깊고 강력한 관계 속에 있었다는 것은 부인할 수 없는 사실입니다."

초기에 다이앤은 고릴라를 주로 독점했다. 밥 캠벨이 인간과 고릴라, 이 두 종 사이에 이루어진 가장 감동적인 교류 장면을 필름에 담은 것은 1972년이다. 디짓은 아직 어렸지만 몸집이 거대했다. 그의 머리는 다이앤보다 두 배는 크고 손도 식사용 접시를 덮고도 남을 만큼 커다랬다. 그는 그녀에게 다가와 그 거대한 손으로 찬찬히 그녀의 공책이며 펜을 가져가서 가죽처럼 거칠게 생긴 평평한 코 위에 올려놓았다. 그러고는 그것들을 나뭇잎 속에 내려놓은 후 데굴데굴 굴러와 다이앤의 옆구리에서 빈들거린다.

한 번은 다이앤이 좁고 가파른 골짜기 반대편에서 제4집단을 발견한 적이 있었다. 그런데 그녀는 힘이 달려 그쪽으로 건너갈 수 없었다. 그때 그녀를 본 엉클 버트가 무리 전체를 이끌고 골짜기를 가로질러 그녀 쪽으로 건너왔다. 디짓은 행렬의 맨 끄트머리에 서 있었다. 다이앤은 이렇게 썼다. "이윽고 그는 내게로 와서 내 머리칼을 부드럽게 어루만졌다. 나는 할 수만 있다면 내가 가진 모든 것을 그들에게 주고 싶었다."

다이앤은 이따금 기쁨에 겨워 울었다. 그녀는 선택받은 것이다. 야생 고릴라는 한사코 그녀에게 다가왔다.

———

사랑한다는 것, 연인이 된다는 것에서 가장 친밀한 형태는 독점 관계다. 이것은 서양 문화가 가장 가치 있다고 여기는 사랑이다. 사람들은 오직 한 명의 '가장 친한' 친구, 한 명의 남편, 한 명의 아내, 그리고 유일신을 선택한다. 심지어 우리의 신조차 "나 이외에 다른 신을 섬기지 말라."라고 외치는 배타적인 신이다.

이것은 자신을 최우선으로 꼽지 않는 부모를 두었으며 연거푸 유부남을 사랑한 비운의 정부로서 다이앤이 늘상 추구하고 갈망해 온 사랑이었다. 그녀가 필사적으로 추구한 사랑은 모든 존재를 향한 영적이고 아가페적인 신의 사랑도 아니고 불변하는 형제애, 필리아적인 사랑도 아닌 질투심에 불타는 사랑, 독점적인 사랑이었다. 다이앤이 원하는 사랑은 여럿 중 오직 하나를 선택한 사랑이었다.

디짓은 다이앤을 선택했다. 아홉 살 때쯤 디짓은 다이앤이 알고 있는 다른 어떤 고릴라보다 그녀에게 더 강력하게 매혹되었다. 끄르렁 하고 토해 내는 다이앤의 인사가 들리면 디짓은 동행하던 무리에서 벗어나 재빨리 그녀를 맞이했다. 다이앤은 거울 속에 비친 자기 이미지를 아는 것만큼이나 분명하게 디짓이 뭘 원하는지 알 수 있었다.

다이앤은 어릴 적에 놀이친구가 거의 없었다. 그녀는 반려동물을 원했지만 계부는 '더럽다'는 이유로 햄스터조차 사 주지 않았다. 달랑 금붕어 한 마리를 안겨 준 게 고작이었다. 금붕어가 죽자 다이앤은 망연자실했지만 계부가 그 이상은 허락하지 않았다. 그러나 디짓은 결코 반려동물이 아니었다. "다이앤이 고릴라와 맺은 관계는 인간과 동물이 맺을 수 있는 관계에서 진정 최고 형태"라고 이언은 말했다. "동물을 우리에 가둔 채 먹이를 주거나 인간이 다친 동물을 도와주는 경우를 위시한 대다수 인간-동물 관계에서는 인간이 동물을 위해 뭔가를 합니다. 하지만 다이앤과 고릴라는 완전히 평등한 조건에 있었습니다. 그들은 단지 서로 함께 있기만 원했습니다. 그건 인간이 도달할 수 있는 가장 순수한 경지입니다."

디짓이 어렸을 때 그와 다이앤은 어린애들처럼 함께 놀았다. 그는 장난스럽게 나무를 탁 건드리고 어깨를 으쓱한 채 걷는 모습을 다이앤에게 보여 주었으며 그녀는 디짓에게 간지럼을 태웠다. 디짓은 킬킬거리며 그녀 머리 위로 기어오르기도 했다. 디짓은 다이앤 것이면 어떤 물건이든 넋을 잃었다. 한번은 그녀는 점심식사로 챙겨온 초콜릿 바를 속이 빈 나무 그루터기에 실수로 떨어뜨린 적이 있었다. 그녀는 반쯤 농담으로 디짓에게 그것을 집어 달라고 부탁했다. "각본대로 디짓은 기다란 털북숭이 팔을 구멍에 집어넣어 초콜릿 바를 꺼내왔어." 다이앤은 루이빌에 사는 친구 베티 슈바르첼에게 보낸 편지에 이렇게 묘사했다. 하지만 초콜릿은 디짓의 마음을 사로잡지 못했다. "디짓은 냄새를 한

양육자들

번 쿵쿵 맡더니 도로 구멍에 던져 넣었어. 소위 '야생 고릴라'들은 취향이 얼마나 섬세한지 몰라!"

다이앤의 보온병, 공책, 장갑, 카메라 따위는 모두 조사해 볼 가치가 있는 것들이었다. 디짓은 이 물건들을 집중해서 조심스럽게 다루었다. 한 번은 다이앤이 디짓에게 손거울을 가져다준 적이 있었다. 그는 즉시 거울 가까이 다가오더니 앞발로 받치고 쿵쿵 냄새를 맡았다. 디짓은 입술을 오므리고 머리를 곧추세우더니 이내 깊은 한숨을 내쉬었다. 그리고 얼굴에 이어진 몸을 찾아서 거울 뒤로 손을 뻗었으나 아무것도 발견하지 못하자 거울에 비친 자기 모습을 5분 정도 노려보다 가 버렸다.

다이앤은 모든 고릴라와 많은 사진을 찍었지만, 그중 가장 좋아하는 사진은 단연 디짓과 함께한 것이었다. 르완다 관광청이 여행 포스터에 실을 고릴라 사진을 한 장 부탁했을 때 다이앤은 디짓의 슬라이드를 골랐다. 사진 속에서 디짓은 천진함과 호기심이 뒤섞인 빛나는 눈빛으로 씹어 먹던 나뭇가지를 들고 서 있다. 막 웃으려는 듯이 입술을 약간 둥글게 벌린 상태로 카메라를 응시한다. 포스터는 "이 친구를 만나러 르완다에 오세요."라고 캡션을 달았다. 이 포스터가 호텔, 은행, 공항 등에 나붙기 시작하자 다이앤은 "사생활 침해가 시작된다고 느끼지 않을 수 없었다."

다이앤은 디짓과 맺은 관계를 남들과 공유하고 싶지 않았다. 그녀는 그 은백색등에게 충심과 소유욕을 드러냈다. 그녀가 고릴라, 특히 디짓에게 품은 감정은 독점적이고 열정적이고 위험하기까지 했다.

다이앤은 어느 동물도 아프리카에서는 절대 안전하지 않다고 생각했다. 아프리카인은 대개 동물을 먹잇감, 가죽, 혹은 현금으로 여겼다. "다이앤은 아프리카에서 본 적 있는 동물들을 고통에서 구해주기 위해 그들을 모두 사들이고 싶은 충동까지 느꼈어요." 근처 기세니에 살던 다이앤의 친구 로사먼드 카가 말했다. 어느 날 콤비밴을 몰던 다이앤은 아이들 몇이 길가에서 토끼 귀를 잡고 앞뒤로 흔드는 광경을 보았다. 그녀는 그들에게 토끼를 빼앗아 캠프로 데려 와서 널찍한 상자 속에 넣어줬다. 또 한 번은 닭을 그렇게 한 적도 있다. 캠프를 방문한 마을 사람들은, 당연히 잡아먹으라고 이따금 그녀에게 닭을 가져다주었다. 다이앤은 그 닭을 반려동물로 남겨 두었다.

다이앤은 이 약하기 짝이 없고 순진무구한 것들을 보호해야 한다고 느꼈다. 고등학교를 졸업한 후 그녀의 애초 계획은 수의사가 되는 것이었다. 하지만 화학과 물리에서 낙제하는 바람에 하는 수 없이 물리치료사를 선택해야 했다. 그녀는 그 학위를 가지고 10년 동안 장애 아동을 치료했다.

어느 날 다이앤이 로사먼드가 관리자로 일하는 기세니의 호텔로 찾아왔다. 다이앤은 품에 원숭이 한 마리를 안고 있었다. 시장에서 구입해 판지 상자에 담아 온 것이다. "나는 그 원숭이의 작고 남루한 얼굴과 숱 많은 털을 바라보고 아연한 나머지 '미안해, 다이앤. 호텔에는 원숭이를 들여올 수 없어!' 하고 말했어요. 하지만 다이앤은 막무가내였어요. 그날 밤 그녀는 원숭이와 자기 방에서 함께 지냈죠." 로사먼드는 당시를 이렇게 떠올린다.

"다행히 그녀는 다음날 떠났어요. 하지만 그렇게 난장판이 된 객실은 생전 처음 봤어요. 바나나 껍질들이 천장에 붙어 있고 고구마가 방바닥에 나뒹굴며 물병이 깨지고 유리잔들이 산산조각 나서 세면대 구멍을 못 쓰게 막아 버렸어요. 그녀는 그 짓궂은 동물을 데리고 산으로 뛰어 올라갔어요."

다이앤이 '키마'라고 부른 이 원숭이는 캠프에서도 여전히 악동으로 이름을 날렸다. 다이앤이 시장에서 데려올 때 이미 완전한 성년이었던 키마는 때로 사람을 물고 다이앤 타자기에 오줌을 누고 그녀의 연인들에게 쌀쌀맞게 굴고 변소에 가는 학생들을 위협하고 다이앤이 기거하는 움막 지붕에 뛰어올라 이엉을 물어뜯기도 했다. 하지만 다이앤은 키마를 사랑했으며 키마가 움막에 자유롭게 드나들 수 있도록 구멍을 내 주고 장난감과 인형을 사 주었다. 캠프 요리사에게는 키마에게 특별 요리를 만들어 주도록 당부도 해 두었다. 키마는 특히 프렌치프라이를 좋아했다. 하지만 밉살스럽게도 바삭거리는 겉부분은 모조리 내버리고 부드러운 안쪽만 파먹었다. 캠프 사람들은 모두 키마라면 고개를 절레절레 흔들었지만 다이앤만은 그녀를 사랑했다고 로사먼드가 말했다.

또 다른 동물 구조 시도는 어느 날 다이앤이 양식 보급을 위해 차를 몰고 기세니의 간선도로를 달릴 때 일어났다. 다이앤은 어떤 르완다인이 가죽끈에 맨 개를 끌고 가는 광경을 보고 급정 지했다. 그녀는 "저, 제가 그 개를 사고 싶은데요." 하고 말했다. 르완다인은 이 개는 파는 게 아니라고 분명히 말했다. 그런데도 다이앤은 콤비밴에서 내려 병색이 완연한 그 개를 빼앗아 차에 싣고는 그대로 달아나 버렸다.

로사먼드는 미국 대사관에서 일하는 친구 리타에게 이 사건 에 대해 들어 알고 있었다. 기생충 박멸의 대가에게 데리고 가던 개가 어쩌다 행선지에 당도할 수 없었는지 설명하기 위해 그 르 완다인이 그날 오후 되돌아간 곳이 바로 리타의 집이었기 때문 이다. "부인, 어떤 미친 여자가 갑자기 차를 세우더니 부인 개를 빼앗아 회색 밴에 싣고 달아났어요."

로사먼드가 이야기를 계속했다. "리타는 결국 개를 돌려받 았어요." 다이앤은 전날 밤 투숙하던 호텔로 개를 데리고 갔다. 리타가 추적 끝에 찾아냈을 때 다이앤은 객실에서 개에게 스테 이크를 먹이는 중이었다. "그게 바로 다이앤이에요. 그녀는 자신 이 본 동물들을 모두 구출하려 들었어요. 그런데 그 동물들은 그 녀를 사랑했어요. 내가 그녀와 함께 있는 것을 본 적이 있는 동물 들은 정말로 하나같이 그녀를 사랑했어요."

다이앤이 처음 카리소케에 도착했을 때는 코끼리가 뻔질나 게 캠프를 드나들고 있었다. 로사먼드는 움막을 짓기 전인 초창 기에 다이앤과 함께 캠핑을 하곤 했다. 그녀는 코끼리가 너무 가 까이 다가와 밤에 그들 뱃속에서 나는 꼬르륵 소리를 들은 적이

양육자들

있다고 기억했다. 언젠가 로사먼드는 다이앤에게 밤에 옷을 벗고 자느냐고 물었다. 다이앤이 대답했다. "당연히 아니죠. 미쳤어요? 청바지를 입고 자요. 바깥에서 무슨 일이 일어나는지 살펴보려면 밤에 대여섯 번은 깨야 하거든요."

어느 날 밤에는 코끼리 한 마리가 몸을 긁는 데 쓰려고 다이앤의 텐트 기둥을 하나 뽑아 버렸다. 한 번은 야생 코끼리가 다이앤이 건네주는 바나나를 받아 든 적도 있었다. 다이커라 불리는 작은 영양들도 이따금 캠프 주위를 어슬렁거렸는데 그중 한 마리는 길이 잘 들어서 다이앤의 암탉들을 졸졸 따라다녔다. 일곱 마리로 이루어진 부시벅 가족은 다이앤이 '음지'*라고 이름 붙여 준 늙은 수컷 물소처럼 카리소케를 제집 드나들 듯했다.

다이앤의 캠프는 밀렵꾼이 들끓고 소 떼가 가득한 숲으로부터 피난처 구실을 해 주었다. 피그미족처럼 생긴 트와족은 이 분화구 경사면을 수 세기 동안 사냥터로 이용해 왔다. 르완다 인구가 폭증하면서 비룽가 화산 분화구는 야생동물 고기의 유일한 출처로 남았다. 그 결과 밀렵의 압력도 증가했다. 이제 이 숲에서는 코끼리를 거의 찾아볼 수 없다. 상아를 찾는 밀렵꾼에 의해 씨가 마르다시피 했기 때문이다.

비룽가 화산 국립공원은 공중에서 내려다보면, 노파의 입술처럼 주름 잡힌 높은 경사면인 화산 분화구 다섯 개가 많은 경작지와 사람들을 아래로 밀어내면서 버티고 서 있는 형상이다. 르

● 스와힐리어로 '나이 든 사람'이라는 뜻.

완다는 1994년 그 나라 국민 760만 명 가운데 100만 명이 살해되는 참혹한 대량학살을 겪었음에도 사하라 이남 아프리카에서 인구밀도가 가장 높은 나라다. 1제곱마일(약 2.59제곱킬로미터)당 자그마치 590명이 바글거릴 정도로 말이다. 게다가 이 수치는 2020년에 2배로 뛸 거라고 예상되었다. 놀고 있는 땅도 거의 없다. 국립공원 외곽에 있는 시골 르완다에서 길을 잃고 헤맨다면 야생동물 배설물보다 인간 배설물을 밟을 가능성이 더 높다. 비룽가 화산 국립공원은 바나나, 땅콩, 강낭콩, 카사바 등을 기르는 작은 밭뙈기 샴바, 그리고 수출용 천연 살충제의 원료인 제충국除蟲菊● 들판으로 완전히 둘러싸여 있다. 들판의 적토는 사람들이 마구 파헤쳐서 마치 피를 흘리고 있는 것처럼 보인다.

자존심 강하고 키가 큰 투치족에게는 자신들의 자랑거리인 소를 방목할 땅이 전혀 없다. 보이는 거라곤 샴바뿐이다. 처음부터 다이앤은 소를 납치하거나 가끔 소를 총으로 쏘는 식으로 공원에서 목동을 쫓아내려고 애썼다. 르완다인이 사는 쪽 산에는 소 떼가 너무 우글거려서 어디나 먼지바람이 이는 지역으로 변해버렸기 때문이다. 다이앤은 목동에게 험악하게 구는 데 가책을 느꼈지만 소들 탓에 공원이 보호하기로 한 고릴라와 여타 야생동물의 서식처가 망가지고 있어서 어쩔 수 없었다. 하지만 소 떼보다 더 심각한 문제는 트와족이 설치해 놓은 덫이었다. 그녀는 덫에 걸려 다리가 망가진 다이커영양과 부시벅영양을 돌보느라

●　데이지처럼 생긴 꽃.

양육자들

여러 밤을 뜬눈으로 지샜다. 다이앤은 고릴라가 다음 차례가 되지나 않을까 하는 두려움에 마음을 졸였다.

트와족은 고릴라를 먹지는 않는다. 고릴라는 단지 영양을 잡기 위해 설치해 놓은 덫에 우연찮게 희생되는 것이다. 다만 트와족은 마력적인 의식 때 이용하거나 약재로 쓰기 위해 은백색 등의 손가락과 생식기를 구하려고 수 세기 동안 고릴라를 사냥해 오기는 했다. 그러나 이제 사냥꾼들에게는 고릴라를 살해해야만 하는 분명한 이유가 생겼다. 서양인들이 트로피를 만들기 위해 고릴라의 머리를, 재떨이로 쓰기 위해 고릴라의 손을 고가에 사 간다는 사실을 알게 된 것이다. 그들은 어린 고릴라를 동물원에 팔아넘기면 쉽게 큰돈을 손에 쥘 수 있다는 사실도 알았다.

1969년 3월, 연구에 돌입한 지 불과 18개월밖에 되지 않았을 때 루헹게리에 사는 한 친구가 다이앤에게 와서 어린 고릴라 한 마리가 카리심비산 남쪽 경사면에서 생포되었다고 귀띔해 주었다. 누군가가 독일 쾰른 동물원에 팔아넘길 새끼 고릴라 한 마리를 생포하기 위해 열 마리 성년 고릴라를 모조리 살해했다는 것이다. 다이앤은 이 일이 공원 관리인의 묵인하에 이루어졌으며 그가 협조 대가로 거액을 챙겼다는 사실도 알게 되었다. 그런데 일이 잘못되고 있었다. 그 새끼 고릴라가 시름시름 죽어 갔던 것이다.

다이앤은 서너 살쯤 되어 보이는 그 암컷 새끼를 데리고 왔다. 그리고 그녀에게 '코코'라는 이름을 지어 주었다. 코코의 손목과 발목에는 사냥꾼들이 가족들 사체에서 그녀를 떼 내어 운

반할 때 막대에 전선으로 묶은 자국이 선연하게 남아 있었다. 코코는 다이앤에게 구출되기 전에 관처럼 생긴 나무 상자에서 2~3주 동안 옥수수와 바나나빵으로 연명하며 지냈다. 다이앤은 자기 침대에서 코코와 함께 자고 코코의 물똥이 흥건한 가운데 잠을 깼다.

일주일 후 또 다른 병든 고아 고릴라가 다이앤에게 건네졌다. 네댓 살쯤 되어 보이는 암컷으로 이 새끼도 코코와 같은 동물원에 넘겨질 예정이었다. 그녀 가족은 코코 가족과 카리심비의 남쪽 경사면을 공유했었다. 당시 여덟 마리로 이루어진 가족은 새끼를 빼앗기지 않으려고 죽을힘을 다해 방어하다가 남김없이 죽어 갔다. 다이앤은 큰 상처가 새끼의 얼굴을 쭈글쭈글하게 만든 것을 보고 주름살을 뜻하는 '퍼커'라고 이름 지었다.

퍼커가 건강을 회복하기까지 간호하는 데에는 두 달이 걸렸다. 다이앤은 그녀 움막을 싱싱한 나뭇잎으로 가득 채운 거대한 고릴라 놀이터로 개조했다. 그리고 나무나 덩굴에 올라가 보라고 격려하면서 코코와 퍼커를 숲으로 데리고 다녔다. 그녀는 그들을 야생에 풀어 줄 생각이었다. 하지만 공원 관리인과 그의 짐꾼들은 상자에 담긴 두 고릴라를 빼앗아 가서는 배에 실어 독일 쾰른 동물원으로 보내 버렸다. 코코와 퍼커는 거기에서 9년을 더 살다가 한 달 차이로 나란히 생을 마감했다. 만일 야생에서 살았다면 어미가 되어 자신들이 생포되었던 때만 한 새끼가 있었을 것이다.

그 일 이후 다이앤의 반反밀렵 전략은 더욱 정교해졌다. 그녀

다이앤 포시와 그녀가 고용한 수색자들은 불법적인 밀렵용 덫 수천 개를 찾아내 파괴했다.

는 루헹게리에 사는 친구에게 고릴라 트로피 거래가 성행한다는 사실을 들어 알고 있었다. 그는 그 마을에서만 해도 한해에 무려 스물세 마리 고릴라 머리가 팔려 나갔다고 헤아렸다. 다이앤과 그녀의 직원들은 은백색등처럼 충직하고 보초처럼 삼엄하게 덫을 찾아 숲을 순찰했으며, 밀렵꾼이 임시 거처에 남겨둔 밀렵 도구들을 못 쓰게 망가뜨렸다.

  이런 노력에도 밀렵꾼이 데리고 다니는 사냥개가 짖는 소리로 날이 새고 하루가 시작되었다. 다이앤이 1972년 내셔널 지오그래픽 협회에 제출한 현장 보고서에는 당시 고릴라 개체수 조사 결과가 실려 있다. 조사원들은 무하부라산에서 45분에 한 번씩 공원을 떠나는 밀수업자의 호송선을 보았다. 무하부라산 경사면에 남아 있던 고릴라는 고작 열세 마리에 불과했다. 두 해 전

조사원들은 갓 살해된 은백색등 유골을 발견하기도 했다. 다이앤이 사랑하는 카리심비 경사면조차 밀렵꾼이 놓은 덫으로 뒤덮였고, 빈번히 들락거리는 소 떼 발자국으로 흉하게 손상되었다. 밀렵꾼과 그들의 사냥개가 그 지역을 휩쓸고 다녔다.

성년이 된 디짓이 제4집단 보초역을 맡고 나선 것도 같은 해인 1972년이다. 보초역을 할 때 그는 위험을 경계하느라 무리의 맨 가장자리에 서 있었다. 하지만 집단이 공격받을 때면 늘 선봉에 섰다. 디짓의 새로운 역할은 그를 더욱 진지하게 성장시켰다. 이제 더는 놀이친구들과 맘껏 뒹굴고 쌈박질하며 뛰어놀 수 있는 어린것이 아니었다. 하지만 그에게 다이앤만은 여전히 각별했다. 언젠가 폭우가 쏟아지던 날 다이앤이 이 집단을 찾아보려고 길을 나섰다. 이 젊은 은백색등은 가족을 돌보다가 쪼그리고 앉아 있는 자기의 인간친구를 발견하고는 그녀 앞에 나타나 꼿꼿하게 섰다. 그는 야생 샐러리 줄기를 따서 우람한 손으로 껍질을 벗기더니 먹으라고 권하듯이 그녀의 발치에 떨어뜨려 주고 돌아갔다. 디짓은 다이앤이 야생 샐러리를 우적우적 씹어 먹는 모습을 여러 차례 본 적이 있었다. 디짓이 생각하기에 야생 샐러리는 그녀가 가장 좋아하는 고릴라 음식이었던 것이다.

디짓은 보초로 있던 2년 동안 서서히 체력을 앗아간 치명적인 상처를 입었다. 그 격전을 직접 목격하지는 못했지만 다이앤은 여러 단서를 추적한 끝에 디짓이 전에 자기 집단의 암컷들을 납치했던 제8집단 은백색등의 습격을 물리쳤다는 사실을 알게 되었다. 다이앤은 디짓이 쿨럭쿨럭 기침하거나 헛구역질할 때면 놀라서 몸을 움찔거렸다. 디짓은 등을 구부린 채 무심하게 혼자 앉아 있곤 했다. 다이앤은 그의 발육이 지체될까 봐 걱정했다. 그녀는 연구 노트에 디짓의 기분을 '깊이 낙심한 상태'라고 기록했다.

이때는 다이앤 또한 본인의 상처를 끌어안고 어루만지고 있을 무렵이었다. 그녀는 휴고 반 라윅이 제인과 결혼했듯이 사진작가 밥 캠벨이 자기와 결혼해 주었으면 하고 은근히 바랐다. 하지만 밥은 1972년 5월 말 카리소케를 떠나 나이로비에 있는 아내에게 돌아갔다. 그 후 다이앤은 벨기에인 의사와 오랫동안 깊은 사랑을 나누었으나 그도 과거에 동거했던 여성과 결혼하려고 그녀 곁을 떠났다. 다이앤의 건강은 날로 악화되었다. 영장류학회와 순회강연을 위한 해외여행은 대개 골절된 뼈와 허약할 대로 허약해진 폐를 치료하느라 병원에 들르는 일과 함께 이루어졌다. 그녀는 자신이 폐결핵에 걸린 건 아닌지 걱정했고 매일 무선 전신으로 고통을 통보했다. "폐가 너무 아프다." "각혈을 한다." "오줌에서 거품이 일어난다."

천식을 앓기는 했지만 20대 다이앤은 용맹한 여전사 아마존처럼 건강해 보였다. 뼈대가 큼직큼직하고 키가 180센티미터에 호리호리한 그녀는 길들여지지 않은 아름다움을 간직하고 있었다. 다이앤과 결혼할 뻔했던 한 남성은 그녀를 "숱 많은 길고 검은 머리와 스페인 댄서 같은 눈을 가진 굉장히 매력적인 여성"이라고 표현했다. 하지만 이제 다이앤은 스스로 늙고 볼썽사납고 기력이 쇠잔해졌다고 느낀다. 그녀는 흰머리를 감추려고 헤나로 염색을 했다.(다이앤이 한 친구에게 말했다. 내셔널 지오그래픽 텔레비전 특집 프로그램에 처음 출연한 일을 두고 어머니가 던진 유일한 코멘트가 "넌 왜 머리를 그렇게 이상한 오렌지색으로 염색했니?"였다고.) 다이앤은 친구들에게 보내는 편지에 '화석으로부터'라고 서명하기 시작했다. 그녀는 자신의 집을 '대영묘大靈墓'*라고 불렀다. 그녀는 미술 공작용 색지와 잡지에서 오린 그림들로 꾸미고 '카리소케 이야기'라는 제목을 단 마분지 앨범에 똑바로 누운 미라 사진을 붙여 두었다. 다이앤은 대다수 학생이 자기를 싫어한다는 것을 잘 알고 있었다. 그 사실을 염두에 두면서 다이앤은 사진 밑에 '그들이 거부해도 그녀는 여전히 여기에 있다.'라고 캡션을 달았다.

1976년경 다이앤이 현장에서 보내는 시간은 점점 줄어들었다. 고릴라와 매일 만나기에는 폐와 다리가 너무 약해졌기 때문이다. 그런데다 또다시 발뼈에 금이 가는 골절 사고를 당했다. 서류 처리에도 지쳐 있었다. 다이앤은 직원과 학생들에게 점점 더 성마르게 굴어 그들이 그녀 방문을 두드리는 것조차 망설이게 했다. 학생들은 몇 주 동안 그녀 얼굴은 보지 못한 채 그녀가 낡은 올리베티 타자기를 힘껏 두들겨 대는 소리만 들었다. 그 소리는 다이앤이 해바라기씨를 먹기 위해 잠시 중단할 때 등을 제외하고는 줄곧 들렸다. 그러는 중에도 학생들은 계속 고릴라에 관한 현장 자료를 수집하고 있었다. 그런데도 다이앤은 고릴라 집단을 보려고 밖으로 나오면 학생들과는 잠깐 이야기 나눌 뿐이었다.

●   앙코르와트 유적의 무덤 같이 '웅장한 무덤'이라는 뜻.

그러던 어느 날 그녀는 큰맘 먹고 제4집단을 찾아보려고 그들이 지나간, 갓 싼 물소 똥처럼 미끌미끌한 흔적을 따라나섰다. 그들을 발견했을 때는 비가 세차게 내리치고 있었다. 고릴라들은 억수같이 내리는 비를 피하느라 우왕좌왕했다. 무리로부터 10미터쯤 떨어져서 서 있는 디짓이 보였다. 다이앤은 그와 함께 있고 싶었지만 꾹 참았다. 이제 그녀는 자신이 디짓과 만난 시간이 그를 너무 인간 지향적으로 만들어 그가 밀렵꾼에게 훨씬 더 취약해지면 어쩌나 걱정했다. 그래서 그 집단으로부터 5미터 정도 떨어져 젖은 나뭇잎 속에 그냥 서 있었다. 안개가 너무 짙어서 구부리고 있는 검은 형체를 도무지 분간할 수 없었다.

햇빛이 맑게 비치는 날이면 지상에 비룽가보다 더 아름다운 곳은 없다. 햇빛은 세네시오킬리만자리를 폭발하는 불꽃놀이처럼 번쩍이게 만든다. 회색빛 도는 초록의 이끼나 착생하는 양치식물의 까끄라기를 늘어뜨린 오래된 아프리카삼나무는 정다운 마법사 같고, 야자수 이파리는 뭔가를 찬미하느라 손을 번쩍 들어 올린 모습이다. 하지만 비만 오면 숲은 이내 춥고 음습한 지옥으로 변해 버린다. 악의 마법에 걸린 듯한 빗속에서는 뚝뚝 떨어지는 빗물을 달고 있는 젖은 레인케이프 때문에 당신 몰골이 유난히 초라해 보인다. 빗방울이 떨어질 때마다 한기가 엄습해 근육을 오그라들게 만든다. 당신은 면도칼 같은 짤막한 풀에 심하게 베일 수 있지만 고통을 느낄 경황도 없을 것이다. 두껍고 검은 모피코트를 휘감은 고릴라조차 빗속에서는 비참하고 고독해 보인다.

그곳에 이른 지 몇 분쯤 지났을 때 다이앤은 어깨에 누군가의 팔이 얹어지는 느낌을 받았다. "나는 디짓의 따뜻하고 온화한 갈색 눈을 보았다." 그녀는 『안개 속의 고릴라』에 이렇게 썼다. 디짓은 생각에 잠긴 눈빛으로 다이앤을 바라보고 그녀 손을 매만지면서 옆에 앉았다. 거센 비가 안개비로 잦아들자 다이앤은 디짓의 넓적다리를 베고 누웠다.

———————————

1978년 1월 1일, 다이앤의 수색대장이 밤늦게 캠프로 돌아왔다. 제4집단을 발견하지는 못했지만 그들의 흔적을 따라가다가 피를 보았다는 것이다.

다음 날 이언이 머리와 손을 난도질당한 채 살해된 디짓의 사체를 발견했다. 그의 몸에는 창에 찔린 상처가 다섯 군데나 있었다.

이언은 그날 다이앤이 우는 모습을 보지 못했다. 그는 그녀가 거의 초인적으로 감정을 억제했다고 회상했다. 아무리 통곡해도, 어떠한 주문을 외거나 기도해도 디짓을 잃은 그녀의 고통이 줄어들 수는 없었다. 몇 년이 지난 어느 날 다이앤은 일기장한 바닥을 오직 한 단어만 계속 쓰고 또 쓰며 채웠다. "디짓 디짓 디짓 디짓 디짓……."

2부
과학자들

4

루이스 리키와 유인원 여성들

영국 성공회 선교사의 아들은 28년 동안 아담의 조상을 샅샅이 조사했다. 루이스 시모어 배젓 리키는 기도하는 사람처럼 손바닥과 무릎으로 기면서 탄자니아 올두바이협곡의 딱딱한 토양을 삽과 모종삽, 치과용 도구들로 파냈다. 무덤 속에서 예수를 신뢰한 라자로처럼 그는 자신이 죽은 자의 비밀을 밝혀낼 수 있도록 해 달라고 신에게 간청했다.

하지만 1931년 조사를 시작했을 당시, 그 자신을 제외하고는 누구도 인간 조상의 화석 뼈가 아프리카 땅에서 발견되리라고 믿지 않았다. 동부 아프리카의 선사시대 지도가 사실상 거의 백지 상태였을 때 대다수 고인류학자는 인간이 아시아나 유럽에서 기원했다고 확신하고 있었다. 하지만 루이스는 자신이 태어난 아프리카도 인류의 발상지일 거라고, 그리고 유인원처럼 생긴 인류 조상의 족보는 다른 사람들이 믿는 것보다 훨씬 더 과거로 거슬러 올라갈 거라고 확신했다.

루이스의 신념에는 아낌없는 믿음이 자리하고 있었다. 그는 무엇보다 믿는 자였다. 그는 자기 삶을 인도하는 신의 의지를 믿었고, 인간의 기원에 관한 연구를 결국 크게 변화시킬 '야생 이론'을 믿었으며, 인간과 유인원에 대한 근대적 관점을 바꿀 햇병아리 세 젊은 여성을 믿었다.

　루이스는 1972년 사망했을 당시 세계적인 명사가 되어 있었다. 20세기에 이루어진 가장 주목할 만한 화석 발굴 작업을 주도했던 그는 아프리카가 인류 발상지라는 학설을 세웠고, 인류 조상의 계통이 실로 오래되었다는 사실을 입증했다. 리키가 사망한 후 그를 기리기 위해 열린 남아프리카의 연례 심포지엄에서 저명한 고인류학자 필립 토비아스는 "아프리카에서 인류 과거를 해명하는 데 리키 박사보다 더 크게 기여한 사람은 없다."라고 말했다.

　과학자라기보다 탐험가에 가까웠던 루이스는 쉴 새 없이 움직였다. 그는 가는 곳마다 이론을 세웠고 걷는다기보다 종종걸음으로 뛰어다니다시피 하며 살았다.(그의 이론 중 일부는 뛰어나고 훌륭하다고 평가받았지만 어떤 것은 아주 괴상하기도 했다. 루이스는 흑멧돼지의 혹이 '바늘겨레'로 진화한다고, 또 여성은 흡수가 잘 안 되는 비타민 X를 섭취해야만 임신할 수 있다고 생각했다.) 그의 인생은 많은 이들이 패러독스에 대한 집념이라고 여기는 것투성이였다. 자신을 '하얀 아프리카인(그의 첫 번째 자서전 제목이기도 하다.)'이라고 부른 그는 1935년에 발간한 책『케냐: 차이와 문제들Kenya: Contrasts and Problems』에서 백인 정착민, 행정가, 선교사에게 맹렬한 공격을 퍼부었다. 성서학자였던 그는 자신의 교회가 비난해 마지않던 진화를 연구하는 데 전 생애를 바쳤다. 그는 "어떤 이들은 신을 믿는 스스로에 대한 신뢰가 워낙 부족한 나머지 자기 종교를 갉아먹을까 봐 감히 과학적 사실에 직면하지 못한다."라고 썼다. 그는 유전학과 진화론적 생물학이 자신이 명명한 소위 '창조에 관한 단 하나의 진실 속'에 통합된다고 보았다. 때로 그는 선교사 부모부터 케임브리지 대학 교수, 과학 동료에 이르기까지 본인이 알고 있는 거의 모든 이들을 어리둥절하게 만들었다. 그는 이런 자신의 재주에 대해 장난기 넘치는 자부를 느꼈다.

기독교에 대한 그의 생각 역시 방자했다. "나는 기도하기 위해 무릎을 털썩 꿇어야 할 필요는 없다고 생각합니다. 나는 어디서든 기도합니다, 모든 곳에서." 루이스는 다른 누구에 의해서가 아니라 자신의 힘으로 뭔가를 결정할 수 있어야 한다고 믿었다. 하지만 실제로는 영국 방문길에 거의 매번 케임브리지의 세인트 존스 컬리지나 킹스 컬리지 예배당에서 예배를 보았다. 투병 생활 말기에는 미국인 친구 휴와 티타 콜드웰에게 성공회의 수요 치료 예배에서 자신을 위해 성체를 받아달라고 부탁하기도 했다.

루이스는 말년에 이르러서야 비로소 대형 유인원에 관한 연구를 계획했다. 그가 제인 구달을 현장으로 보낸 것은 그의 나이 쉰일곱의 일이고, 다이앤 포시에게 줄 연구 자금을 확보한 것은 예순셋의 일이었다. 그가 오랑우탄 연구를 지휘할 사람으로 비루테 갈디카스를 선택한 것은 예순여섯 살 때였다. 이렇게 되자 남성보다 여성을 선택하는 그의 선호가 분명해졌다. 그는 자신이 여성을 선호하는 이유로 또 하나의 '야생 이론'을 들었다. 즉 여성이 남성보다 더 훌륭한 관찰자라는 것이었다.

'장기간에 걸쳐 대형 영장류를 근거리에서 관찰하는 연구'라는 개념은 1959년 당시로서 아주 생소했다. 그때 케냐에서 남편 글린과 연구하고 있던 고고학자 바버라 아이작은 이렇게 기억한다. "그건 아주 유별났어요. 사람들은 모두 불가능하다고 말했지요. 루이스가 그 연구를 진행할 사람으로 선택한 여성들 이름을 발표했을 때 사람들은 그의 정신 상태를 의심했어요." 루이스는 야생 침팬지 연구에 스물여섯의 전직 웨이트리스이자 자신의 비서를 선택했다. 마운틴고릴라 연구에는 성적이 나빠 수의학을 포기해야 했던 물리치료사를 골랐다. 오랑우탄 연구를 지휘하는 데에 지목한 젊은 여성은 인류학을 공부하는 대학원생이었다.

루이스 리키는 시종일관 관습에 도전했다. 그리고 그의 신념을 꺾으려 드는 전문가들에게 절대 굴복하지 않았다. 루이스가 자신을 지도한 케임브리지 대학 교수들에게 아프리카에서 초기 인류의 흔적을 조사할 계획이라고 발표하자 그들은 어리석은 생각일 뿐이라며 묵살했다. 루이스가 나중에 회고했다. "그들은 한 사람도 예외 없이 케냐로 돌아가는 것은 시간 낭비라고 충고했습니다. 그들이 보기에는 내가 그저 미치광이일 뿐이었지요."

하지만 루이스의 운명은 어쩔 수 없이 아프리카에 매여 있었다. 그가 1903년 8월 7일 나이로비 가까이에 위치한 작은 마을 로어 카베테에서 태어났을 때 이웃에 사는 키쿠유족은 그의 부모가 거처하던 사회 구제 시설에 슬그머니 들어와서 그에게 침을 뱉었다. 루이스는 그들이 처음 보는 백인 아기였다. 그들은 앞다

투어 루이스에게 침을 뱉었는데, 그것은 일종의 축복을 내리는 풍습이었다. 그는 열세 살 때 키쿠유족의 일원이 되었다.

루이스는 노년이 되어서도 종종 키쿠유족을 생각하고 그들에 관한 꿈을 꾸었다. 언젠가 그는 한 인터뷰에서 이렇게 말한 적이 있다. "나는 아프리카인으로 태어나서 아프리카인의 감수성을 갖고 자랐습니다. 그저 공교롭게 백인이었을 뿐이지요."

루이스는 1926년 주위의 온갖 충고와 만류를 다 뿌리치고 케냐로 돌아갔다. 그는 처음 파 보았던 갬블 동굴에서 즉각 도기 조각을 찾아낸 후 거기에 기원전 2만 년이라고 날짜를 기록했다. 그 날짜는 당시 최초로 도기가 만들어졌으리라고 추정되던 때보다 시기적으로 네 배나 더 앞선 것이었다. 루이스가 곧 있을 인류학회에서 그 발굴품에 대해 발표할 계획임을 알게 된 케임브리지 대학 지도교수는 이런 충고를 담은 편지를 보내 왔다. "거친 가설에 그렇게 혹하지 말게나. 자네 연구에 그다지 도움되지 않을 걸세. 성급하게 평판을 얻으려고 애쓰는 것은 어리석은 짓이네."

하지만 자신의 발굴품으로부터 극적이며 때로 섣부른 결론을 끌어내 가설을 발전시킨 것이야말로 루이스의 성공을 보장한 일이었다. 자신의 조사 결과가 '정당한 절차를 거쳐' 발표되기도 전에 그는 대단히 흔연하고 허풍스럽게 기자 회견을 요청하곤 했다. 기자들이 모인 자리에서 그는 극적 효과를 노리며 가슴 호주머니에서 화석을 하나 꺼내 휘둘러 보이기도 했다.(자신에 대한 홍보가 기대와 전혀 딴판인 결과를 낳은 적도 있다. 그가 치과용 도구로 발굴한다고 설명했을 때 기자는 신문에 이런 기사를 내보냈다. "리키 씨는 최초의 치과의사를 발견했다.") 하지만 동료들은 그 허풍의 진가를 알아주지 않았다. 생물학자 소니아 콜은 『리키의 행운Leakey's Luck』에서 이렇게 혹평했다. "루이스는 일평생 '전문가'라는 안락의자에 깊숙이 파묻혀 있던 바늘 하나에 불과하다." 그런데 그 시시하기 짝이 없는 바늘 하나가 그들을 상당히 신경 쓰이게 한 것은 리키의 거친 주장이 때로는 옳았기 때문이다.

올두바이협곡으로 처음 발굴 조사 여행을 떠난 1931년, 그는 도착한 당일 자신이 석기를 발견할지 여부를 두고 동료 한스 렉과 10파운드 내기를 했다. 렉은 불과 몇 시간 만에 루이스에게 그 돈을 줘야 했다. 루이스가 이내 현무 화산암으로 만든 고대 석기 몇 개를 발견했기 때문이다.

그러나 그가 올두바이에서 진정으로 찾아 헤맨 증거를 발견한 것은 그로부터 자그마치 30년이 지난 훗날의 일이다. 그늘 하나 없는 아프리카 땡볕 아래에서 그의 갈색 머리칼은 점점 하얗게 새어 갔다. 그는 몇 번이나 열발작으로 건강을 위협받기도 했다. 하지만 사람들이 모두 악몽처럼 끔찍하게 여기는 악조건에서도 그는 끝끝내 살아남았다. 올두바이에서는 열 명의 일행이 이리저리 차로 한 시간가량 달리고도 30킬로미터를 더 걸어야만 동물 오줌맛이 가미된 물을 마실 수 있는 하마 수렁에 다다른다. 버터 바른 빵조각은 입으로 채 들어가기도 전에 쉴새 없이 불어 대는 검고 미세한 먼지로 뒤덮여 버린다. 때로 일행은 식량이 부족해서 마멀레이드로 맛을 낸 식용 쌀을 대신 먹어야 했다. 케냐 서부 지역의 칸제라에서 또다시 발굴 작업을 진행했을 때 현장 연구자 일행은 달려드는 모기를 피하려고 수건으로 얼굴을 가리고 웰링턴 부츠에 바지 자락을 밀어 넣은 채 식사해야 했다. 아무리 철통 수비를 해도 얼굴에 붙는 모기를 줄잡아 백 마리쯤은 죽여야 겨우 한 끼 식사를 마칠 수 있었다.

　루이스는 집요하게 발굴에 매달린 결과 상당한 화석들을 찾아낼 수 있었다. 1948년 그의 둘째 부인 메리가 거의 손상되지 않은 두개골을 하나 발견했는데, 프로콘술이라고 알려진 인간을 닮은 멸종 유인원 것이었다. 올두바이에서 리키 부부는 석기와 선사시대 동물들의 거대한 뼈를 발굴했다. 무스 뿔 크기만 한 뿔이 달리고 오늘날 기린보다 키가 두 배 큰 기린, 코뿔소만 한 돼지, 그리고 현재의 코끼리 사촌쯤 되는 데이노테리움 등의 뼈를 말이다. 하지만 석기를 사용해서 이들 동물을 사냥했던 존재들의 흔적만큼은 28년 동안 찾을 수 없었다.

　그러던 어느 날 아침, 그러니까 정확하게 1959년 7월 17일 아침 모든 것이 달라졌다. 그날 루이스는 감기에 걸려 텐트에 누워 있었다. 루이스 부인 메리는 그날 얄궂게도 루이스의 첫 번째 부인 프리다의 이름을 따서 FLK라고 명명된 장소로 나갔다. 전에 내린 비가 땅속에 묻혔던 새로운 뼈들 모습을 드러내 주었다. 메리는 그 뼈 가운데 하나를 가까이에서 자세히 들여다보았다. 그리고 그것이 인간 위턱에서 잘려 나온 조각임을 대번에 알아차렸다. 메리는 황급히 루이스에게 달려왔다. "찾았어요, 찾았어요. 내가 인간을 찾아냈다니까요!"

　그 두개골은 '진잔트로프스'라고 불렸다. 대중 언론은 그것

고인류학자 루이스 리키와 그의 아내 메리가 "우리의 사랑스러운 아이"라고 부르던
진잔트로프스 화석을 바라보고 있다.

을 '호두까기 인간'*이라고 불렀다. 이 일은 루이스에게 세계적인
명성을 안겨 주었다. 루이스는 그 화석이 과거에 추정하던 것보
다 두 배 정도 더 거슬러 올라간 시기에 속한다고 결론지었다. 루
이스는 "이것이야말로 지상에서 인간이라고 알려진 최초"라고
선언했다.

———————————

진잔트로프스를 발견한 지 1년쯤 지나서 리키는 또 한 번 세상을
깜짝 놀라게 만든 대발견을 했다. 선사시대에 살던 어린아이의
두개골, 그리고 손과 발 조각을 찾아낸 것이다. 루이스는 이 화석

● 　호두도 깨부술 만큼 아래턱이 단단해 붙은 별칭.

종을 '호모하빌리스'라고 이름 붙였고, 대중 언론에서는 '핸디맨'*이라고 불렀다. 이 화석은 곧 루이스 의견에 따라 인간의 조상으로서 진잔트로프스 자리를 빼앗았다.

"대체 인간이란 무엇이며 어디에서 왔는가?" 루이스는 인간을 둘러싼 종교와 철학에 관한 질문에 답을 구하는 중이었다. 언젠가 루이스는 라디오 인터뷰에서 이런 질문을 받았다. "요즈음 당신을 살아가게 만드는 힘은 뭡니까?" 그가 답했다. "나는 알고 싶습니다. 내가 누구인지를, 그리고 나를 지금의 나로 만든 것이 대체 무엇인지를……."

하지만 이것은 뼈나 돌만으로는 대답할 수 없는 성질의 질문이었다. 뼈는 초기 인류가 어떻게 생겼는지 알 수 있게 한다. 그리고 정교한 정도에 따라 초기 인류가 어떻게 움직였는지도 짐작하게 해 준다. 한편 초기 인류가 만들어서 사용한 도구는 그들의 문화를 암시한다. 하지만 루이스가 즐겨 말하던 대로 "유감스럽지만 행동은 화석화되지 않는 법이다." 아담 선조의 화석화된 뼈에 생명을 불어넣기 위해 루이스는 인류를 가장 많이 닮은, 살아 있는 친척들—침팬지, 고릴라, 오랑우탄—에 대한 장기간에 걸친 참여 관찰 연구를 제안했다.

하지만 메리조차 이 느닷없는 제안에 당혹감을 표했다. 메리 또한 대형 유인원에 관한 장기 연구가 초기 인류를 이해하는 것과 상관 있으리라고는 생각하지 않았다. 하지만 당시 그의 동료

◆ '손재주 있는 인간'이라는 뜻이다.

들을 진짜로 어리둥절하게 한 이유는 루이스가 그 연구의 최초 책임자로 젊은 제인 구달을 지목한 데 있었다.

변변한 일자리도 없이 아프리카로 건너온 제인은 루이스가 관할하던 나이로비의 코린돈 박물관에서 임시로 근무 중이었다. 제인은 그 인연으로 올두바이에 있는 리키 가족과 함께 일하게 되었다. 하지만 침팬지 연구는 제인이 아닌 루이스의 발상이었다. 그래서 그는 제인에게도 '너는 그 일을 할 수 있다.'는 확신을 심어 주어야만 했다.

제인은 이렇게 회고한다. "루이스에게 심각하게 '제정신이 아니다. 그건 결코 당신이 해야 할 일이 아니다.'라고 말하는 사람도 있었습니다." 전문가들은 제인이 학위조차 없어 그 일에 부적합하다는 의견을 내놓기도 했다. 하지만 루이스 동료들이 질색한 진짜 이유는 잠재적 위험에 무방비 상태로 야생에서 돌아다니기에는 제인이 너무 젊은 여성이었기 때문이다.

루이스는 1966년 마운틴고릴라 연구에는 당시 서른네 살이던 다이앤을 선택했다. 다이앤의 첫 조사에 자금을 대주도록 간청하는 루이스에게 뉴욕 동물학회 회장 페어필드 오즈번은 대경실색하면서 이런 답장을 썼다. "이 젊은 여성들은 거기 도사리고 있는 많은 위험을 기꺼이 감수하면서 그 먼 곳으로 떠나려 합니다. 당신은 남성보다 더 낫다는 걸 증명하려고 그녀들이 안간힘을 쓰는 거라고는 생각지 않습니까? 그들에게 스스로 깨닫지 못하는 무의식적 동기가 작용했다고는 보지 않습니까?"

마침내 그가 1969년 스물셋의 비루테를 '오랑우탄 처녀'로

소개했을 때는 더 이상 누구도 크게 놀라지 않았다. 믿을 만한 사람으로서 루이스는 거의 매번 여성을 택했기 때문이다.

프로콘술, 진잔트로프스, 나중에 라에톨리의 화산재 속에 숨겨져 있던 초기 인류의 발자국 등을 위시한 루이스의 유명 발굴품 대부분도 실은 그 자신이 아니라 그보다 열 살 연하인 아내 메리가 찾아낸 것들이다. 나이로비 외곽의 티고니 영장류 연구 센터를 설립했을 때 루이스는 관리자와 대다수 직원을 여성으로 채웠다. 그의 생애에서 마지막이 된 캘리포니아 칼리코 언덕의 발굴 작업 현장을 총 지휘한 것도 젊은 여성이었다.

루이스에게는 전통적으로 경험 많은 남성이 주도했던 현장 연구에서 젊다는 것과 여성이라는 점이 그럭저럭 눈감아 주어야 할 흠이 아니었다. 오히려 그것은 그가 적극적으로 찾아 나선 소질이었다. 루이스는 자신의 계획을 성사시킬 조건을 이 젊은 여성들에게서 보았다.

———————

루이스는 자신의 첫 고고학적 발굴에 대해 다소 분별력이 부족했던 탓에 성급하고 부정확한 결론을 내렸었다. 열두 살 때의 일이다. 영국인 사촌이 크리스마스를 축하하며 그에게 책 한 권을 보내 주었는데 그 책이 그의 상상력을 크게 자극했다. H. N. 홀이 쓴 『선사시대Days Before History』라는 책으로, 유럽에서 발견된 부싯돌 화살촉과 부싯돌 도끼날이 소재다. 루이스는 '부싯돌'이 대체 어떻게 생겼는지는 잘 모르지만 케냐 땅에서 그 부싯돌로 만든 도구를 한번 찾아보겠노라고 마음먹었다.

하지만 마침내 그가 발견한 것은 부싯돌이 아닌 것으로 밝혀졌다. 부모님은 루이스가 찾아낸 '선사시대의 도구'를 '깨진 유리 조각'일 뿐이라고 일축했다. 루이스는 2년 전 미국인 고고학자 두 명이 그의 것과 유사한 발굴품을 가지고 같은 결론을 내리면서 미련을 털어 버렸다는 사실을 알았을 리 없다. 선사시대 석기를 조사하기 위해 두 고고학자는 나쿠루호와 나이바샤호 유역을 뒤졌다. 그 발굴품이 '깨진 유리 조각'에 불과하다고 결론짓고 인근 호텔에서 제공되던 병맥주 조각일 거라고 추정하면서 그들은 계획했던 상세한 연구를 사실상 포기했다.

그러나 물정 몰랐던 어린 루이스는 나이로비에 있는 자연사 박물관●의 부관장 아서 로버리지에게 자신의 발굴품을 가져갔다. 그런데 로버리지는 그것이 깨진 유리조각도 아니고 부싯돌은 더더욱 아니며, 다름 아닌 가공된 흑요석이라고 말해 주었다. 키쿠유족은 흑요석 조각을 '영혼의 면도날'이라는 뜻으로 '은엔지시아 은고마'라고 부른다. 로버리지는 리키가 오래전에 사망한 종족이 사용하던 칼과 무기, 그러니까 석기시대 인류가 만들어 사용하던 도구를 발견한 것이라고 분명히 확인시켜 주었다.

루이스는 『하얀 아프리카인White African』에서 "만일 내가 부싯돌이 뭔지 알았더라면 결코 어떤 석기 도구도 발견하지 못했

● 현재는 '국립 박물관'으로 불린다.

을 것"이라고 썼다.

　그는 전통적인 서양 교육의 편견에 전혀 영향받지 않은 채 제 힘으로 생각하는 법을 배웠다. 태어났을 때 이웃 키쿠유족이 뱉어 준 침은 그에게 이중 축복을 안겨 주었다. 자유로웠던 아동기는 탐구할 수 있는 자유를 허락했으며, 그 지역의 키쿠유족은 '보는 기술'을 가르쳐 주었다.

　키쿠유족과 은도로보족의 피가 섞인 선생님 조슈아는 루이스에게 다이커영양, 작은영양, 몽구스, 호저, 땅돼지, 자칼, 하이에나, 제넷고양이를 비롯해 그 지역에 서식하는 동물의 습성을 소상하게 가르쳐 주었다. 그러나 뭐니 뭐니 해도 직접 관찰하는 게 최고였다. 인간이 살아남기 위해 도구를 사용해야 했음을 보여 주려고 루이스는 이빨로 동물 가죽을 벗기려고 시도하기도 했다.(결과는 "아주 불만족스러운" 것이었다.) 과거의 도구 제작을 더 잘 이해하려다 보니 어느덧 부싯돌 제작의 명수가 되기도 했다. 그래서인지 그는 인생 후반기에 프로젝트에 면접 보는 지원자에게 전통적인 학위를 전혀 요구하지 않았다.

　나중에 곰베에서 제인 구달과 함께 일했던 게자 텔레키는 1960년대 중엽 루이스와 치른 첫 면접을 이렇게 떠올렸다. 루이스의 영원한 자금줄이었던 내셔널 지오그래픽 협회 건너편에 위치한 워싱턴 호텔에서였다.

　"방 전체가 화석으로 가득 차 있어서 도대체 어디에 자리를 잡고 앉아야 할지 몰랐습니다. 그는 농구공만 한 잔으로 백포도주를 마시고 있었습니다. 아주 기이한 모습이었지요. 그는 무슨 일에든 감정이 다소 격했습니다. 느닷없이 벌떡 일어나서 가까이 다가와 질문을 툭 던졌습니다. 그는 온통 작은 돌조각과 물건이 즐비한 가운데서 뭔가를 꺼내 들고는 불쑥 이렇게 물었습니다. '이게 뭐죠?' 나는 당연히 뭔지 몰랐죠. 탁자에서 뭔가를 골라내더니 내 손 위에 올려놓고 다시 묻습니다. '그럼 이건 뭐죠?' 나는 그가 자신을 감정적으로 거의 감당하지 못하고 있다고 생각했습니다. 그는 갑자기 다가와 바로 코앞에서 이렇게 질문을 해 대곤 했습니다."

게자가 말을 이어 갔다. "그건 전혀 내가 예상했던 종류의 면접이 아니었습니다. 루이스는 내가 흥미 있어 하는 게 뭔지, 내가 그곳에 가야 하는 이유가 뭔지, 그리고 거기 있는 모든 잡동사니가 무엇인지에 대해 스스로 말해 주길 바라는 눈치였습니다. 그는 단지 세 가지만 질문했습니다. 보이스카우트였는지, 차를 수리할 수 있는지, 요리할 수 있는지. 그러고 나서 느닷없이 자기를 위해 식사를 준비해 보라고 했습니다. 그는 수행원에게 부엌 냉장고에서 돼지고기 몇 덩어리를 가져오도록 했고 나는 그에게 대접할 식사를 차렸습니다. 내가 어느 학교에 다녔는지, 무슨 공부를 했는지, 혹은 학문적으로 적절하게 준비되어 있는지에는 도무지 조금도 관심을 보이지 않았습니다."

비루테가 처음 루이스와 면접할 때 그는 그녀에게 학위가 있는지 묻지 않았다. 대신 '잡지 같은 데서 흔히 볼 수 있는 간단한 지능 테스트'를 시켰다. 루이스는 카드 몇 장을 뒤집어 놓고 그녀에게 어떤 것이 빨간색이었고 어떤 것이 검정색이었는지 떠올려

과학자들

보라고 요구했다. 그녀는 즉각 "(어느 게 무슨 색인지는 잘 모르겠지만) 카드 중 절반에는 살짝 접힌 자국이 있다."라고 대답했다.

루이스는 크게 만족해하면서 대개 여성과 달리 남성은 좀처럼 이 세부적인 것을 알아채지 못한다고 말했다. 리키 재단의 창립자 티타 콜드웰은 이것이 바로 그 면접의 핵심이었다고 밝힌다. 그는 말 못하는 영장류의 삶을 관찰할 때 세부적인 것—특히 다른 사람이 거의 주목하지 않거나 중요하게 여기지 않는—에 주의를 기울이는 능력이야말로 가장 중요한 자질이라고 보았다. 티타의 말이다. "루이스는 **뭔가를 감지할 수 있는 능력**을 찾고 있었습니다. 그래서 사람들의 관찰력을 시험했던 겁니다. 루이스는 여성이 남성보다 더 관찰을 잘한다는 것을 확실히 믿었고, 그래서 여성에게는 훈련을 훨씬 덜 시켰습니다. 어떤 자리를 두고 면접을 진행할 때 만일 세 지원자가 있는데 한 명밖에 만날 시간이 없다면 루이스는 반드시 여성을 택했습니다."

다이앤은 루이스가 이따금 자신의 관찰력을 시험하곤 했다고 기억한다. 몇 달간 현장 연구를 진행한 후 나이로비에 있는 코린돈 박물관으로 그를 찾아갔을 때의 일이다. 빌딩 앞에서 루이스가 갑자기 어떤 지점을 가리키면서 뭘 보았느냐고 물었다. "나는 내가 대단히 관찰력이 풍부하다고 생각하면서 거미줄을 보고 있었다. 같은 시간에 그는 거미, 꿀벌, 죽은 파리 등을 보고 있었다. 그는 내가 하나를 보고 있을 때 무려 스무 개의 다른 사물을 동시에 관찰할 수 있었다. 나는 그에게 눈으로 보는 법을 배웠다. 그게 바로 내가 바라던 바였다."

루이스는 언젠가 《내셔널 지오그래픽》 기사에 이렇게 썼다. "키쿠유족에게 받은 훈련은 내게 가르쳐 주었다. 당연히 어떤 지점에 뭔가가 있을 거라고 믿었는데 발견할 수 없다 해서 그게 존재하지 않는다고 판단해선 안 된다는 것을, 그게 거기 없는 게 아니라 관찰력이 부족하다고 결론지어야 한다는 것을."

———————

세 사람은 모두 유명한 리키 박사를 처음 만났을 때 한결같이 그가 자신에게 특별히 깊은 인상을 받지는 않은 것 같다고 느꼈다.

제인과 루이스의 첫 대면은 따뜻함과 거리가 멀었다. 용기를 내서 박물관에 일자리를 부탁하는 전화를 걸었을 때다. 제인은 '리키 박사와 통화할 수 있겠는지' 묻는 자신의 전화를 받는 목소리가 누구인지 소심하게 물어보았다. "내가 리키 박사요." 그 목소리는 퉁명스럽게 답한 후 다그치듯이 물었다. "원하는 게 뭐요?"

다이앤은 리키가 사망한 후 그에게 바치는 조사를 리키 재단에 써 보냈다. "내 인생과 내 운명을 결정한 사람과 맺은 깊고 오랜 우정이 그렇게 시큰둥하게 시작될 거라고는 상상도 하기 어려웠다." 다이앤이 1963년 처음 아프리카 사파리 여행을 하면서 올두바이에 있는 리키의 발굴 현장에 들렀을 때의 일이다. 루이스는 그녀를 또 하나의 성가신 관광객쯤으로 대했으며 그녀에게 동굴을 여행하려면 14실링을 내라고까지 요구했다.(실제로 그녀는 성가신 사람으로 판명 나고 말았다. 발을 헛디뎌 골짜기로 굴러떨어지면서 그만 소중한 화석 하나를 깨뜨렸던 것이다. 게다가 발목을 삐어 너무 고통스러운 나머지 표본에다가 토를 했다.)

비루테는 인류학 석사 과정을 밟고 있던 UCLA에서 루이스의 강연을 들은 후 그에게 꼭 오랑우탄을 연구해 보고 싶다는 포부를 밝혔다. "리키 박사는 나를 아주 쌀쌀맞게 쳐다보았고 가타부타 말도 없었다."라고 그녀는 회고했다.

루이스가 비루테에게 한 가닥 관심을 보인 것은 사라왁에서 오랑우탄 연구자들과 교류하면서 이미 연구를 준비하고 있다고 말했을 때였다. 비루테는 루이스가 "나는 그저 자신이 뭘 하고 싶어 하는지 알고 그걸 해 보기로 굳게 결심한 사람을 지원할 뿐이오."라고 대꾸했다고 기억한다.

다이앤은 처음 시작할 때부터 결의가 대단했다. 메리가 삔 발목을 치료해 주자 마운틴고릴라를 찾아 3000미터 높이인 분화구를 기어오르겠다고 고집을 피운 것이다. 연구 자금 지원을 약속한 지 3년째 되던 해에 루이스는 다이앤에게 농담조로 예방 차원에서 맹장 제거 수술을 받아 두는 게 어떻겠냐고 제안했다. 그런데 루이스가 수술 제안은 농담이었다는 내용을 담아 부친 편지를 채 받아보기도 전에 다이앤은 이미 수술을 마쳤다.(비루테는 한술 더 떴다. 루이스와 진행한 면접에서 자신의 편도선까지 제물로 바친 것이다.)

루이스가 마음에 둔 연구에서는 예리한 관찰력만큼이나 끝까지 물고 늘어지는 집요함도 중요했다. 제인, 비루테, 다이앤은 최초로 대형 유인원을 연구한 사람들이 아니다. 헨리 니센은 침팬지를 연구하려고 1930년대에 프랑스령 기니로 모험을 떠났다. 그런데 그는 거기에서 두 달 반 만에 돌아오고 말았다. 조지 셸러는 1950년대에 자이르에서 마운틴고릴라와 함께 1년을 보냈다. 비루테 이전에는 존 매키넌이 오랑우탄에 관해 가장 긴 연구를 수행했다. 그는 구달과 함께 곰베에서 1년을 보낸 후 3년에 걸쳐 오랑우탄을 연구했다. 이 초기의 남성 영장류학자들은 모두 그후 다른 장소에서 다른 동물을 연구하고 있다. 비루테는 "이게 바로 남성이 일하는 전형적인 방식"이라고 지적한다.

비루테는 남성은 뛰어난 자연주의자이긴 하지만 기본적으로 '모험가'라고 본다. "새로운 장소로 가서 그곳을 탐색하는 것은 사실 신나는 모험이지요. [……] 새로운 분야를 찾아 계속 옮겨 다니는 것, 이게 바로 남성이 살아가는 방식입니다. 그들은 거기에서 승리를 일구고 난 후 또다시 새로운 정복거리를 찾아 나섭니다."

루이스는 오직 연구에는 몇 달만 할애하고 대학에서 추진할 수 있는 좀 더 돈 되고 편안한 작업으로 돌아올 태세를 갖춘 '안락의자에 파묻힌 인류학자'를 생애 내내 경멸했다. 루이스가 세운 계획에서 가장 큰 특징은 장기 연구의 중요성을 끈질기게 강조했다는 점이다.(그가 제인에게 곰베에서 10년 정도 머물면 좋겠다고 처음 말했을 때 그녀는 웃으면서 '10년은 무슨. 글쎄, 한 3년 정도면 족하지 않을까?' 생각했다.)

루이스는 특히 여성이 장기 연구에 더 적합하다고 믿었다.

그는 생물학이나 사회가 여성에게 장기 프로젝트에 시간을 투자하도록 독려해왔다고 설명했다. 예컨대 아이를 어른이 될 때까지 키우는 일에는 20여 년의 헌신이 요구된다. 그러니 여성은 필연적으로 남성보다 더 강인하고 더 집요할 수밖에 없다고 그는 믿었다.

결국 이 집요함은 올두바이에서 일한 루이스에게나 그의 세 '유인원 여성'에게나 성취의 주된 근거가 되었다. 그들을 현장에서 떠나지 않고 내내 머무를 수 있도록 한 것이 바로 이 집요함이었기 때문이다.

많은 사람이 루이스가 "망령이 나서" 젊은 여성 제자들을 고용했다며 눈살을 찌푸렸다. 전기 작가 콜은 『리키의 행운』에서 루이스는 '남성 갱년기'에 대한 전형적인 반응이라 할 수 있는, 갑자기 새 스포츠카를 사는 나이 든 중년 남성의 심정으로 영장류 연구에 뛰어들었다고 비아냥거렸다. "아들은 둥지를 떠났고 아내는 올두바이 작업에 빠져 있고 그 자신은 육체적으로 불구가 되어 정력적인 현장 연구를 꾸려 갈 수 없게 되었다. 그는 부득이 현대 기술을 받아들이지 않을 수 없었다." 그들은 아마도 그래서 젊은 여성들을 독려하여 연구에 성공하게 함으로써 얼마간 자신의 무능을 보상받으려 했던 거라고 수군덕댔다.

메리가 루이스의 여성 수제자 대부분을 탐탁지 않게 여겼다는 사실은 항간에 떠도는 소문을 더욱 부채질했다. 루이스의 티고니 영장류 연구 센터에서 일하던 그의 학생 페니 콜드웰은 나이로비에 처음 도착했을 때 메리로부터 받은 푸대접을 이렇게 기억하고 있다. "그녀는 나를 표나게 여러 차례 위아래로 훑어보더니 불쑥 한마디 내뱉었어요. '원 참, 모두 자기 취향 일색이구먼!'" 루이스 밑에서 성공적으로 일했던 몇 안 되는 남성 가운데 하나인 글린 아이작이 약혼녀를 메리에게 소개하는 자리에서도 그녀는 모임을 극도로 긴장시켰다.

메리는 루이스가 첫 번째 아내와 헤어진 직후 그와 결혼했다. 당시 루이스의 첫 번째 아내는 그와의 사이에서 생긴 둘째 아이를 임신 중이었다. 이런 사정을 속속들이 아는 메리로서는 남편이 나이를 먹기는 했지만 젊고 아름다운 여성에게 둘러싸여 주목받는 것에 신경 쓰지 않을 수 없었다.

진잔트로프스를 발견해 유명해졌을 때 루이스는 사각턱의 남성으로 여전히 눈에 띄는 미남이었지만 더 이상 늙은 모습을 숨길 수 없었다. 엉덩이 관절염으로 고생하던 그는 50대에 이미 지팡이를(나중에는 목발을) 짚고 다녀야 했고, 목을 쑥 내민 자세는 이 늙은 남자의 등을 더욱 굽게 했다. 1960년 내셔널 지오그래픽 협회의 텔레비전 특집 프로그램은 올두바이에서 다리에 올챙이배를 떠받친 채 바위에 앉아 있는 루이스의 모습을 보여 주었다. 예순 고개를 넘은 그의 흰 머리카락은 산들바람에 바보처럼 흩날렸다. 그의 목소리는 학자치고는 너무 노쇠하게 들렸다. 그런데도 웬일인지 그의 주변에는 여성들이 늘 벌 떼처럼 몰려들어 메리의 심기를 불편하게 만들었다.

하버드 대학 교수의 부인인 어떤 인류학자가 말했다. "그를 처음 만난 것은 그가 이미 늙고 볼품없으며 이가 모두 빠지고 벨트 위로 뱃살이 출렁거릴 때였어요. 그렇지만 그는 내가 만나 본 어떤 남성보다도 매력적이었어요. 여성들은 정말이지 그를 서로 챙기느라 안달이었어요."

매력적이고 재치 있는 식사 손님이자 카리스마 넘치는 연사인 루이스는 좌중을 압도하는 묘한 매력을 지닌 남성이었다. 비루테는 그가 '특별한 영감을 준다.'는 것을 알아차렸으며 그가 내뿜는 카리스마가 '절대적인 자신감'에서 비롯된다고 생각했다.

하지만 루이스를 추종하는 여성들은 하나같이 그의 여성스러운 성격에도 매력을 느꼈던 것 같다. 루이스는 여러 면에서 전통적인 양육자였다. 메리와 루이스 사이에서 첫 아이 조너선이 태어났을 때 메리는 선사시대에 홀딱 빠져 있었던 터라 아이와 오랜 시간을 보낼 수 없었다. 낮에는 보모가 그 아이를 돌보았지만 밤에 분유를 먹이고 기저귀를 갈아 준 것은 메리가 아니라 루이스였다. 루이스의 어미 노릇은 부모 잃은 동물로까지 확대되었다. 그의 "현장 반려동물"에는 양자로 들인 야생 송아지, 콜로부스원숭이* 그리고 그가 더러 데리고 자기도 했던 베이비라는 이름의 영아기 개코원숭이가 포함되어 있었다. 그는 메리와 사이에서 태어난 둘째 아들 리처드에게 반려동물로 조랑말을 주었는

● 　꼬리가 발달한 아프리카 원숭이.

데, 그때 마구간 딸린 작은 목장을 짓는 동안 그 조랑말이 랑가타에 있는 그의 집에서 잘 수 있도록 허락하기도 했다.

그런가 하면 루이스는 요리하는 것도 무척 좋아했다. 그는 올두바이에서 이따금 빵을 굽기도 했으며, 친목회에서는 자신이 주인이든 손님이든 가리지 않고 나서서 음식을 장만했다. 제인의 어머니 밴은 구달네 부엌에서 루이스가 그날 아침 정육점에서 직접 사온 신선한 고기로 요리하던 모습을 이렇게 기억한다. "안경은 밀가루를 뿌옇게 뒤집어썼고, 머리는 지글거리는 팬에서 튄 음식물을 잔뜩 이고 있었다."

루이스 자신은 이러한 특성을 특별히 여성적인 거라고 여기지 않았을지도 모른다. 하지만 티타는 말했다. "여성과 관련해 루이스가 특별히 강조한 것은 여성이 축복이자 저주라 할 뛰어난 감수성과 직관을 지녔다는 점이었습니다. 그에 따르면 그 두 특성을 지닌 남성은 100만 명 중 하나 있을까 말까 할 정도로 극히 드물죠. 그런데 내가 볼 때 루이스는 남성이지만 예외적으로 감수성과 직관을 지녔습니다."

티타와 그녀의 남편 휴는 그것을 '불가사의한 안테나'라고 불렀다. 루이스는 성공적으로 강연을 마친 후 떼 지어 몰려드는 팬들에게 둘러싸여 있을 때조차 그 많은 사람 속에서 고뇌에 싸여 있거나 격려가 필요한 사람을 하나 골라내 그에게 이끌리곤 했다. 사람들은 제인이나 다이앤, 비루테에게서도 비슷한 능력을 발견한다. 예컨대 내셔널 지오그래픽 협회에 근무하는 마타 마샬코는 다이앤에게도 그런 능력이 있음을 알고 놀란 적이 있다. 둘은 다이앤이 워싱턴에 사는 후원자를 보러 올 때면 만나서 간단한 대화를 나누곤 했다. "1984년 다이앤이 지나는 길에 잠깐 들렀을 때였어요. '다음번에 오면 나 5층에 없을 거예요.' 그러자 물끄러미 바라보던 다이앤이 말했어요. '당신, 여기서 일하는 게 행복하지 않죠?' 다이앤에게 한 번도 불평한 적이 없었는데도 말이에요. 사실 당시에 비참한 기분으로 지내고 있었거든요. '어떻게 알죠?' 내가 물었더니 '당신 마음이 훤히 다 보여요.' 이렇게 대답했어요."

티타가 말했다. "사람들은 말하지 않는 영장류의 마음을 이해할 수 있는 이 여성들에게는 말하는 동물, 즉 인간으로 가득 찬 방에 앉아 그들 행동을 이해하는 일이 식은 죽 먹기라는 사실을 잘 모르는 것 같아요."

루이스는 늘 자신의 불가사의한 안테나에 걸려든 사람을 자기 사람으로 만들곤 했는데 대개 고뇌에 허덕이는 젊은 여성이었다. 그는 아프리카에서 그들에게 편지를 쓰거나 전화를 걸거나 일거리를 제공해 주었다. 조이 애덤슨 역시 그런 여성 중 하나였다. 그녀는 남편과 이혼한 후 거의 무일푼으로 루이스를 찾아왔다. 그는 그녀가 박물관에서 일할 수 있도록 주선해 주고 그녀의 예술가적 재능과 자연 사랑에 대해 격려를 아끼지 않았다. 루이스의 지원에 힘입어 그녀는 훗날 사자 연구에 주력한 결과 『야생의 엘자』라는 훌륭한 저서를 남겼다.

루이스는 그들 가운데에서도 단연 성공적인 제자들, 즉 제인, 다이앤, 비루테를 가장 자랑스럽게 여겼다. 리키 재단을 함께 창립한 조앤 트래비스는 루이스가 늘 그 셋 가운데 하나에게 온 최근 소식을 자신에게 들려주었다고 밝혔다. 루이스는 강연에서 청중들에게 큰소리로 읽어 주려고 가슴 호주머니에서 세 제자에게 온 텔렉스를 획 끄집어내곤 했다. 그는 그들을 자신의 '세 프라이메이트primate'라고 불렀다. 그는 이 단어를 쓸 때면 항상 배꼽을 잡고 숨을 쉬지 못할 정도로 웃어댔다. 루이스는 전형적인 아프리카식 말장난을 즐겼다. 프라이메이트는 삼중 의미를 지닌 용어다. 첫째로는 영장류를, 둘째로는 그 영장류를 연구하는 여성 인간을, 그리고 셋째로는 남성만이 오를 수 있는 영국 성공회의 최고 자리인 대주교를 의미한다.

제인, 다이앤, 비루테는 공식적으로는 항상 삼총사로서 루이스와 교류했다. 하지만 그가 세 여성과 개인적으로 맺은 관계는 상이한 그들 개성만큼이나 크게 달랐다.

───────────

제인은 루이스에게 가장 사랑스러운 금발의 '딸'이었다. 루이스가 첫 번째 부인 프리다와 사이에서 낳은 첫아이도 딸이었는데, 그는 그 딸 프리실라가 다섯 살 때 프리다와 이혼했다. 루이스는 자신의 첫 번째 가족에게 느낀 것보다 더 강한 애착을 품은 채 제인에게 투자하고 그녀의 여동생, 어머니와도 가깝게 지냈다. 말년에는 둘째 부인 메리보다 구달 가족, 특히 제인의 어머니 밴과 더 많은 시간을 보냈다. 메리는 1984년 출간한 자서전 『과거를 밝힌다Disclosing the Past』에서 슬픔에 잠긴 어조로 "루이스는 나로서는 더 이상 보내 줄 수 없었던 지지를 밴의 친절과 우정에서 얻었다."라고 썼다.

코린돈 박물관에서 제인을 비서로 고용하자마자 루이스는 즉각 그녀를 수양딸로 삼고 '귀여운 내 딸'이라고 불렀다. 구달 가족도 모두 자기 사람으로 받아들였다.

이혼한 밴이 나이로비에 제인을 방문하러 왔을 때 루이스는 모녀의 사파리 여행을 직접 안내했다. 새로운 '침팬지 아가씨'로서 역할에 따른 불안을 덜어 주기 위해 루이스는 런던 로열 프리 병원의 존 네이피어가 진행하는 영장류 강좌를 수강하라고 제인의 등을 떠밀기도 했다. 그러고는 밴과 제인이 곰베로 갈 수 있도록 자금을 확보하느라 여념이 없었다. 2년 후 그는 제인의 여동생 주디도 곰베에 합류하게끔 자금을 지원해 달라며 영국 주간지 《리베일》을 설득했다. 전에 카메라를 만져 본 경험이 거의 없는데도 명목상 사진기자 자격으로.

루이스는 자기 수양 가족의 이력을 시종 잘 조정하고 관리해 나갔다. 그는 제인에게 박사학위가 필요하겠다고 판단해 그녀가 학사학위조차 없는데도 모교인 케임브리지 대학에서 박사학위를 따기 위한 연구를 진행할 수 있도록 조치해 주었다. 주디에게는 화석의 상을 뜨는 'FD(수양딸Foster Daughter의 첫 자를 딴) 주물'을 시작하게 했다. 이 일은 고인류학을 공부하기로 작정하고 있던 루이스의 아들 리처드의 질투심을 불러일으켰다.

1961년 루이스는 밴에게 그녀 가족을 위해 또 한 가지 소중한 것을 마련해 두었노라고 기별했다. "제인에게 어울리는 완벽한 남자를 찾아냈다."라는 것이다. 그는 친구들을 통해 휴고를 만났다. 휴고는 어느 내셔널 지오그래픽 프로그램 제작 차 올두바이에서 루이스의 작업을 필름에 담았었다. 루이스는 제인의 작업을 또 하나의 내셔널 지오그래픽 다큐멘터리로 찍도록 주선했다. 제인과 휴고는 결국 사랑에 빠져 결혼했다.

루이스가 제인을 보기 위해 곰베에 직접 방문한 적은 한 번도 없었지만(처음에는 일부러 피했고 나중에는 건강이 나빠져서 방문할 수 없었다.) 그들은 끊임없이 서로 편지로 소식을 주고받았다. 제인은 그때마다 '수양딸로부터'라고 서명했다. 케냐에서 미국으로 비행기 여행을 할 때면 루이스는 런던에 있는 구달네 아파트에 잠깐씩 들르곤 했다. 그는 밴과 연극이나 발레를 보러 다니기도 하고 가끔은 주디와 함께 교회에 나가 예배를 보기도 했다. 타고난 작가였던 밴은 루이스의 책이나 논문의 편집 일을 도와주었고, 1969년에는 그와 『인간 기원의 베일을 벗기며Unveiling Man's Origins』를 함께 쓰기도 했다.

루이스가 제인에 대해 아버지로서 품은 자부심은 결코 사그라지지 않았다. 밴은 이렇게 기억한다. 어느 날 루이스가 아파트에 모인 친구들에게 누군가 나중에 제인의 상을 세우게 될 거라고 했다. "그러자 어떤 이가 말했어요, '오! 안 돼요, 리키 박사. 당신 게 더 먼저죠.' 그는 머리를 가로저으며 '천만에, 제인 게 더 먼저야.' 하고 응수했어요."

루이스는 비루테와 제인보다는 덜 가까웠다. 아마도 비루테가 루이스의 세 번째 '프라이메이트'이고, 결혼했으며, 그녀의 현장 연구가 아프리카에서 이루어지지 않았기 때문이었을 것이다. 비루테 자신이 회고하듯이 그녀는 "오갈 데 없는 세 번째 딸"이었다. 루이스는 그녀와 첫 남편 로드가 인도네시아로 가는 도중에 자신의 아프리카 사파리 여행에 합류해 휴가를 보내도록 둘을 초대하기도 했다. 루이스는 비루테에게 인자한 삼촌처럼 수시로 고무적인 편지를 띄웠다. 그가 비루테에게 미친 영향력은 지대했지만 그녀는 자기 스승을 아주 잘 알지는 못한다고 느꼈다. 루이스는 그녀를 만난 지 불과 3년 만에 세상을 떠났다.

하지만 다이앤은 루이스에게 딸이 아니었다. 그는 다이앤과 젊은 이들 같은 불타는 마음으로 필사적인 비운의 사랑에 빠졌다.

1969년 10월 다이앤이 연구에 착수한 지 3년쯤 되었을 무렵 그녀는 건강검진을 받으려고 나이로비에 왔고 위로를 얻기 위해 루이스를 찾았다. 다이앤은 카리소케의 밀렵꾼 때문에 침울해 있었고, 혹시나 하며 노심초사하던 폐결핵에 결국 걸리고 말았다는 사실까지 알게 되었다. 루이스는 그녀를 위로하려고 중남부 케냐로 떠나는 호사스러운 일주일간의 사파리 여행에 동행할 것을 제안했다. 그리고 예순여섯에 루이스는 그만 그녀에게 깊이 매료당하고 만다.

추억과 함께 다이앤이 고이 간직하고 있던 루이스의 연애편지는 10대들이나 주고받았음직한 흥분에 찬 달뜬 내용을 담고 있다. 그는 거의 알아볼 수 없을 정도로 아무렇게나 휘갈긴 글씨로 이렇게 썼다. "너무도 열렬하게, 너무도 깊이 그대를 사랑하오. 가까이 있거나 아무리 멀리 있거나 간에……." 또 이런 편지를 띄웠다. "당신은 바라보는 것만으로도 무척이나 사랑스러운 여성이오. 내가 그대를 깊이 사랑하는 것만큼 당신도 나를 사랑한다는 것을 알 수 있소. 나는 우리가 하나라고 느끼고 그래서 더할 나위 없이 행복하다오."

다이앤에 대한 루이스의 사랑이 육체적인 데까지 이르렀는지는 알 도리가 없지만 그들이 서로 한 몸처럼 사랑한 것은 어느 정도 사실이다. 루이스는 티타에게 이렇게 말한 적이 있다. "다이앤은 누구에게도 좀처럼 슬픈 유년기에 대해 말하지 않았어. 하지만 그녀를 만났을 때 나는 마치 미리 알고 있던 사람인 것처럼 그녀의 과거와 미래를 볼 수 있었어." 루이스는 "그녀의 인생은 과거도 비극으로 점철되어 왔고 미래도 항상 비극일 것이며 생을 마치는 순간도 비극일 것"이라고 예언했다. 그는 다른 사람들에게 "그녀는 불행한 사람이다. 그녀를 결코 버리지 않겠다고 나한테 약속해 주기 바란다. 그녀는 살면서 너무 많은 상처를 입었다."라며 다이앤에게 관대할 것을 극구 간청했다.

다이앤은 젊었을 때 숱한 구혼자를 매혹시켰다. 하지만 결정

과학자들

적으로 루이스의 감정을 건드린 것은 아마도 그녀의 비극적인 삶이었을 것이다. 루이스는 다이앤과 침울한 성격을 공유했다. 대다수 사람은 루이스를 원기 넘치는 인물로 알고 있지만 밴은 알수 없는 분노와 순교자 같은 침울함이 그를 휘감곤 했다고 기억한다. 그 분노와 침울함은 느닷없이 덮쳐 와 그를 "성마르고 턱없이 화를 잘 내는 사람으로, 상대에게 가혹할 정도로 비판을 퍼붓는 사람으로, 때로는 잔인한 사람으로" 비치게 했다. 이것은 다른 사람들이 다이앤의 감정 폭발과 변덕스러움을 두고 평하는 것과 거의 정확하게 일치하는 표현이다.

루이스와 다이앤은 아프리카식 유머 감각을 공유하기도 했다. 그들은 둘 다 사람들, 특히 잘난 체하는 사람들을 풍자적으로 비판하길 좋아했다. 어떤 관리의 걸음걸이, 억양, 얼굴 표정 등을 과장되게 흉내 냄으로써 그들은 아프리카인 직원들을 웃음바다에 빠뜨리곤 했다. 또 둘 다 말장난을 즐겼다. 특히 다이앤은 외설스럽고 음탕한 의미를 담은 중의법을 즐겨 사용했다.

루이스는 이후 3년 동안 '너무나 사랑하는 연인' 다이앤에게 연애편지를 퍼붓다시피 했다. 그는 그녀에게 루비 반지를 사주었다. 하지만 다이앤의 다이어리에 적힌 내용을 보면, 그녀는 그의 낭만적인 구애에 어떻게 대응해야 할지 잘 몰랐던 것 같다. 나이로비에 있는 아내에게 비밀을 지키기 위해 자신의 우체국 사서함으로 편지를 보내달라는 루이스의 간청을 다이앤은 가볍게 묵살하곤 했다. 하지만 그녀도 루이스를 무척 좋아하기는 했다. 그녀는 1970년 첫 번째 심장발작으로 입원해 있던 루이스를 보러 런던까지 병문안을 갔다. 1년 후 루이스는 아프리카 벌 떼에게 공격받아 수백 방을 쏘이게 되는데, 그때 땅바닥에 쓰러지면서 뇌진탕을 일으켜 일주일 동안 혼수상태에 빠지고 말았다. 루이스가 회복하는 동안 다이앤은 유쾌하고 재기 넘치는 편지를 보내 그를 기쁘게 해 주었다.

혼수상태에서 깨어나자마자 루이스가 가장 먼저 떠올린 사람은 다이앤이었다. 그는 그녀가 자금 부족으로 고생하지 않을까 염려했고 즉각 그녀에게 보낼 편지를 구술하여 받아쓰게 했다. 그리고 다이앤이 무엇을 원하든 어떻게 해서라도 그 문제를 해결해 주었다. 루이스는 1972년 4월 처음으로 그녀를 만나러 카리소케로 가겠다고 마음먹었다. 다이앤은 그의 건강이 여행을 잘 견뎌 낼 수 있을지 노심초사했다. 아니나 다를까 그는 건강이 극도로 쇠약해져서 그 계획을 포기하기에 이른다.

결국 루이스는 살아생전에 세 프라이메이트 중 어느 누구의 연구 현장도 직접 방문해 보지 못했다. 1972년 가을 루이스는 밴의 아파트에서 치명적인 심장발작의 징후를 느꼈다. 두 번째 자서전 『증거에 의하여By the Evidence』를 마무리하면서 미국 순회강연을 준비하던 중이었다. 10월 2일 뉴욕으로 떠나기로 예정되어 있었다.

그런데 9월 30일 비정상적인 피곤을 느꼈다. 의사는 비행기 여행을 연기하는 게 좋겠다고 충고했다. 10월 1일 아침 루이스는 관상동맥 발작을 일으켰다. 밴은 9시에 병원에서 나왔다. 그리고 30분 후에 그는 결국 숨을 거두었다.

루이스가 숨지기 며칠 전 제인의 여동생과 친구 몇이 아파트로 찾아왔다. 그들은 죽음을 화제로 삼았다. 누군가 물었다. "리키 박사님, 박사님은 죽음이 두려우신가요?"

　　"죽음? 내가 왜 그걸 두려워하겠어? 내 정신은 우리 가족들 사이에서 계속 숨 쉬고 있을 거야. 내 영혼도 영원히 살아 있을 거고……."

5

제인 구달, 권위적인 과학을 넘어서

탄자니아 리프트계곡의 동쪽 분지 서편에 자리 잡은 올두바이 협곡은 백열빛으로 가득 찬, 긴 망원경 속에서 본 달 표면 같은 곳이다. 여기에는 흙이 거의 없다. 이리저리 둘러보아도 부서지고 둥글게 마모된 백회색 염류피각*만 보일 뿐이다. 여름 낮의 태양은 면옷을 뚫고 들어가 곧바로 피부를 그을려 버린다. 풀은 말라서 건초가 되고 몇 그루 안 되는 아까시나무는 바스러뜨릴 듯한 열기 탓에 맥을 못 추고 있다. 흙먼지가 엄청나게 일고 날아서 일과를 마치고 난 후 코를 풀면 콧속에서 진흙이 나올 정도다. 이런 악조건에서는 온몸의 감각이 예민해지고 날카로워지며 경직된다. 오직 뼈만이 이런 토질을 견뎌 낼 수 있을 것 같다.

하지만 루이스 리키가 그 뼈들을 찾고 있었을 때 그의 상상 속에서 이곳은 풍요롭고 충분히 무르익은 장소였다. 제인 구달이 1957년 처음으로 올두바이에 와서 루이스, 메리와 발굴 작업을

●   탄산염에 의해 모래, 자갈, 실트, 점토가 결합해서 만들어진 집성괴.

함께했을 때 루이스는 그녀에게 초기 인류는 이곳을 천국이라고 생각했을지도 모른다고 말했다. 올두바이협곡은 이제 종적을 감추었지만 과거에는 많은 사냥감을 제공하고 사냥을 용이하게 해주었을 호수와 개울이 존재했던 곳임을 알 수 있다.

가까이에는 숲이 있어 시원한 그늘, 피난처, 나무열매, 과일 등을 제공해 주었을 수도 있다. 제인이 처음 올두바이에 왔을 때는 진잔트로프스나 호모하빌리스가 발견되기 전이었지만 루이스는 그런 뭔가가 발굴을 기다리고 있으리라 믿어 의심치 않았다. 그는 인류의 조상은 이 올두바이호숫가에서 번성한 삶을 살았을 거라고 확신했다.

제인은 그 발굴 당시 루이스가 화석화된 선사시대의 동물 뼈를 손에 들고 있던 모습을 기억한다. 초기 인류는 그 뼈를 가지고 이제는 자취를 감추어 버린 호숫가에서 사냥했을지도 모른다. 제인은 그제야 루이스가 탐구하려는 것이 무엇인지 깨달았다. 여기에 화석이 있다. 그런데 이 존재는 어떻게 생겼을까? 그들은 동종의 다른 존재와 어떻게 의사소통 했을까? 그들은 어떻게 가족을 구성하고 살았을까? 그들은 어떤 식으로 이동했을까? 그들 피부에서는 무슨 냄새가 났을까?

이것은 모두 루이스가 인류 조상을 두고 곰곰이 던졌던 질문들이다. 루이스는 단서를 찾기 위해 그곳에서 서쪽으로 수백 킬로미터 떨어진 또 하나의 호숫가로 시선을 돌렸다. 거기에는 70~80제곱킬로미터에 달하는 공원을 거닐며 돌아다니는, 두상이 크고 손이 기민한 영장류가 살고 있었다. 그들은 인간과 모습이 너무 흡사해서 초기 연구자들은 그들을 그냥 인간이라고 기술하기도 했다. 그들 종에 속하는 다른 존재들은 대개 적도의 울창한 우림에 살고 있다. 하지만 그곳 탕가니카호숫가에서 그들은 초기 인류가 200만 년 전 올두바이에서 누렸던 환경을 공유하면서 살고 있다. 루이스가 처음으로 제인에게 그들에 대해 이야기한 것도 바로 올두바이에서였다. 그들이 다름 아닌 곰베의 침팬지다.

그 지역에서 가장 큰 마을인 키고마에서 곰베로 여행했을 때다. 나는 탕가니카호숫가에 정차하는 수상택시가 도착하기까지 수 시간 동안 뜨거운 뙤약볕에서 기다려야 했다. 그 배는 시간표에 따라 운행하지 않았다. 아이들 수십 명이 몰려와 "무중구!(백인!)"라고 속삭이고, 나의 일거수일투족을 흥미롭게 주시하면서 그 의미를 저들 나름대로 해석하느라 스와힐리어나 키하어로 수군거리는 모습을 볼 수 있었다. 수상택시는 오랫동안 천천히 끼거덕 소리를 내며 앞으로 나가는 나무 보트로, 80여 명의 사람과 그들이 소지한 물건, 예컨대 산 닭, 과일 바구니, 가구, 통나무, 솜씨 좋게 맨 옷 보따리 따위로 가득 채워졌다. 배에는 의자가 따로 없었다. 사람들은 배 가장자리에 앉거나 정어리 비슷하게 생긴 냄새 나는 물고기 다가를 담은 두둑한 삼베 부대를 깔고 앉았다. 호숫가에는 진흙과 이엉으로 엮은 어부들 움막이 점점이 박혀

있었다. 달빛 없는 밤이면 어부들은 램프에 의지해 다가로 꽉 찬 붉은 어망을 끌어당겼다. 배가 해안가 어촌에 다가갈 때마다 태양볕 아래 금은사처럼 빛나면서 건조되는 다가를 쉽게 볼 수 있었다. 배가 새로운 승객과 짐을 싣기 위해 해안에 접근할 때면 여울물이 무지갯빛 비늘처럼 은청색으로 반짝거렸다.

모터가 걸핏하면 고장을 일으키는 통에 20킬로미터를 이동하는 데 자그마치 세 시간이 걸렸다. 모터가 고장 날 때마다 승객들은 뭐가 문제인지를 두고 왁자지껄하게 입씨름을 벌였다. 결국 남자들이 호주머니에서 칼을 꺼내 여기저기 수리했다. 다른 마을에 다니러 가는 길이던 밝은 무늬 천을 두른 여성들은 제 아기를 햇볕으로부터 보호하기 위해 승객들 틈바구니에서 아기를 이리저리 옮기거나 자신의 캉가*로 아기를 가리면서 애를 썼다.

드디어 배가 공원 해안가에 다다랐을 때, 곰베는 1960년 7월 16일 제인이 정부 소유의 알루미늄 배를 타고 어머니 밴, 사냥 감시원, 아프리카인 요리사와 함께 당도했을 무렵 보았던 것과 거의 유사한 모습이었다. 너비 10미터에 불과한 해변은 갈색 모래와 파스텔색 조약돌로 뒤덮여 있다. 산들은 해변에서 호수 위 2500미터 높이로 뾰족한 탑처럼 불쑥 솟아 있다. 산은 협곡과 개울로 갈라져 있고 골짜기에는 열대림이 빽빽하다. 밴은 가파른 경사와 빽빽한 숲에 소리 없이 놀랐다. 하지만 제인에게는 곰베가 꿈을 실현시켜 줄 동화 속 나라처럼 느껴졌다.

* 여성들이 치마처럼 두르거나 머리에 쓰는 화려한 무늬의 크고 가벼운 천.

숲은 타잔 영화의 세트장처럼 보인다. 낮은 경사면에는 야자수와 양치식물이 자라고, 그보다 조금 높은 경사면에는 30미터 높이의 나무들이 하늘을 찌를 듯 버티고 있으며, 숲의 차양부에는 덩굴식물이 서로 얼크러진 상태다. 햇빛은 나뭇잎 위로 쏟아지면서 땅바닥에 새끼 사슴 등 같은 얼룩을 만든다. 수풀이 우거진 경사면 위쪽의 산꼭대기는 누군가에게 올라오라고 손짓하고 있는 듯하다.

경사가 가파르기는 하지만 곰베는 안락한 장소다. 이곳 기온은 낮에는 30도 이상 올라갈 정도로 덥거나 15도 이하까지 내려갈 정도로 춥지 않다. 이곳은 6월에서 10월에 걸친 건기에 이르면 특히 전원적이고 목가적이다. 해변에서는 호수로부터 불어오는 산들바람이 태양열을 서늘하게 식혀 준다. 맑고 푸른 호수에서는 헤엄을 칠 수도 있다. 다른 아프리카 호수에 널리 서식하는 치명적인 빌하르츠 주혈흡충住血吸蟲이나 달팽이가 전혀 없기 때문이다. 계곡을 따라 차가운 개울물이 졸졸 소리 내며 흐른다. 개울물은 마실 수 있을 만큼 안전하다. 이곳에는 사람을 무는 곤충도 독사도 독초도 거의 없다. 찬란한 건기 때에는 샌들과 반바지 차림으로 돌아다닐 수 있을 만큼 청명하다.

배가 떠나갔을 때 내 귀에 들리는 거라곤 숨소리만큼이나 평화로운 파도소리뿐이었다. 거기서 불과 몇십 미터를 걸어가니 숲 가장자리에 닿았다. 그곳에서는 졸졸거리며 흐르는 카콤베냇가의 개울물 소리, 떨어질 듯 말 듯 달려 있는 마른 야자수 이파리가 바스락거리는 소리, 날카로운 새의 지저귐, 개코원숭이가 눈썹을 찌푸리며 켕켕거리는 소리 따위가 뒤섞여 들려왔다. 작은 도마뱀이 빗방울처럼 나무 아래로 후두둑 떨어졌다. 당도한 지 한 시간도 안 되어 숲 차양부를 이리저리 뛰어다니는 구릿빛 티티와 붉은꼬리원숭이, 밤알빛으로 반짝이는 수사슴, 나선형 뿔이 달린 염소 크기만 한 영양 따위를 얼핏얼핏 볼 수 있었다. 맑은 물이 흐르고 서늘한 그늘이 드리워지며 태양빛이 쾌청한 이곳 정글 천국에 들어오자 마치 어렴풋이 기억나는 꿈처럼 낯익은 고향에 온 듯한 따사로움이 느껴졌다.

이 위대한 모험에 착수하면서 제인은 고작해야 2~3년 정도면 충분할 거라고 막연하게 예상했다. 제인과 밴은 텐트, 양철 깡통, 침구류, 루이스에게 빌린 낡은 쌍안경, 양철 접시 두 개, 손잡이 없는 컵, 보온병 따위의 짐을 풀었다. 제인은 그 첫날밤 맛본 이상하리만치 경이롭고 초연한 느낌을 기억한다. "정부 소유의 배 위에 청바지 차림으로 서 있던 나는 불과 며칠 내로 야생 침팬지를 찾아 저 산을 뒤적이게 될 여성과 무슨 관련이 있었을까?" 그녀는 『인간의 그늘에서』에 이렇게 적었다. "하지만 잠자리에 들었을 때 이미 변화는 시작되었다." 그날 밤 그녀는 텐트에서 간이침대를 끌고 나와 하늘을 이불 삼아 잠을 청했다.

인류를 이해하는 방법으로 영장류를 연구한다는 것은 그 기원이 1920년대로 거슬러 올라가는 발상이다. 1924년부터 1943년

까지 예일대 영장류 생물학 실험실을 설립하고 운영해 온 미국인 심리학자 로버트 여키스는 침팬지를 '정신생물학의 보고'로 여겼다. 그의 견해에 따르면 침팬지는 '과학을 위한 봉사자'였다. 과학에 봉사할 수 있도록 인류는 "침팬지의 자연적 특성을 보존하기보다 침팬지를 지적으로 상술하고자 했다." 과학자들은 인간을 심리적으로 개조하고 더 행복하고 더 생산적으로 이끄는 새로운 방법을 고안하기 위해 침팬지를 인간 대용물로 실험에 활용하려고 했다.

영장류의 자연적인 삶을 연구하는 것은 주로 인간의 '인공적인' 문화와 언어가 놓여 있던 토대를 이해하려는 데 목적이 있었다. 하지만 이들, 소위 자연주의 연구*를 하는 이들조차 이따금 자신들이 그때껏 관찰해 온 '자연적인' 삶을 고의로 조작하고 통제했다. 1930년대 말 카요산티아고*에서 '놓아 기르는' 원숭이에 관해 진행된 클래런스 레이 카펜터의 연구는 그 시기 중요한 자연주의적 연구로 간주된다. 하지만 그의 연구 대상 원숭이 가운데 히말라야원숭이 450마리는 1938년 인도에서 생포되어 카요산티아고로 운반된 것이었다. 성적 분비물과 집단 내 지배관계를 연구하기 위해 그는 사회구조를 실험실용으로 교묘하게 조작했다. 어떤 실험에서는 기존 우두머리를 제거하고 새로운 우두머리를 등장시키는 일을 여러 차례 반복하기까지 했다. '자연주의

● 연구 대상의 행동을 실험 상황이 아니라 실생활 상황에서 관찰 및 기록하는 질적 연구.

◆ 서인도제도의 푸에르토리코 남동쪽에 위치한 작은 섬.

적' 연구도 히말라야원숭이 뇌에 실험적으로 전극을 주입하거나 수컷을 거세하는 인위적인 개입을 포함하고 있었다.

하지만 제인은 그날 밤 노천에서 잠을 자면서 아무런 실험도, 아무런 조작도 하지 않기로 마음먹었다. 그녀의 연구는 오직 신뢰만을 무기 삼아 접근했다. 제인은 침팬지가 침묵하는 그녀를 자신들 삶으로 받아들여 주기만 바랐다.

"우리는 곧 그들을 우리 존재에 익숙하게 만들기가 불가능함을 깨달았다." 영장류학자 버넌 레이놀즈는 우간다에서 아홉 달 동안 야생 침팬지를 연구한 후 1960년 이렇게 결론지었다. 그와 아내 프랜시스는 침팬지가 자신들에게 익숙해지기를 희망했지만 침팬지는 한사코 거부했다. 두 연구자를 보면 달아나기 바빴다.

헨리 니센도 마찬가지였다. 프랑스령 기니에서 49일 동안 연구했지만 도무지 가까운 거리에서 침팬지를 관찰하는 것은 불가능했다. 숨어서 그들을 지켜볼 수밖에 없었는데 자신을 가려 주던 나뭇잎이 오히려 침팬지 관찰을 방해하기 일쑤였다.

곰베로 떠나오기 전에 제인은 나이로비와 런던에서 야생동물 연구자들과 이야기 나눌 기회가 있었다. 그들은 한결같이 그녀에게 꿈을 이루지 못할 거라고, 침팬지는 결코 인간 연구자에게 익숙해지지 않을 거라고 김을 뺐다.

제인이 연구를 시작했을 때 동행한 탄자니아인 수색자 두 사람은 매일 침팬지가 있는 장소를 그녀에게 알려 주었다. 낮은 계곡 숲에 얼크러져 있는 덩굴식물을 헤치고 개울을 건너 산 경사면을 기어다니면서 일행은 '우우' 소리를 내는 침팬지를 뒤쫓아 다녔다. 처음에 제인은 그들을 멀리 떨어져 바라볼 수 있을 따름이었다. 그녀는 쌍안경을 통해 침팬지 집단이 모두 나무 기둥에 기어오른 것을 확인하고서도 여러 시간 후에야 뒤따라 올랐다. 침팬지가 움직이는 모습은 그들이 먹이로 삼는 음수룰라나무 이파리에 가려 잘 보이지 않았다. 제인과 두 수색자는 침팬지를 더 잘 보기 위해 접근하려 애썼지만 그들은 450미터쯤 떨어진 곳에서조차 세 인간을 보기만 하면 냅다 줄행랑을 쳐버렸다.

처음부터 제인은 동행 없이 혼자서 연구했으면 했다. 하지만 지방 정부* 관리가 한사코 젊은 영국인 처녀가 적절한 샤프롱◆도 없이 정글에서 연구하도록 허락하지 않았기 때문에 어머니가 함께 곰베에 와야 했다. 두 수색자도 사냥 감시인의 명령에 따라 제인의 안전을 위해 그곳에 머물면서 날마다 그녀와 동행했다. 숲에는 물소가 있었다. 제인은 어느 나무 등치에 생긴 상처 자국을 보았다. 돌진하는 자신을 피해 허둥지둥 나무 등치로 기어오른 어부를 보고 격노한 수컷 물소가 들이받은 자취였다. 그녀는 이따금 가까운 거리에서 표범을 맞닥뜨리기도 했다. 그들 가운데 한 마리는 그녀가 앉아 있던 장소에 깔끔한 똥 무더기를 남겨

---

* 당시 탄자니아는 영국 지배하에 있던 탕가니카였다. 후에 잔지바르와 합병 후 탄자니아가 탄생했다.

◆ 젊은 여성을 수행하는 여성 보호자.

놓았다. 침팬지 자체가 위험할 수도 있었다. 와하 부족민들은 그녀에게 이런 일도 있었노라고 일러주었다. 어떤 사람이 열매를 따려고 야자수에 올라가고 있었는데 거기에 수컷 침팬지가 있다는 것을 미처 눈치채지 못했다. 침팬지는 그 사람을 향해 나무 아래로 돌격하여 냅다 후려친 후 그의 눈을 못 쓰게 만들어 버렸다.

어찌 되었든 제인은 숲에 혼자 남기를 간절히 바랐다. 침팬지들이 단 한 사람을 받아들이기가 한결 쉬울 것 같았기 때문이다. 처음 몇 달은 아무런 진척도 없는 제자리걸음이었다. 그녀는 초조함 때문에 심리적 압박을 느꼈다. 루이스는 그녀에게 이후 여섯 달 정도 더 버틸 수 있는 자금 정도밖에는 마련해 주지 못했다. 그녀가 계속 나뭇잎 뒤에 숨어 털이 북슬북슬한 팔을 뻗어 과일을 따 먹는 침팬지 모습을 몇 번 힐끗 쳐다보았다고 보고할 수밖에 없다면, 더 이상 돈을 지원받기는 어려운 상황이었다. 그즈음 제인은 수양아버지 루이스에게 이런 편지를 써 보냈다. "우울해요. 침팬지는 보이지 않고 돈은 떨어져 가고……. 침팬지는 어디론가 종적을 감추고 저는 자꾸 몸이 아파요. 휴, 모든 게 우울해요." 그녀는 편지 말미에 '낙심하고 슬픈 수양딸로부터'라고 서명했다.

연구를 시작하고 석 달째 접어들었을 때 제인과 밴은 말라리아에 걸렸다. 지금까지도 알 수 없는 노릇이지만 키고마에 있는 의사가 곰베에는 말라리아가 없다고 큰소리로 장담했기에 그들은 말라리아 약을 아예 준비도 하지 않았다. 모녀는 매일 밤 40도가 넘는 고열에 시달렸다. 거의 2주가 지나고 마침내 열이 내리자 제인은 동이 틀 무렵 텐트 밖으로 혼자 몰래 빠져나왔다. 그녀는 텐트 두 개로 이루어진 캠프 위에 곧게 솟은 산을 향해 걸음을 옮겼다.

20분쯤 올라가자 호수 위 300미터 부근에 탁 트인 전경이 한 군데 나타났다. 크고 평평한 바위 하나가 숲으로 뒤덮인 발아래 계곡을 굽어볼 수 있는 훌륭한 자리 구실을 해 주었다. 그곳은 숨기에 전혀 유리한 장소가 아니었다. 정상 시력을 가진 동물이라면 누구나 400미터 정도밖에 떨어지지 않은 거리에 사람이 서 있는 모습을 볼 수 있는 곳이었다. 올라오느라 가슴이 방망이질을 쳤다. 제인은 다리를 포개고 조용히 그 자리에 앉았다.

그곳에 앉은 지 15분도 채 되지 않았을 무렵 내려다보이는 산골짜기에, 그러니까 불과 70여 미터 정도밖에 떨어지지 않은 곳에 침팬지 세 마리가 모습을 드러냈다. 그들은 뭔가 생각하는 듯이 그 자리에 서서 그녀를 올려다보았다. 그러고는 이내 괘념치 않는다는 듯 움직이기 시작했다. 조금 있다가 또 한 무리의 침팬지가 비명을 지르고 '우우' 소리를 내면서 맞은편 산 경사면을 질주해 계곡으로 내려가 무화과를 따 먹는 모습이 보였다. 20분쯤 지나자 또 다른 무리가 그 벌거벗은 산골짜기에 다시 나타났다. 그들도 발걸음을 멈추고 그녀를 물끄러미 올려다보더니 이내 유유히 사라졌다.

그때 제인은 깨달았다. 그 봉우리가 마치 "나는 여기에 있다. 나는 너희들을 해치지 않는다. 나는 다만 너희들을 기다리고 있을 뿐이다." 하고 약속을 건네는 것처럼 그들에게 자신의 존재를

과학자들

알릴 수 있는 제단임을. 그날은 바로 제인의 연구에 있어 분기점이 되었다.

그녀는 매일 여명 전에 그 봉우리로 성지순례를 떠났다.(이 봉우리에 대해 말할 때면 제인은 언제나 첫 글자를 대문자로 쓰며 신성시한다.) 이제 더 이상 수색자들이 그녀와 동행할 필요가 없었다. 거기에서는 제인이 안전하다는 것을 그들도 알게 되었다. 그녀는 어슴푸레 동이 틀 무렵 옷가지나 보온병을 들고 옷을 입지 않은 채로 그 산에 올랐다. 새벽이슬에 젖거나 체온이 떨어지지 않게 하기 위해 옷가지를 손에 들고 가긴 했지만 그보다 다리에 부딪치는 젖은 풀의 감촉과 몸을 감싸는 차가운 어둠을 좋아했기 때문에 그렇게 했다. 그것은 마치 신성한 장소로 가기 전에 치르는 정화의식 같았다. 사람들은 그곳을 '제인 봉우리'라고 불렀다.

거기에서 늘상 똑같은 칙칙한 색깔의 옷을 입은 채 제인은 한 번 앉으면 정물처럼 거의 움직이지 않았다. 자신의 존재를 분명하게 드러내 보이면서 제인은 침팬지에게 약속을, 주문을, 헌사를 반복했다. "나는 여기에 있다. 나는 너희들을 해치지 않는다. 나는 다만 너희들을 기다리고 있을 뿐이다."

침팬지들은 거의 매일 계곡으로 무화과 열매를 따 먹으러 내려가면서 무심하게 제인 옆을 지나쳤다. 그녀는 점차 그들 속에서 각 개체를 분간해 낼 수 있게 되었다. 그녀가 처음 한 행동은 에덴동산의 아담처럼 그들에게 각각 이름을 붙여 주는 일이었다. 머리가 벗겨진 나이든 수컷 미스터 맥그리거는 베아트릭스 포터의 동화 『피터 래빗』에 나오는 정원사를 떠오르게 했다. 그녀는 어떤 암컷에게는 숙모 이름을 따서 '올리'라는 이름을 붙여 주었다. 한창때라서 엄청나게 힘이 센 어느 수컷은 '골리앗'이라고, 점잖고 잘생긴 그의 친구는 '데이비드 그레이비어드'라고 불렀다. 종종 그녀는 골리앗의 몸이 흥분에 휩싸일 때면 털이 뻣뻣하게 선다는 사실도 알게 되었다. 그럴 때 데이비드 그레이비어드는 친구의 팔을 감싸거나 그의 사타구니를 부드럽게 만져 주곤 했는데, 그러면 골리앗의 털은 거짓말처럼 이내 다시 부드러워졌다.

초기 자연주의자와 동물 연구자는 침팬지를 난폭한 짐승으로 묘사했다. 그들이 남긴 기록은 침팬지의 광기 어린 비명, 살인적인 분노, 느닷없고 파괴적인 행동 등을 부각시켰다.

"그들은 무리 지어 다니면서 숲을 거닐던 흑인을 수도 없이 죽였다." 아프리카 여행자 앤드루 배텔은 1623년에 출간한 『그의 순례자들His Pilgrims』에 이렇게 썼다. "침팬지는 코끼리를 죽일 수 있을 만큼 힘이 세고 사악하다. 침팬지는 자신들이 있는 곳으로 코끼리가 먹이를 구하러 다가오면 곤봉처럼 생긴 주먹과 나무 몽둥이로 패서 포효하며 도망가게 만든다."

17세기에 나온 또 하나의 텍스트에도 이런 내용이 적혀 있다. "이 원숭이들은 얼굴이 못생겼다. 침팬지는 매우 사악하며 뻔뻔스럽다. [……] 또 인간을 공격할 정도로 대담하다."

하지만 사람들이 난폭하고 광기 어리고 살인적이라고 여긴 침팬지를 관찰하면서 제인은 온유한 애정 어린 몸짓, 평온을 추구하는 그들의 삶에 깊은 감명을 받았다. 이러한 지각상의 차이는 심리학자 수전 폴록과 캐럴 길리건이 수행한 연구를 생각나게 한다. 그들은 여성과 남성에게 각각 공중그네를 타고 있는 곡예사 사진을 보여 주고 그 이미지와 관련해 이야기를 하나씩 만들어 보라고 요청했다. 남성 응답자는 주로 폭력과 배신을 주제로 삼았다. 어떤 남성은 곡예사 한 명이 고의로 동료 곡예사를 떨어뜨려 결국 죽음에 이르게 하는 장면을 상상하기까지 했다. 반면 여성은 신중하고 온화하게 함께 일하는 두 곡예사 이야기를 지어 냈다. 많은 여성은 사진에서는 보이지 않았던 '안전망'을 자신의 이야기에 포함시켰다.

제인 봉우리에서 그녀는 침팬지들이 껴안거나 입을 벌리고 키스하는 식으로 서로 인사하는 장면을 지켜보았다. 어느 침팬지는 빅토리아시대의 귀부인처럼 키스하라고 손을 내밀기도 했다. 사람들이 거리를 걸어갈 때 하는 행동처럼 그들은 서로 손을 잡고 다니기도 했다. 제인은 땅거미가 질 무렵 침팬지들이 나무 꼭대기에 나뭇잎으로 호사스러운 둥우리를 만드는 광경도 지켜보았다. 시간이 좀 지난 후 제인은 침팬지가 떠나고 없는 낮 동안 그 둥우리에 접근해 보았다. 거기에서 제인은 나뭇가지와 나뭇잎을 정성껏 엮어 만든 푹신한 부드러움을 느낄 수 있었다. 그녀는 침팬지가 때로 머리에 받칠 베개를 만든다는 사실도 알아냈다. 새끼를 제외한 개체들은 나무 꼭대기에 지은 둥우리에서 혼자 잠을 잤다. 새끼는 어미 둥우리에서 어미 품속에 몸을 구부린 채 잠들었다.

제인은 '우우' 하는 침팬지의 '광기 어린 비명'이 열매가 가득 달린 나무를 발견했다는 사실을 일행에게 알리느라 즐거워서 지르는 소리라는 것도 알게 되었다. 이따금 그들은 흥분하면 즐겁게 축하를 나누는 것처럼 서로 꼭 껴안기도 했다. 어느 침팬지는 조심성 많은 노련한 야채 가게 여주인처럼 열매를 따기 전에 엄지손가락과 나머지 손가락을 맞대 눌러서 열매가 얼마나 잘 익었는지 확인했다.

제인은 침팬지가 먹는 과일을 맛보기도 했다. 그 과일 중에는 몹시 신맛이 나는 것도 있었다. 흰개미를 먹어 보기도 했는데 맛은 별로였다. 하지만 그녀는 침팬지의 감각 세계와 그들의 느낌을 공유하기 시작했으며 인간이 먹기에는 너무 시다고 느껴져도 그들 감각에 따라 "달콤한 과일이 가득 달린" 나무라고 표현할 수 있게 되었다. 침팬지들이 서로를 쓰다듬으며 앉아 있거나 상대에게 즐거움을 주려고 몰두할 때면 제인은 그들의 온몸에 퍼져 있는 평온을 더없이 잘 느낄 수 있었다.

제인은 보고 관찰한 내용을 노트에 적었다. 밤에 캠프로 돌아와서는 요리사 도미니크가 준비한 저녁을 들면서 어머니와 뉴스를 주고받았다. 도미니크는 구덩이 오븐에 빵을 굽고 키고마에서 구입한 통조림 고기와 신선한 야채로 스튜를 장만했다. 관리인은 그녀 옷을 빨아서 다가 냄새가 풍기는 해변에 널어 말린 다음 뜨거운 석탄을 채운 손 다리미로 다려 주었다.

제인이 침팬지를 관찰하는 동안 어머니 밴은 베이스캠프에서 지역 어민들에게 아스피린이며 붕대를 나눠 주는 일종의 클리닉을 시작했다. 저녁식사 후 제인은 등유 램프 불빛에 의지해 타자를 치면서 자신이 기록해 놓은 메모를 이야기로 풀어 적었다. 때로 그녀는 침팬지와 좀더 가까워지기 위해 '제인 봉우리'에서 밤을 보내곤 했다.

곰베 생활을 시작한 지 다섯 달째에 밴이 떠났다. 제인은 처음에는 다소 외로웠지만 몇 주 내로 이내 자신의 고독과 특히 봉우리에서 지낸 밤을 소중히 여길 수 있게 되었다. 그녀는 수색자들에게 통조림콩, 머그잔과 약간의 커피, 담요, 스웨터를 담은 가방을 봉우리까지 가지고 올라오도록 부탁했다. 이것이 제인의 사치품이었다. "숲에 갑자기 깔리는 황혼에는 특별한 매혹이 있습니다. 낮 소리가 더욱 신비한 밤 소리에 자리를 내줍니다. 나는 완전한 고독과 평화 속에서 나를 둘러싼 산의 세계를 느꼈습니다." 제인은 나중에 봉우리에서 보낸 밤을 이렇게 묘사했다.

연구가 다섯 달째 접어들었을 때 제인은 전 세계를 흥분에 빠뜨린 두 가지 중대 발견을 한다. 그녀는 "그 두 가지를 두고 특히 데이비드 그레이비어드에게 감사한다."라고 했다.

어느 날 데이비드 그레이비어드가 암컷 한 마리, 어린것 한 마리와 함께 나뭇가지에 앉아 있었다. 암컷과 어린것은 구걸하듯이 그의 입을 향해 손을 쭈욱 뻗었다. 데이비드 그레이비어드의 입속에는 분홍색 물체가 들어 있었다. 제인은 고깃덩이임을 직감했다.

데이비드 그레이비어드는 나뭇잎과 함께 그 고깃덩이를 씹어 암컷 손에 뱉어 주었다. 그가 살 조각을 땅에 떨어뜨리자 어린 것은 주우러 달려갔다. 그때 성숙한 덤불멧돼지가 큰 나무 아래 덤불에서 튀어나와 어린 침팬지에게 달려들었다. 그제야 제인은 성숙한 덤불멧돼지가 줄무늬 있는 새끼 세 마리와 함께 있는 것을 보았는데 그 가운데 한 마리가 데이비드 그레이비어드에게 잡아먹힌 상황임을 알아차렸다.

그때까지 과학자들은 침팬지를 채식주의자라고만 생각해 왔다. 그들이 곤충, 혹은 작은 쥐나 다람쥐 같은 설치동물로 음식물을 다소 보충했을 수는 있다고 짐작했지만 아무도 침팬지가 그렇게나 큰 포유동물을 사냥하고 죽이고 먹으리라고는 상상조차 하지 못했다.

그 사실을 발견한 지 2주 정도 지났다. 봉우리로 올라가는 길에 제인은 50~60미터 정도 떨어진 풀밭에서 다시 데이비드 그레이비어드를 보았다. 쌍안경 속에서 제인은 그가 흰개미 둥지에 긴 식물 줄기를 밀어 넣은 채 붉은 흙무더기 옆에 앉아 있는 모습을 보았다. 몇 분 후 데이비드 그레이비어드는 식물 줄기를 꺼내 그 끝에 달린 뭔가를 입술로 홱 잡아챘다.

제인은 흰개미 흙무더기 주변에서 일주일 이상을 기다렸다. 여드레 되는 날 드디어 데이비드 그레이비어드가 골리앗과 함께 다시 나타났다. 그들은 열심히 낚시한 식물 줄기 끝을 훑어 먹었다. 세심하게 새로운 식물 줄기, 작은 가지, 덩굴 등을 골랐고 멀리서 '예비용'을 모아 오기도 했다. 제인은 그들이 조심스럽게 나

오솔길을 따라 걷는 인간처럼 침팬지도 더러 열을 지어 걷곤 한다.

뭇잎을 떼어 내며 정성껏 작은 가지를 다듬는 모습도 보았다.

제인은 자신이 발견한 두 가지 사실을 즉시 루이스에게 해외 전신으로 알렸다. "침팬지도 인간처럼 큰 포유동물을 사냥해서 먹을 줄 알고, 그 사냥감을 서로 나누어 먹을 줄도 압니다. 또 인간처럼 도구를 사용할 줄도, 만들어 쓸 줄도 압니다."

공교롭게도 제인의 연구를 초기 몇 달 동안 지원해 준 윌키 형제 재단은 절단하는 기구, 기계, 공정 등을 제작하는 일을 하는 리튼 윌키와 로버트 윌키 형제가 설립한 기관이다. 윌키 형제는 도구를 제작하고 사용하는 것은 인간만이 지닌 특징이라고 확신했다. 형제가 루이스와 그의 프로젝트에 관심 갖게 된 것도 다름 아닌 루이스가 발견한 초기 인류의 원시 도구들 때문이었다. "인간은 도구를 사용하는 동물이다. [……] 도구가 없으면 인간은 아무것도 아니다. 하지만 도구가 있으면 인간은 무엇이든 될 수 있다." 재단이 발행한 소책자에는 이렇게 쓰여 있다. 당시에는 인간을 정의하는 데에서 도구 사용을 매우 중요한 부분으로 여기고 있었다. 제인의 소식을 들은 뒤 루이스가 즉각 답장을 썼다. "나는 이런 정의를 고수하고 있는 과학자들이 이제 다음 세 가지 가운데 하나를 선택해야 하는 상황에 직면했다고 생각한다. 인간을 재정의하든가, 도구를 재정의하든가, 정의상 침팬지를 인간으로 받아들이든가……."

루이스는 자기 제자의 연구 결과를 두고 내셔널 지오그래픽 협회에 이런 편지를 띄웠다. "첫 18개월간 진행한 연구에서 제인은 과학적으로 가장 중요한, 정말이지 뛰어난 발견을 했습니다." 루이스의 영원한 자금줄 내셔널 지오그래픽 협회는 연구를 계속할 수 있도록 즉각 500파운드, 즉 당시 가치로 1500달러에 상당하는 금액을 제공했다.

　한편 루이스는 제인의 연구 결과가 진지하게 받아들여지려면 그녀가 적절한 학위를 가지고 있어야 한다고 판단했다. 당시 그녀는 런던에 있는 비서 학교 졸업장만 달랑 소지한 상태였다. 루이스는 케임브리지 대학과 이례적인 협상을 벌였다. 통상적인 학사학위는 건너뛰고 케임브리지 대학 교육 과정 가운데 몇 학기만 들은 후 동물행동학 분야의 박사 논문으로 그녀의 연구 보고서를 제출하기로 한 것이다.

제인에게는 이것이 주변에 엄청난 폐를 끼치는 행위로 여겨졌다. "난 박사학위를 바라지 않았어요. 케임브리지에서는 가능한 한 가장 적은 시간만 보내려고 했습니다." 1962년 그 생활을 시작할 때부터 1965년 논문이 통과될 때까지, 지루하기 짝이 없던 케임브리지에서 보내는 여러 학기 때문에 곰베에서의 관찰은 점점 더 엉망이 되었다. 그녀는 당시를 춥고 음울한 느낌, 동파된 수도관, 침팬지와 함께 있고 싶다는 갈망 등과 함께 떠올린다. 반복적으로 '너는 완전히 잘못하고 있다.'는 말을 다소곳이 듣고 있어야 했던 수모도 생각난다.

초기 18개월 동안 제인은 측량으로 연구를 수량화하지는 않았다. 그녀는 숫자가 아니라 언어를 기록했다. 어떤 이론을 가지고 시작하지도 않았다. 대신 자기 앞에 펼쳐지는 드라마를 기꺼이 수용하면서 보고 느낀 것을 그대로 적었다. 그녀는 어떤 일반적인 전형이 아니라 각 개체에 초점을 맞추었다. 제인의 침팬지는 숫자화된 것 가운데 하나가 아니라 각 이름으로 명명되었다. 동물행동학이 점점 더 이론적이고 비인격화되고 실험적으로 통제되고 통계화되고 있던 때 그녀는 직관적이고 인격적이고 수용적인, 그리고 내러티브적인 접근법을 고집했다.

제인의 접근법은 지배보다 관계, 일반성보다 개체성, 통제보다 수용을 강조하는 것으로 여성이 일반적으로 세계를 바라볼 때 취하는 접근법과 같았다. 그런데 그것은 학계에서 거부당했고 바로 그 이유로 개성적인 것이 되었다. 그녀는 이러한 여성적인 접근법을 남성의 시각과 가치에 의해 좌우되고 규정되어 온 현장 연구에 적용한 것이다.

여성은 좀처럼 현장 영장류학을 연구하지 않았다. 여성이 그런 연구를 했다면 분명 박사 남편이 동반한 경우였다. 여성의 이름은 현장 연구에서 나온 과학 논문의 감사의 말에 등장하거나, 더 드물게는 공저자 가운데 하나로 등재될 뿐이다. 『영장류의 시각Primate Visions』의 저자인 생물학자 도나 해러웨이는 과학 문헌을 광범위하게 검색한 결과 1960년 이전에 박사학위를 받은 여성 영장류학자의 저서가 단 한 권도 없다고 밝혔다.

제인의 케임브리지 대학 지도 교수 로버트 힌데는 그녀의 방법론에 당혹감을 표했다. 힌데는 그녀에게 측량하여 수량화할 것과 양적인 분석을 할 것을 강요했다. 그는 "곰베로 돌아가면 침팬지가 음식을 먹는 장소와 그들이 노니는 숲 차양부 사이의 거리를 측정하라."라는 식으로 제안했다. 힌데는 내러티브가 아니라 숫자만이 과학적 진실을 말해 줄 수 있으며, 직관이 아니라 통계만이 경험적 실재를 보여 줄 수 있다고 끈질기게 설득했다.

존경받는 영국 동물행동학자 힌데는 당시 자연주의자에서 과학자로 변신하려고 분투하는 그 분야 종사자들 가운데 선두에 서 있었다. 독학했던 19세기와 20세기 초 대표 연구자로 꼽히는 자연주의자는 다만 노트에 휘갈긴 글씨로 기술할 뿐이었다. 한편 1960년대에는 흰 가운을 입은 명민한 젊은 남성 과학자들이 새로 부상하면서 세계 구원자로 여겨졌다. 논리의 안내를 받고 측량과 실험을 추구하는 이들 과학자는 우주에 대한 인간의 통제력이 커지면서 인류의 삶이 더 용이해지고 더 편안해지고

과학자들

더 생산적이고 풍요로워질 거라며 '위대하고 크고 아름다운 내일'을 이룩할 대발전을 약속했다.

힌데는 동물생물학을 그 창시자인 콘라트 로렌츠가 계획했던 것과는 전혀 다른 방향으로 이끌어 가던 젊은 터키인이었다. 바이에른 출신의 자연주의자 로렌츠는 각인刻印, imprinting이라는 현상을 발견한 것으로 가장 잘 알려져 있다. 각인이란 갓 부화한 오리 새끼와 거위 새끼가 그게 무엇이든 처음 본 움직이는 존재를 따라다니며 그것을 제 어미로 인식하고 그에 반응한다는 이론이다. 1989년 2월 로렌츠의 부고에 달린《뉴욕 타임스》1면 사진은 그가 가장 좋게 기억될 때 찍은 것이다. 그는 흰 턱수염을 기른 나이 든 남자 모습이고, 그를 어미라고 각인한 거위 새끼 한 무리가 그의 뒤를 종종 쫓아가고 있다.

로렌츠는 동물행동, 특히 새의 정형화된 자연 행동의 기본 원리를 발견하고 그것을 명명했다. 그는 동물도 생각하고 감정이 있으며 동기를 지닌다고 굳게 믿었다. 그의 발견 대다수는 단 한 번의 실험으로 얻어진 게 아니었다. 그는 야생에 사는 어떤 동물의 행동에도 개입하려 들지 않았다. 예리한 관찰자로서 그는 자연적인 동물 행동의 게슈탈트gestalt*를 밝히기 위해 자신의 감각, 직관, 그리고 수천 시간에 걸친 관찰에 의존했다.

하지만 1950년대 말 로렌츠의 영향력은 점차 수그러들었다. 새로운 동물행동학은 주로 그의 친구이자 동료이며 말벌과 여타

●　부분이 모여 이루어진 전체 형태가 아니라 완전한 구조와 전체성을 지닌 통합된 전체로서 형태.

곤충에 관한 연구로 유명한 니코 틴베르헌의 작업으로 특징 지어지는 실험실 과학이 주도했다. 자연주의 연구자가 현장 노트에 기반한 내러티브를 보여 주는 것만으로는 더 이상 충분하지 못했다. 새로운 동물행동학은 문제 지향적이고 양적이며 실험실 중심적이었다. 구식의 자연주의자는 이제 '나비 수집가' 정도로 간단히 무시당했다. "나비 수집은 더이상 과학의 본분에 맞지 않는 일이다." 당시 남편 어빈 드 보레와 케냐에서 개코원숭이를 연구하던 낸시 드 보레는 "무엇을 하고 있는지 알려 주는 이론과 그것을 뒷받침하는 숫자를 확보하지 못한다면 이제 보는 것을 죄다 기록하는 것만으로는 결코 충분하지 않다."라고 말했다.

당시 정황에 비추자면 제인이 곰베에서 18개월 동안 수집하여 신중하게 진술하고 꼼꼼하게 타자한 850쪽의 관찰 노트는 그저 방대한 총천연색 나비 수집이나 다름없었다. 아무튼 그녀는 각 동물 개체들, 즉 새끼와 놀고 있는 플로, 화가 난 골리앗을 손으로 만지면서 위로하고 있는 데이비드 그레이비어드, 더 지배적인 개체 앞에서 몸을 굽실거리며 낮은 소리로 툴툴거리고 있는 소심한 올리 등의 초상을 수집했다.

처음부터 제인은 개체 간 차이에 초점을 맞추었다. "여성은 범주화에 반대하고 구체적인 것을 주장하려는 경향이 있다."라는 캐럴 길리건의 지적처럼 이것 역시 여성적 특성이다. 남성은 사물을 이론, 법칙, 규칙에 따라 분명하게 배열된 것으로 본다. 하지만 여성이 내리는 의사결정은 "맥락 속에서 이루어진 것으로 특정 시기와 특정 장소에 국한된 판단이다." 길리건은 심리학 이

172   과학자들

론과 여성의 발달에 관한 책『침묵에서 말하기로』에서 이렇게 설명했다.

하지만 개체 간 차이를 연구하는 것은 1960년대에 설정된 동물행동학 목적에 분명히 반한다. 여우원숭이 연구로 잘 알려진 영장류학자 앨리슨 졸리는 "오늘날 개체성을 인식하지 않는 건 생각지도 못할 일"이지만 제인이 케임브리지에서 수학하던 때와 거의 같은 시기였던 대학원 시절에는 "과학자들이 '성숙한 수컷 전체', '성숙한 암컷 전체', 즉 '전형'에 대해 말하도록 끊임없이 강요당했다."고 기억한다. 당시의 동물행동학은 상이한 반응을 낳는 개체들의 동기보다 주로 보편적인 행동의 기저를 이루는 '메커니즘'을 찾는 데 골몰했다. 연구 대상 동물을 생각하고 느끼는 개체보다 하나의 '모델'로 간주했기 때문에 그들은 대개 개체별로 이름이 붙여진다기보다 총량으로 수량화되었다. 제인이 연구 대상 동물에게 이름을 지어 준 최초의 연구자가 아니었음에도(어빈 드 보레가 일찍이 1958년에 연구 대상 개코원숭이에게 이름을 붙여 주었다.) 주류 과학자들은 그녀가 그렇게 하는 것에 여전히 난색을 표했다. 제인이 처음으로 과학 논문을 제출한 학술지《뉴욕 과학원 연보》는 그녀에게 침팬지 이름을 붙이지 말고 그들을 수량화해 달라고 요구하면서 논문을 반려했다. 잡지 편집자는 제인이 'he', 혹은 'she'라고 표현한 것을 모두 'it'으로, 'who'라고 쓴 것을 전부 'which'로 고쳐 놓았다. 제인은 교체하는 데 반대했고 어쨌든 논문은 원안대로 발표되었다.

그녀 방법론에 대한 시비 논란과 별개로 곰베에서 발견한 내용들은 너무나 극적이고 중요해서 무시할 수 없는 것이었다.《내셔널 지오그래픽》에 실은 글 덕분에 제인이 일약 스타로 떠오르면서 학계는 자만심에 크나큰 손상을 입었다. 도대체 이렇게 젊은 여성 아마추어가 무슨 권리로 이론을 위해 수십 년간 온갖 연구와 치밀한 방법론에 헌신해 온 기존 학자들이 누리던 스포트라이트를 일거에 앗아간단 말인가? 제인이 자신들 세력권을 침해한다고 느끼는 남성 박사들이 제인을 따돌리자고 쑥덕거리면서 그녀를 공격하는 분위기가 짙어졌다.《내셔널 지오그래픽》편집자 메리 스미스는 많은 과학자가 제인을 행실이 방정치 못한 금발의 여자라며 터무니없는 흉을 봤다고 했다. 그녀는 "제인이라는 이름 때문에 '나는 제인, 너는 타잔, 그리고 유인원들' 이런 우스갯소리를 지어내기가 쉬웠다."고 덧붙였다.

비루테는 UCLA 학부생이었을 때 여자 교수 하나가 제인의 성공에 대해 이렇게 비아냥거렸다고 기억한다. "제인이 그렇게 유명해진 것은 오로지 짧은 반바지 아래 드러난 날씬한 다리 사진 때문일 뿐이야." 여러 해가 지난 후 비루테가 제인에게 이 이야기를 들려주자 그녀가 말했다. "난 그런 일로 마음 상하지 않아. 정말 더 이상 그런 말은 귀담아듣지 않아."

제인은 자기에게 조언하는 말에 모두 주의를 기울이지는 않았다. 그녀는 사람들의 이야기에도 아랑곳하지 않고 자신이 관찰한 내용을 처음에는 노트에 적고 나중에는 녹음기에 담아 두는 식으로 주로 내레이터로서 기록하는 일을 이어 갔다. 또 계속 개체 간 차이에 초점을 맞추었으며 연구 대상 침팬지에게 이름을 붙여 나갔다. 제인은 케임브리지 대학 동료들, 특히 지도교수 로버트 힌데와 불화하던 초기 시절에 대해 이야기하기를 내켜 하지 않는다. "힌데 교수는 이제 어쨌든 완전히 달라졌어요." 그녀는 과거는 잊고 싶다는 듯이 서둘러 말을 끝낸다. 힌데는 현재 제인의 절친한 친구가 되었고 그녀 이름을 딴 제인 구달 연구소 고문으로 있다.

초기에 그들 의견이 일치하지 않았음에도 제인의 논문은 통과되었고 그녀는 1965년에 박사학위를 취득했다. 그녀의 박사학위가 통과되지 않았다면 케임브리지 대학은 큰 낭패를 당할 수도 있었다. 당시 그녀의 작업은 《내셔널 지오그래픽》에 집중 연재 중이었고, 그녀는 1963년과 1964년 두 차례에 걸쳐 과학에 끼친 공로를 인정받아 내셔널 지오그래픽 협회가 주는 프랭클린버 상을 수상한 바 있었기 때문이다. 하지만 그녀 논문은 과학자들 사이에서는 그다지 폭넓은 존경을 받지 못했다. 제인의 뒤를 이어 박사학위를 따려고 케임브리지 대학에 입학한 다이앤은 "지금 제인의 논문은 대학에서 무엇을 하지 말아야 하는지 보여 주는 가장 완벽한 예로 거론되고 있다."는 편지를 자신의 친구인 슈바르첼 부부에게 써 보내기도 했다.

사람들이 오늘날에도 이런 비판을 한다면 제인은 평상시보다 다소 언성을 높여 이렇게 대꾸할 것이다. "나는 그들 생각에 조금도 신경 쓰지 않았어요. 그들은 잘못되었고 내가 옳았으니까. 그들의 평가 가운데 어느 것도 심각하게 검토해 보지 않았던 게 다행이었어요. 박사학위에 그다지 개의치 않았듯이 그것 역시 상관없었어요. 나는 그들 말을 귀로는 듣고 있었지만 결코 그들이 말하는 대로 하지 않았거든요. 그리고 다시 곰베에서 하던 일로 되돌아왔어요."

———————

크리스마스 후 제인이 곰베에서 보낸 첫해 우기에 침팬지는 그녀에게 점차 대담하게 다가왔다. 제인은 비명을 지르며 뒹구는 침팬지들, 검은 형상과 누런 이빨로 자신에게 화난 목소리를 외치는 침팬지들에 둘러싸여 있곤 했다. 그들은 털을 뻣뻣이 세운 채 나뭇가지를 흔들며 위협하다가 으르렁거리는 목소리를 허공에 떠다니게 하고는 사라지기도 했다. 언젠가 제인이 비를 피할 목적으로 만들어 놓은 플라스틱 시트 아래 반듯이 누워 있을 때였다. 거대한 수컷 하나가 다가오더니 느닷없이 커다란 손으로 그녀 머리를 세게 후려쳤다. 제인이 서서히 몸을 일으키자 그는 후다닥 달아났다. 제인은 안도감을 느끼면서 승리감에 젖어 들었다. 일종의 접촉이었던 것이다.

케임브리지 대학에서 첫 학기를 마치고 돌아온 후 제인은 침팬지들이 자신에게 더 익숙해져 있음을 느꼈다. 이제 그녀는 숲에서 이리저리 그들을 따라다닐 수 있게 되었다. 데이비드 그레이비어드는 특히 그녀가 따라다니는 것을 잘 참아 주고 그녀에게 아량을 베풀었다. 어떤 때는 그녀의 동행을 반기는 것처럼 느껴질 정도였다. 제인이 덩굴식물에 발부리가 걸려 넘어지거나 너

과학자들

무 무성하게 자란 풀숲에서 고전할 때면 그는 마치 친구 골리앗이나 윌리엄에게 하듯이 발걸음을 멈춘 채 그녀를 돌아보면서 따라잡을 수 있도록 기다려 주었다.

제인은 데이비드 그레이비어드와 단독으로 많은 시간을 보냈다. 어느 날 그와 함께 개울 옆에 앉아 있을 때였다. 제인은 붉은 야자수 열매가 땅에 떨어져 있는 것을 발견하고 주워 들어 그에게 건넸다. 그는 처음에는 머리를 돌려 외면했다. 하지만 그녀가 더 가까이 손을 내밀자 "열매를 쳐다보고 다시 나를 쳐다보더니 그것을 받아들면서 동시에 부드럽게 내 손을 꼭 잡았다. 내가 움직이지 않고 가만히 있자 내 손을 놓고는 그 열매를 내려다보더니 땅에 떨어뜨렸다." 제인은 『인간의 그늘에서』에 당시를 이렇게 적었다.

데이비드 그레이비어드는 제인이 준 선물은 필요하지 않았기 때문에 받지 않았다. 하지만 그는 그녀에게 훨씬 심오한 선물을 건네주었다.

그 순간 아무런 경계심도 없던 그와의 소통을 이해하기 위해 어떠한 과학적 지식도 필요하지 않았다. 그는 손가락을 부드럽게 내리누르면서 머리가 아닌 보다 원초적인 정서적 채널을 통해 내게 말을 걸어오고 있었다. 인간과 침팬지가 각각 상이한 진화를 겪었던 헤아릴 수 없는 긴 세월 동안 두 종 사이에 가로 놓인 장벽이 그 몇 초 동안만큼은 완벽하게 무너졌다.

또 다른 어느 날 저녁, 제인이 캠프로 돌아오자 요리사 도미니크 가 흥분에 들떠서 말했다. 거대한 수컷 침팬지가 캠프로 걸어 들 어와 텐트 가까이에 있는 야자수 열매를 한 시간 동안이나 따먹 었다는 것이다.

다음 날 제인은 캠프에 남아 있었다. 오전 10시쯤 그 야자수 열매에 오르기 위해 텐트 주변을 걸어 지나간 것은 다름 아닌 데 이비드 그레이비어드였다. 그는 야자수에 열매가 달려 있는 동안 매일매일 캠프를 찾아왔다. 그녀는 『인간의 그늘에서』에 이렇게 썼다. "야자수 열매를 맛있게 먹어 대는 수컷 한 마리를 지켜보면 서 얻을 수 있는 정보에는 한계가 있었지만 오직 그렇게 가까이 에서 아무 두려움 없이 그를 바라보는 게 너무 기뻐서 이따금 캠 프에 남아 그를 기다리곤 했다."

캠프에 있는 다른 야자수가 열매를 맺기 시작하자 데이비드 그레이비어드는 다시 찾아왔다. 제인이 테이블 위에 바나나를 하나 놓아 둔 어느 날, 그는 털을 세우면서 대담하게 그것을 확 낚아채 갔다. 그 후 제인은 도미니크에게 데이비드 그레이비어드 가 주변에 보일 때마다 바나나를 남겨 놓아달라고 당부해 두었 다. 그는 정기적으로 캠프에 오기 시작했다. 때로는 높은 계급인 친구 골리앗을, 나중에는 소심한 윌리엄을 데리고서.

이 무렵 휴고 반 라윅이 곰베에 왔다. 바나나는 이 사진작가 에게 뜻밖의 행운을 안겨 주었다. 곰베 침팬지를 사진에 담으려 는 제인의 여동생 주디 구달의 노력은 비가 계속 내리고 침팬지 가 자꾸 도망치는 바람에 허사로 돌아갔었다. 반면 휴고는 운도 기술도 더 좋았다. 침팬지는 바나나 무더기에 이끌려 정기적으로 캠프를 찾았다. 휴고가 카메라를 들이대기도 전에 그들은 그 과일을 나눠 가지거나 서로 차지하려고 다투었으며, 때로는 개코원숭이까지 합세해서 그 식량을 두고 실랑이를 벌였다. 그들은 마르라고 널어 둔 땀에 절은 옷가지에서 짭짤한 맛을 보고는 그 것을 씹거나 빨아 먹기도 했다. 휴고는 제인 손에서 바나나를 받아 드는 데이비드 그레이비어드 모습을 필름에 담았다. 그는 처음에는 털을 세우고 좌우로 건들거리더니 이윽고 부드럽게 그 선물을 받아들었다.

하지만 제인이 침팬지에게 바나나를 양식으로 제공한 것을 두고 후에 루이스조차 거세게 비난했다. 루이스는 격렬하게 반대의사를 표했다. 루이스는 1964년 그녀에게 "나는 그것이 침팬지를 사살당하게 만드는 위험 상황을 초래할지도 모를 어리석은 행동이라고 생각한다."고 했다. 양식 제공은 침팬지를 위태로울 정도로 대담하고 탐욕스럽게 내몰 수 있다고 루이스는 경고했다. "침팬지는 인간에 대한 두려움을 잃어버린 나머지 불시에 인가를 습격할지도 모른다. 그런 일이 생기면 아프리카인은 반드시 보복할 것이다. 양식 제공은 옳지 않으며 결코 찬성할 수 없다."

하지만 1962년에 바나나가 친밀감 수준을 한 차원 높이는 가교 역할을 한 것만은 분명하다. 제인이 위험을 무릅쓰고 처음으로 데이비드 그레이비어드를 만져 본 것이 바로 그가 바나나를 먹고 있을 때였던 것이다. 데이비드 그레이비어드 옆에 가까이 쪼그리고 앉아서 제인은 천천히 그의 어깨께로 손을 움직여 손

가락으로 털에 가리마를 탔다. 데이비드 그레이비어드는 처음에
는 파리를 쫓듯 무심코 그녀의 손을 털어 냈다. 하지만 그녀가 다
시 한 번 손을 뻗자 자신을 쓰다듬을 수 있도록 1분 동안 그냥 내
버려두었다. 크리스마스 날이었다.

침팬지와 함께 있는 제인을 찍은 휴고의 사진과 필름은 서양 청
중을 깊은 감동에 빠뜨렸다. 한 갈래로 머리를 묶고 짧은 반바지
에 샌들 차림을 한, 약간 얼떨떨한 표정의 제인이 수풀에서 걸어
나오자 어린 침팬지 한 마리가 인사하듯이 그녀를 향해 손을 들
어 올린다. 그녀는 플로의 수컷 새끼 플린트의 쭉 뻗은 손이 자신
에게 닿을 수 있도록 발레하듯 창백한 손을 건네준다. 이것은 마
치 아담과 하나님이 서로를 향해 손을 뻗고 있는 시스티나 경당
천장화처럼 보였다.

    내셔널 지오그래픽 협회는 전에 한 번도 필름이나 잡지에 이
런 소중한 장면을 담아 본 적이 없었다. 1963년 발표된 제인 작업
에 관한 첫 번째 기고문인 「야생 침팬지와 함께한 나의 삶」은 워
낙 인기가 좋아서 금세 품절되는 바람에 협회 측이 서둘러 재판
을 찍어야 했다. 1962년과 1989년 사이에 내셔널 지오그래픽 협
회는 그녀에 관한 영화를 다섯 편이나 제작했다. 이것은 루이스
를 비롯해 다른 어떤 연구자에게도 할당된 적 없는 전무후무한
기록이다.

하지만 협회 부회장 에드윈 스나이더는 처음 제인을 만났을 때 그녀에 대해 다소 회의적이었다. 수줍고 비쩍 마른 그녀는 너무나 예의 바른 영국인으로 웃을 때조차 잇속을 입술로 가리는 절제된 모습이어서 도무지 그렇게 거친 일을 할 수 있을 것 같지 않았다. 그는 "그녀는 정글보다 영국의 가든파티에 더 어울릴 듯 보였다."고 회고한다. 하지만 신화나 우화 같기도 하고 모험 이야기 같기도 한 영화 「미녀와 야수」처럼 그녀 이야기를 그렇게까지 강력하게 만들어 준 것은 다름 아닌 침팬지의 거대한 힘 앞에 놓인 그녀의 부서질 것 같은 가녀림과 취약함이었다.

멜빈 페인은 1964년 내셔널 지오그래픽 협회의 워싱턴 본부에 모인 청중들에게 제인을 소개하면서 에드거 라이스 버로스의 타잔과 그의 영국인 신부 제인에 관한 이야기를 떠올려 보게 했다. 그가 말했다. "진실은 허구보다 낯설고 허구는 예언으로 변화할 수 있습니다. 이제 우리는 그러한 변화의 완전한 예를 하나 보여 주려고 합니다. 제인이라는 이름을 가진 이 사랑스러운 여인도 영국에서 보장된 안락한 삶을 버리고 대형 유인원과 더불어 아프리카 야생에서 원시적인 삶을 살기로 선택했습니다."

제인의 작업과 삶은 그녀가 자라면서 소중하게 간직했던 어린 시절 이야기책에 담긴 주제를 그대로 반영하며, 이야기책의 특성을 두루 띠고 있다. 《내셔널 지오그래픽》에 게재한 글과 저서에서 그녀 이야기는 침팬지 이야기와 뒤엉켜 있다. 그것은 마치 동화처럼 들리기도 한다. 1964년에는 이 용감한 젊은 여성 모험가의 필명에 '남작 부인'이라는 칭호가 붙기도 했다. 1967년에 그녀는 금발 아들을 낳았다. 이 '숲의 아이 그룹(이것은 1971년 출간한 그녀 책의 제목이기도 하다.)' 덕분에 더 많은 영상과 논문이 나왔다.

제인의 초기 강연은 '침팬지 나라의 가족생활', '야생 침팬지와 함께한 나의 삶' 등 어린이 책에 어울릴 법한 제목을 달고 있다. 자장가처럼 낮고 안정된 영국인 특유의 억양으로 제인은 침팬지가 꼭 인간 같다고 생각되는 점을 일일이 열거했다. "모든 침팬지는 모든 인간처럼 자신만의 고유한 성격과 인성을 가지고 있습니다." 휴고가 제작하고 내셔널 지오그래픽 협회가 상영한, 데이비드 그레이비어드와 골리앗, 플로와 피피, 올리와 그녀의 딸 길카를 소개하는 1963년 필름에서 그녀의 내레이션은 이렇게 시작한다. 때로 그녀의 말은 동물과 이야기 나누던 둘리틀 박사에게 빌려온 것처럼 들린다. 침팬지들이 나무 꼭대기에 지은 둥우리에서 아침잠을 깨어 크게 소리 지른다. "데이비드 그레이비어드가 골리앗에게 일어날 시간이라고 말해 주고 있습니다." 한 침팬지 가족이 서로서로 (앞사람 등을 쳐다보며) 쓰다듬어 주는 사슬을 이루고 있다. "자, 여러분은 지금 일종의 숲속 미장원을 보고 있습니다." 과학자들이 동물을 어떤 의식적인 목적도 없는 '자극-반응의 기계' 쯤으로 여기고 있을 때 제인은 마음껏 침팬지의 감정, 기분, 동기에 대해 말했다. 올리의 두 살배기 딸이 팔을 엇갈리며 자기 몸을 꽉 붙들고 있는 모습을 보면서 제인은 이런 설명을 단다. "길카는 아직도 뭔가에, 그것이 그저 제 몸이라 할지라도, 매달려 있을 때 훨씬 더 안정감을 느낍니다."

루이스가 쇼맨십과 대담하고 화려한 자기연출로 청중에게

과학자들

호소했다면 제인은 스토리텔링으로 청중을 매료시켰다. 마이크 앞에서 약간 수줍은 듯한 모습은 시원치 않은 배경에 놓인 빛나는 보석처럼 그녀 몸가짐을 더욱 돋보이게 해 주었다.(그녀는 아직까지도 전에 한 번도 본 적 없는 야릇한 물건 대하듯 마이크를 쳐다보곤 한다.) 그녀 이야기는 만남에 관한 드라마, 접촉에 관한 드라마, 종간 평등에 관한 드라마다. 도나 해러웨이는 『영장류의 시각』에서 "이것은 인간의 책임이 아니라 인간의 귀성歸省에 관한 이야기이며 단지 평화에 그치는 게 아니라 평등에 관한 이야기이자, 시민권이 아니라 천부적인 자연권에 관한 이야기이다."라고 썼다.

하지만 이것은 당시의 주류 과학이 인간을 위해 만들어 낸 이야기들과 달랐다. 내셔널 지오그래픽 협회가 제인의 첫 번째 책 『내 친구 야생 침팬지My Friends the Wild Chimpanzees』를 출간하던 1967년, 미국 국가 과학상은 히말라야원숭이를 연구한 미국인 해리 할로에게 수여됐다. 그는 정글에서 연구하지도 않았고 관찰을 위해 쌍안경을 들여다 보지도 않았다. 그는 제인이 했던 것처럼 연구 대상 동물이 자기 앞에 펼쳐 보일 드라마를 기다리지 않았다. 대신 할로는 자신이 증명해 보여야 할 드라마를 만들어 냈다. 그는 위스콘신 대학 매디슨 캠퍼스의 실험실에서 배우와 무대를 철저하게 통제했다.

할로는 원숭이를 인간의 심리학적 대용물로 사용했다. 그는 대리모 개념을 창안한 것으로 가장 잘 알려져 있다. 이 개념은 고립된 상태로 키워진 새끼 원숭이가 깜짝 놀랄 만한 자극에 직면했을 때 한사코 매달리는 모델을 말한다. 새끼 원숭이는 그 모델이 자신을 내동댕이치기 위해 투석기를 장착하고 있을 때조차 편안함과 위안을 구하려고 미친 듯이 대리모에게 달려든다. 그는 이런 실험을 통해 육체적 고통을 줄이려는 욕구보다 접촉을 향한 심리적 욕구가 훨씬 더 크다는 사실을 확실하게 증명해 보였다.

제인이 인내심을 가지고 지켜보며 말없이 기다리는 동안 서양 과학에서 영예를 안은 것은 할로의 천재적인 재능, 바로 그의 조작 재능과 실험 재능이었다. 도나 해러웨이는 『영장류의 시각』에서 "주류 과학은 통제를 주 목적으로 한다."라고 지적한다. 야생이 아닌 실험실은 그런 통제를 강화시키는 지식을 만들어 내고 있다.

할로의 실험은 영장류의 정신과 감정을 꿈에도 생각할 수 없는 정교한 수준으로까지 통제하는 가운데 이루어졌다. 그가 고안한 실험 장치들은 크리스마스 쇼핑 목록처럼 즐비하다. '절망의 우물'은 연구를 목적으로 새끼 원숭이의 극심한 우울을 유도하려고 설계된 독방이다. 그는 실험자가 버튼을 한 번 누르면 나타나도록 되어 있는, 쇠못을 감춘 대리모 '철의 여인'을 만들어 내기도 했다. 이 고안물도 그가 제작한 다른 '사악한 어미들'과 마찬가지로 어미가 태생적으로 고통을 주고 악독할 때조차 새끼는 어미의 위로를 절실하게 필요로 함을 보여 주었다. 그는 '강간대'를 개발하기도 했는데, 이는 인공적으로 암컷 원숭이를 수태시키는 동안 움직이지 못하게 하는 장치다. 할로는 다른 실험실에 연구 대상 동물 새끼를 제공하기 위해 건강한 야생 상태의 동물이 낳을 수 있는 것보다 훨씬 더 많은 새끼를 인공 수단을 통해

과학자들

얻어 내기까지 했다.

자신의 분야에서 가장 명성 있는 상을 여럿 수상한, 두 군데 주요 연구 실험실의 창립자 할로는 과학자 역할을 남성 조작자, 발명자, 실험자라고 간단하게 요약했다. 자신의 연구 대상 동물에게 신과 같은 무소불위의 힘을 행사한 이 과학자는 우주에 더 많은 통제력을 행사할수록 인간 능력은 커질 거라면서 미래를 장담하는 데도 자신이 신이라도 되는 양 굴었다.

제인은 대학에서 다음과 같은 메시지가 여전히 집요하다고 말한다. "첫째, 과학자가 되는 것은 근사한 일이다. 둘째, 과학자가 되면 당신은 엘리트 반열에 오르는 것이다. 다시 말해 흰 가운을 입고 신과 나란히 설 수 있으며 당신 말은 의심의 여지없이 받아들여질 것이다. 셋째, 만일 과학자가 될 생각이면 당신은 더없이 객관적이어야 한다. 사물에 감정적으로 개입해서는 안 된다.

결국 거기에서 도출된 메시지는 '너는 먼저 과학자가 되고 그러고 나서 인간이 되어라.'는 겁니다. 그런데 이것은 길을 잘못 든 겁니다. 과학science을 대문자로 시작하는 권위적인 과학Science으로 보는 것은 나로서는 소름 끼치는 일입니다. 그건 사람을 기계로 만드는 과학입니다."

제인의 과학은 소문자로 시작하는 과학이며 풀밭에 겸손하게 몸을 수그린 수용적인 여성의 과학이다. 1968년 아프리카에서 작업해 본 경험도, 영장류를 연구해 본 경험도 없는 게자 텔레키가 곰베에 왔을 때의 일이다. 그는 제인에게 자기가 침팬지를 어떤 식으로 연구했으면 하는지 제인의 접근법에 대해 가르쳐 달라고 요청했다. "그런데 제인은 설명을 못 했어요. 결국은 다짜고짜 화를 냈죠. 고작 한다는 말이 이랬어요. '이봐요. 나는 그걸 당신에게 설명할 재간이 없어요. 현장에 가면 알게 될 거예요. 다만 한 가지 명심할 게 있어요. 당신이 동물 흔적을 따라가다가 혹시 반대편에서 오는 침팬지를 만나게 된다면, 그때 길을 비켜 서야 하는 건 침팬지가 아니라 당신이에요. 이곳 주인은 당신이 아니라 침팬지입니다.'"

게자는 계속한다. "그건 제인 구달이 어떤 인물인지 단숨에 알게 해 준 말이었어요. '다른 건 모두 덜 중요하다. 경력도 성공도 명성도 덜 중요하다. 심지어 과학도 덜 중요하다. 자연환경을 다룰 때에는 무엇보다 올바른 일을 하는 게 가장 중요하다.' 사실이 말의 의미를 당시에는 정확히 이해하지 못했어요. 그녀는 좀 이상해 보였거든요. 모든 관심이 전문가로서 경력을 시작하는 데 있는 사람에게 이런 일은 전혀 원하던 바가 아닐 거예요. 하지만 이 메시지는 지난 20년 동안 내 삶을 이끌어 주었습니다."

———————

'자연환경을 다룰 때 올바른 일을 하는 것', 이 신조는 1966년 곰베에 소아마비 전염병이 창궐하던 때 가장 분명하고 뜻깊게 위력을 발휘했다. 제인이 말했다. "그 이전에도 이후에도 그때만큼 끔찍한 적은 없었어요, 결코. 내 인생에서 가장 암울한 시절이었어요. 그건 정말 눈뜨고 꾸는 악몽이었습니다."

그해 우기에 올리의 생후 4주 된 새끼가 시름시름 앓기 시작했다. 처음에는 그저 그 새끼가 이동할 때 어미 배를 움켜쥐는 데 뭔가 어려움이 있는 것처럼 보였다. 다음 날에는 새끼의 네 다리가 맥을 못 추었다. 그다음 날 올리는 청소년 딸 길카와 함께 캠프에 나타났다. 올리의 어깨에는 새끼 사체가 늘어져 있었다.

그러나 그때까지도 제인과 휴고는 올리 새끼가 결과적으로 곰베 침팬지 가운데 여섯 마리 목숨을 앗아간 소아마비 전염병의 첫 희생자라는 것을 알 턱이 없었다. 부부는 사지가 마비되는 그 병을 이웃 마을의 아프리카인 사이에 발발한 소아마비 전염병과 관련지을 수 있게 되면서 비로소 공포에 떨기 시작했다. 그녀도 휴고도 소아마비 백신을 풀코스로 맞지 않았다. 더군다나 제인은 그때 그럽을 임신 중이었다.

무선 전신전화로 루이스와 연락을 취하면서 그들은 나이로비에 있는 피저 연구소와 공동 대책을 꾀했다. 연구소는 제인과 휴고, 직원들, 침팬지들에게 경구용 소아마비 백신을 기부하기로 약속하고 항공으로 수송해 주었다. 백신은 바나나에 감춰진 채 침팬지에게 투약되었다. 하지만 몇몇 침팬지에게는 그 조치가 한발 늦고 말았다. 미스터 맥그리거의 악몽 같은 몸부림은 오늘날까지도 제인을 괴롭히고 있다.

1966년 11월 휴고는 플로, 피피, 플린트가 얕은 수풀을 쳐다보면서 나지막하게 후 소리를 내뱉는 것을 보았다. 그는 그들이 뭘 보고 그랬는지는 알지 못했다. 해거름 녘에 휴고가 제인을 데리고 조사하러 갔을 때 먼저 그들을 맞은 것은 엄청나게 들끓는 파리 떼였다. "조심스럽게 다가가면서 우리는 무슨 동물 사체가 있겠거니 생각했다." 제인이 《내셔널 지오그래픽》에 게재한 글에 썼다. 하지만 그들이 발견한 것은 살아 있는 미스터 맥그리거였다. 이 늙은 침팬지는 땅에 주저앉은 채 숲에 매달려 있는 자줏빛 장과漿果를 따려고 머리 위로 손을 뻗치고 있었다. "무슨 일이 일어났는지 깨닫게 된 건 바로 그가 또 다른 과일 무더기로 손을 뻗으려고 안간힘을 쓸 때였다. 허우적거리는 다리 때문에 그는 움직이면서 낮은 나뭇가지를 하나 붙잡아야 했던 것이다." 부부는 엉덩이에 박인 단단한 굳은살이 벗겨져 속살이 다 드러난 미스터 맥그리거의 모습을 보고서야, 녀석이 몸을 질질 끌면서 먼 거리를 이동했으리라는 것을 알아차렸다. 소아마비는 그에게서 괄약근의 통제력을 앗아갔다. 녀석이 배설한 똥오줌과 엉덩이 상처에서 흐르는 피가 파리 떼를 불러들였던 것이다.

그날 밤 부부는 미스터 맥그리거가 자기 몸을 낮은 나뭇가지에 의지해 두 팔만으로 끌고 가서 둥우리를 짓는 놀라운 모습을 지켜보았다. 다음 날 아침 그의 흔적을 더듬어 가던 부부는 150미터 앞에서 가까스로 몸을 움직이고 있는 그를 발견했다. 제인이 썼다. "마치 10년같이 느껴졌던 그 후 열흘 동안 우리는 헛되게도 그의 다리에 다시 삶의 서광이 깃들기를 바라면서 그를 따라다녔다." 제인은 도울 수 있는 것이면 뭐든지 했다. 처음에 부부가 가까이 다가갔을 때 신경이 예민해진 미스터 맥그리거는 팔을 하나 쳐들고 울부짖으면서 위협했다. 하지만 이틀 후에는 그들이 자신을 도우려고 애쓴다는 것을 알게 된 듯했다. 그는 제인

과학자들

이 열린 입속에 스펀지로 물을 짜 넣어 주는 동안 움직이지 않고 가만히 있었다.

부부는 바나나, 야자수 열매, 이파리, 장과 등을 담은 바구니를 준비하고 그것을 긴 나무막대에 걸어 그의 둥우리로 밀어 넣어 주었다. 그를 괴롭히고 있는 파리를 죽이려고 몸에는 살충제를 뿌렸다.

어느 날 밤 저녁식사 거리를 장만해서 그를 찾아갔을 때 부부는 미스터 맥그리거가 땅 위에 있는 것을 발견했다. 그의 어깨에서 팔 하나가 탈구되어 있었다. 둘은 이튿날 아침이 밝으면 친구를 사살해야 한다는 것을 깨달았다. 제인은 그날 밤 미스터 맥그리거와 오랫동안 함께 머물렀다. 황혼이 내리자 그는 자꾸 자기 위에 있는 나무를 올려다보았다. 제인은 그가 둥우리를 짓고 싶어 한다는 것을 알아챘다. 그녀는 초목을 얼마간 잘라서 그에게 건네주었다. 그는 주저 없이 잎이 무성한 여러 굵기의 가지를 받아들고 성한 손과 턱으로 몸 아래 쑤셔 넣어 편안한 베개를 만들었다. 제인은 그날 밤 늦게 다시 그를 보러 왔다. "그는 내 목소리를 듣더니 다시 눈을 감고 잠을 청했다. 불과 1미터밖에 떨어지지 않은 곳에서 나와 밝은 손전등에 등을 보인 채였다. 그것은 우리가 얼마나 그에게 신뢰를 얻었는지 잘 말해 준다."

다음 날 아침 부부는 미스터 맥그리거에게 그가 가장 좋아하는 음식인 계란을 두 알 가져다주었다. 휴고와 제인은 맛있게 먹고 있는 오랜 친구를 향해 방아쇠를 당겼다.

수십 년이 지난 후에도 제인은 여전히 소아마비 전염병이 창궐하던 시기에 했던 자신의 선택—지켜보지 않고 행동했던 것, 이성적인 판단 대신 감정이입 했던 것—이 옳았다고 생각한다. 원시 민족 집단을 연구하는 인류학자는 종종 이와 유사한 딜레마에 직면하곤 한다. 마을에 질병이나 기근이 덮쳤을 때 인류학자는 행동할 것이냐(자신이 관찰하던 그들 삶에 개입하면서 서양 의약품을 제공하거나 간호 및 음식을 제공할 것이냐), 아니면 서양적 '개입'으로 그 집단을 '오염시키지 않고' 단지 지켜보거나 기록만 할 것이냐, 이 둘의 기로에서 고민에 빠진다. 제인은 전자인 '개입'을 택한 경우가 여러 차례 있었다. 침팬지가 아플 때 제인은 그들에게 항생제를 주사한 바나나를 제공했다. 길카의 얼굴에 병적으로 곰팡이가 증식했을 때 제인은 그 균의 조직을 떼어 내 검사한 후 알맞은 약물 치료를 해 주었다.

"자연은 마땅히 그런 과정을 거쳐 소멸하게 마련이라면서 이러한 행위에 눈살을 찌푸리는 과학자들도 있다." 제인은 초기 26년 연구의 학문적 성과물인『곰베의 침팬지』에 이렇게 썼다. "하지만 나는 인간이 여러 장소에서 많은 동물에게 이미 상당 정도로, 그것도 대개는 아주 **부정적인** 방식으로 개입해 왔기 때문에 일정 정도의 **긍정적인** 개입은 오히려 바람직하다고 생각한다."

그녀가 강연에서 그 소아마비 유행병을 언급하면, 으레 청중 가운데 한 사람은 이렇게 묻곤 한다. "선생님은 왜 개입하셨나요?" 대개 남성이 던지는 질문이다. 심리학자 캐럴 길리건에 따르면, "남성은 다른 사람의 권리를 존중하고 그에 따라 생명권과 자아실현권을 **개입으로부터 보호**하는 것을 도덕적 의무로 삼는

제인 구달의 곰베 침팬지 현장 연구는 2010년에 50주년을 맞았다.

다. 하지만 인터뷰에서 반복적으로 드러나는 바와 같이 여성은
[……] 이 세상의 '실질적이고 인식 가능한 난제'를 분별해 내고
누그러뜨리는 그 문제를 완화하는 방식의 책임감과 보살핌을 도덕
적 의무로 여긴다."

　좀더 최근에 제인은 대다수가 여성인 어느 물리치료사 집단
에게 그 소아마비 유행병 이야기를 꺼냈다. 그 질병에 대해 처음
언급했을 때 그들이 던진 질문은 예상과 사뭇 달랐다. "선생님은
도와주려 애쓰셨나요?"

──────────

　제인의 연구가 10년을 넘어서면서 그녀의 작은 캠프 부지는

점차 국제적인 연구 협력체 곰베 스트림 연구 센터로 변모했다. 1966년에는 그녀의 지도를 받기 위해 최초로 학생 세 명이 곰베에 도착했다. 그러던 것이 1972년에는 100명이 넘는 사람들(아프리카인 직원과 그들 가족, 미국인과 영국인 학부생 및 대학원생)이 쉰네 마리의 침팬지, 그리고 그들과 서식지를 공유하는 개코원숭이에 대한 연구를 지원 중이었다.

당시 대부분의 침팬지는 정기적으로 제인의 바나나 급식소를 방문했다. 이제 그 장소는 자체 건물을 가지고 있고 필요에 따라 연구자가 개방했다 폐쇄할 수 있는 지하 저장고도 구비 중이다. 연구자들은 매일 그 장소에 들르는 침팬지의 출석률을 점검했으며 침팬지의 집단 조직과 활동, 발성법, 몸짓 등에 관한 도표 작업도 계속했다. 숲에서 개체 침팬지와 집단을 쫓아다니는 일은 점점 더 강조되었다. 제인은 "발견된 사실이 너무 많아서 나 혼자만으로는 마음속에 떠오르는 수백만 가지 질문에 모두 답할 수 없었다. 도움이 절실했다."라고 말했다.

1967년 그럽을 낳은 후 제인이 침팬지와 보내는 시간은 전보다 크게 줄었다. 그녀는 그럽을 데리고 세렝게티에서 아프리카 야생 개에 관한 집필과 다큐멘터리 작업을 진행하던 남편 휴고의 캠프에 머물기도 했다. 대신 학생들이 1967년부터 세렝게티 프로젝트가 완료된 1969년까지 자료 수집을 떠맡았다. 1971년부터 1975년까지 제인은 캘리포니아주 소재 스탠퍼드 대학에서 객원교수로 매년 한 학기를 보냈다.

제인의 학생들은 대개 스탠퍼드 대학과 케임브리지 대학에서 모집되었다. 이때쯤 캠프 상황은 여전히 스파르타식이기는 하지만 이전에 비해 훨씬 쾌적해졌다. 학생들은 침팬지가 들어오지 못하도록 창문에 철망을 씌우고, 양철 지붕에는 이엉을 얹은 (제인은 금속의 번쩍거리는 외양을 몹시 싫어했다.) 움막에서 살았다. 1972년 해변 가까이에 벽돌로 지은 식당이 들어섰다. 학생들은 휴고와 제인이 기거하고 있을 때면 이곳에서 그들과 함께 저녁식사를 했다. 에밀리 버그먼(나중에 곰베의 연구자 데이비드 리스와 결혼했다.)은 당시 식사가 품위 있고 유쾌하고 가족적인 분위기였다고 기억한다. 제인의 영국식 예의범절에 대한 존중의 표시로 학생들은 호수에서 목욕하고 깨끗한 차림으로 식당에 들어섰다. 그들은 모두 도착하기를 기다렸다가 밥, 양배추, 생선, 때로 키고마 시장에서 사 온 신선한 고기와 과일 등으로 차린 식사를 했다. 식사를 마친 후에는 자신들의 연구 작업에 대해 비공식적인 대화를 주고받았다. 발전기가 작동할 때면 카세트플레이어에서 흘러나오는 음악을 듣기도 했다.

하지만 뭐니뭐니 해도 곰베에 대한 학생들의 기억 중심에는 단연 침팬지가 있었다. "곰베에서 연구한 사람들에게는 모두 자기가 특별히 동일시한 침팬지가 하나씩은 있었다."고 게자는 떠올린다. 일반적으로 남성 연구자는 수컷 침팬지와, 여성 연구자는 암컷 침팬지와 사이좋게 지냈다. 게자는 리키와 그랬다. 그는 눈알 흥채 둘레에 흰 얼룩을 만든, 눈꺼풀 아래 난 상처 자국 때문에 쉽게 식별되었다. 리키는 물론 제인이 스승에게 경의를 표하려고 붙여 준 이름이다. 리키는 제인이 알기로 교미를 위해 두 마리 암컷을 동시에 데려가려 애쓰던 최초의 수컷이었다. 게자가 그를 만났을 때 리키는 이미 늙어 있었고, 그의 표현을 빌자면 '반쯤은 현역에서 물러난 상태'였다. 그런데 놀랍게도 그 관계는 20년이 지난 오늘까지도 게자의 가슴속에 깊이 남아 있다.

"나는 리키에게 뭔가를 준 바가 전혀 없고 뭔가를 가지고 그를 지배하려 들지도 않았습니다. 결코 그에게 어떤 보상을 하지 않았고 의도적으로 그를 만진 적도 없습니다. 그것은 상호작용, 호의, 혹은 우리 인간이 주변 동물과 관계를 형성할 때 사용하는 통상적인 것 따위에 근거한 관계와는 전혀 무관했습니다. 하지만 우리는 뭐라고 설명할 수 없는 이유로 서로에게 이끌렸습니다. 리키와 약간 거리를 두고 앉아 있었던 적이 몇 번 있었습니다. 그럴 때면 그는 언제나 옆에 다가와서 가만히 앉거나 내 테니스화를 베개 삼아 누웠습니다. 나는 단지 내가 주위에 있으면 리키가 좋아할 것 같아서 그를 수시로 따라다녔습니다. 내가 뒤처지거나 길을 잃으면 그는 되돌아와서 나를 찾곤 했습니다." 게자는 자신과 야생동물 사이에도 그런 관계가 가능하리라고는 꿈도 꾸지 못했다. 물론 제인이 데이비드 그레이비어드, 플로, 미스터 맥그리거, 그 밖의 침팬지와 맺은 관계에 대해서는 잘 알고 있었고, 그래서 그녀가 인간과 침팬지 사이에 가교 역할을 했다고 생각하기는 했다. 하지만 게자는 스스로 경험해 본 후에야 비로소 제인이 놓은 다리가 다른 사람도 너끈히 건널 수 있는 튼튼한 다리였음을 절감했다.

한편 침팬지가 무해한 존재만은 아니라는 사실은 평상시 온화한 그들을 지켜보던 인간 관찰자의 경외감을 더욱 키워 줄 따름이었다. 침팬지는 공격적이 되면 대개 남성 관찰자를 겨냥해 모종의 행동을 취하기도 했다. 리처드 랭험은 열일곱 살 수컷 침팬지 찰리에게 '과시 행동의 본보기'로 수난당한 적이 있다. 털을 뺏뻣이 세운 찰리는 제방을 따라 리처드에게 돌진해 옆에서 보고 있는 침팬지들에게 감명을 줄 의도로 그의 발목을 붙잡고 나뭇잎이 무성한 숲속으로 수십 미터를 질질 끌고 갔다. 리처드는 생각에 잠겨 당시를 회고한다. "꺼억꺼억 울면서 몸부림을 쳤는데 그게 결과적으로 찰리의 과시 행동을 더욱 극적으로 만들어 준 것 같습니다. 그에게는 상대적으로 소리가 안 나고 움직이지 않는 나뭇가지를 이용하는 것보다 나를 선택한 쪽이 훨씬 더 효과적이었던 셈이죠."

그 외에도 비슷한 사건이 여러 차례 일어나기는 했지만 연구를 시작한 이래 처음 10년 동안은 어떤 침팬지도 곰베의 인간 연구자에게 심각한 위해를 가하지 않았다. 이것은 그 동물의 타고난 온유함을 드러내 주는 강력한 증거로 보였다. 이 사실은 제인이 침팬지를 두고 그리던 초상—때로 쉽게 흥분하기도 하지만 본능적으로는 평화로운 존재이며 잠재적으로 평화로운, 인간 종의 매력적인 선조다—에 대한 확실한 증거가 되어 주었다.

하지만 곰베 연구가 10년을 넘어서면서부터 침팬지를 관찰하던 다른 연구자 눈에는 '내 친구 야생 침팬지'가 동족 살해자, 영아 살인자, 전쟁광으로 밝혀졌다.

대형 유인원 세 종을 모두 연구한 영장류학자 존 미타니가 말한다. "오늘날 침팬지에 관해 묘사된 상은 제인이 처음에 혼자 보았던 것과는 완전 딴판입니다. 다이앤과 마찬가지로 제인도 이들 대형 유인원이 껴안고 싶은 사랑스러운 존재라는 생각을 지닌 채 현장에 들어갔습니다. 그래서인지 제인은 눈앞에서 뻔히 일어나고 있는 사건조차 인정하지 않으려는 경향을 보였습니다." 존의 의견은 폴록과 길리건의 심리학 연구에서 공중그네 곡예사 사진을 보고 여성들이 지어 낸 이야기를 떠오르게 한다. 사진에 안전망이 없는데도 이야기에 안전망을 포함시켰다는 그 실험 말이다. 존이 냉큼 덧붙였다. "그녀가 동족 살해나 동족 간 전쟁을 한사코 인정하지 않으려 든 것은 유인원이 워낙 연구하기에 벅찬 동물인 데다 그런 사건이 아주 드물게 일어나기 때문이었습니다. 하지만 이들에게 뿌리 깊은 선입견이 있었던 것도 사실이에요. 비판하려는 건 아닙니다. 인내가 필요하다는 것뿐이죠."

"믿을 수 없어요." 제인은 곰베의 남부 마할레산에서 일하고 있는 일본인 연구자로부터 침팬지 사이에서 벌어진 동족 살해와 전쟁에 관한 보고를 듣고 처음에는 이런 반응을 보였다. 제인이 말했다. "우리는 모두 진지하지 않았어요. 틀림없이 착오일 거라고 생각했습니다." 하지만 곧 증거가 너무 분명해서 더는 부인할 수 없는 상황이 오고야 말았다.

1972년 연구자들은 곰베에 새로운 집단 하나가 출현한 것을 알아챘다. 그 집단은 카하마라고 불렸는데 힘이 엄청나게 센 골리앗과 암컷 세 마리, 성년 수컷 여섯 마리로 이루어져 있었다. 그들은 카사켈라 집단이라고 알려진 연구 대상 공동체로부터 떨어져 나와 남쪽에 새로운 근거지를 마련했다. 카사켈라 출신의 수컷들은 카하마 성원을 깡그리 죽이겠다는 목표를 가지고 정기적으로 그 집단을 습격했다.

에밀리 버그먼은 1975년 2월 그 습격에 대해 이런 기록을 남겼다.

"플로의 큰아들 파벤은 성년 수컷 다섯 마리와 청소년 한 마리로 구성된 카사켈라 무리를 이끌었다. 그들은 어느 나무에 당도할 때까지 남쪽을 천천히 주의 깊게 걸어 다니다가 이윽고 그 나무 위로 기어올랐다. 그들은 45분 동안 카하마 집단이 기거하는 구역을 내려다보았다."

"그때 이미 꽤 늙은 골리앗이 그들 눈에 띄었다. 골리앗의 머리와 등은 부분적으로 털이 빠져 있고 이빨은 잇몸까지 닳아 있었다. 파벤은 팬트후트pant-hoots●를 토해 내면서 그 늙은 수컷을 향해 전속력으로 질주하여 그를 땅바닥에 패대기쳤다. 그러자 모든 침팬지가 한꺼번에 '우우' 하고 달려들어 공격을 개시했다. 그들은 20분 동안 골리앗의 사지를 비틀어 꺾고 땅에 질질 끌고 다니고 어깨뼈를 부서져라 때리고 허벅다리를 물어뜯으면서 맹렬한 공격을 퍼부었다. 골리앗은 처음에는 두 팔로 머리를 방어

●　침팬지가 '우후 우후 우후후' 하며 크게 외치는 소리.

하려고 애썼지만 시간이 지나면서 점점 힘을 잃고 방어를 포기하더니 어느 순간부터 더는 움직이지 않았다. 카사켈라 전사들은 팬트후트를 내쏟고 손발로 나무를 두들기고 승리의 개가를 울리면서 숲속으로 유유히 사라졌다."

에밀리는 그들이 떠나고 나서 골리앗이 일어나 앉으려고 애쓰는 모습을 보았다. 하지만 그는 결국 그렇게 하지 못했다. 그녀는 덜덜 떨며 피를 흘리는 골리앗을 그냥 두고 떠나왔다. 그를 돕고 싶었지만 구급약이 없었기 때문에 할 수 있는 일이 없었다. 그 후 며칠 동안 학생과 직원들은 백방으로 골리앗을 찾아다녔다. 하지만 다른 체계적이고 잔인한 공격의 희생자와 마찬가지로 누구도 다시는 골리앗을 볼 수 없었다.

제인은 그때가 곰베 역사상 가장 잔혹한 시기였다고 회고한다. 급기야 인간도 그 잔인함의 소용돌이 속에서 볼모로 잡히는 사건이 발생했다. 마치 악이 격노하여 침팬지와 인간 공동체를 점령하고 있는 것처럼 느껴졌다. 곰베에 있는 인간을 덮쳐 그 역사를 영원히 바꿔 놓은 폭력이 발생한 것은 1975년 5월 19일, 침팬지들 간의 전쟁 초기의 일이었다.

그날 저녁 제인은 평상시보다 일찍 잠자리에 들었다. 눈이 몹시 쓰라리고 아팠기 때문이다. 유난히 밝게 느껴지던 석유 등불조차 눈을 성가시게 했기에 일찌감치 등불을 껐다. 그녀는 그때 눈이 쓰리고 아프지만 않았더라면 분명 본인이 희생자가 되었을 거라고 말한다.

몇 분이 지났을까, 제인은 점점 가까워지는 배의 모터 소리를 들었다. 그녀는 당연히 기름이 있는지 물어보려고 곰베에 잠시 정차한 수상택시 소리일 거라고 짐작했다.

제인은 몇 시간이 지나 그럽의 가정교사가 자신에게 달려오고서야 비로소 곰베가 비상사태에 휘말렸음을 알게 되었다. 진상은 이랬다. 40명에 이르는 마르크스 인민 혁명당의 무장 게릴라들이 자이르에서 호수를 건너온 것이다. 그들은 스물네 살의 스탠퍼드 대학원생 바버라 스무츠, 스물두 살의 케네스 스미스, 스물한 살의 제인 헌터, 이렇게 세 명의 미국인과 함께 에밀리를 납치해 갔다. 테러리스트들은 제인의 탄자니아인 직원 한 명을 때리면서 위협하기도 했다. 하지만 그는 다른 미국인 학생들이 어디에서 자고 있는지 끝까지 알려 주지 않았다.

학생 볼모들은 납치 사건에 대해 무슨 일이 있어도 발설하지 않겠다고 서약했다. 에밀리가 말했다. "테러리스트들이 정말 많았고, 아이디어를 모은 것 같았어요." 에밀리와 세 사람은 자이르에서 호수 건너편 60여 킬로미터 떨어진 곳 어느 정글 움막에 붙들려 있을 뿐이고 그 테러리스트들은 이들이 서구 역사에서 가장 유명한 현장 연구에 참여 중인 사람들임을 전혀 몰랐다. "그들이 우리에 대해 알고 있었던 것은 우리가 백인이라는 게 전부였다." 그런데 그 사실 하나만도 그들에게는 충분한 미끼가 되었다. 테러리스트들은 요구사항—현금 46만 달러, 탄자니아 감옥에 투옥되어 있던 당 지도자들의 석방, 소총 수십 개 제공 등—을 탄자니아 정부에 전달하라며 우선 에밀리를 풀어 주었다. 만일 자신들 요구를 들어 주지 않으면 남은 세 명을 모두 죽이겠다고 협박하면서.

협상이 시작되자 곰베에는 소개령이 내려지고 모든 사람이 철수되었다. 대통령 줄리어스 니에레레는 '탄자니아는 결코 그 요구에 응하지 않을 것'이라고 단호히 선언했다. 그럼에도 납치된 학생들의 부모와 스탠퍼드 대학의 도움으로 가까스로 협상이 타결되었다. 학생들은 무사히 풀려나서 고향의 부모님 품으로 돌아갔다. 하지만 그때 이후 곰베에 머무르는 백인은 테러리스트의 표적으로 간주되었다. 사건이 마무리되고 아프리카인 직원들은 혼자 자료를 수집하기 위해 연구 장소로 돌아올 수 있었지만 제인은 새로운 남편 데릭 브라이슨이 사는 다르에스살람에 묶여 있었다. 제인은 휴고와 이혼한 지 1년 만에, 그러니까 그럽이 일곱 살 되던 해에 데릭과 재혼했다.

8월에 제인의 직원들이 또 한 가지 무시무시한 소식을 다르에스살람에 머무는 그녀에게 무선으로 전해 왔다. 패션이 청소년인 딸 폼의 도움을 받아 올리의 생후 3주 된 손녀를 잡아간 것이다. 모녀는 새끼 몸을 다섯 시간 동안이나 뜯어먹었다.

제인은 이 소식을 듣고 충격에 빠졌다. 그녀는 "그 사건은 곰베에서 일어난 것 가운데 가장 이해하기 어렵고 가장 받아들이기 힘든 일이었다."라고 회고했다. 카사켈라 전사들의 소식이 그녀에게 충격을 안겨 주었다고는 하나 그 행동을 기본적으로 이해할 수 없는 건 아니다. 잔인하고 호전적인 수컷들이 주도면밀하게 영토 탈취를 꾀하는 것은 현대인의 행동을 그대로 보여 준다. 침팬지에게 '전사의 조짐'이 숨겨져 있다고, 우리 인간의 폭력성이 깊이 도사리고 있다고 해석할 수 있는 것이다. 테러리스트들의 습격도 제인을 공포와 분노에 떨게 했지만 그 또한 인간의 폭력성 가운데 이해 가능한 유형, 즉 곰베 침팬지가 제공해 준 에덴같이 평화로운 유형에 반하는 대안적인 유형으로 받아들일 수 있다. 하지만 동족 새끼를 먹이로 삼는 것, 그것도 암컷들이 그런 일을 저질렀다는 것은 앞의 일들과는 성격이 판이했다. 어머니와 딸의 유대가 동족을 살해해서 뜯어먹는 엽기적인 협력 관계로 변질된 것이다.

제인은 아직도 패션과 폼을 그렇게까지 내몬 게 대체 무엇이었는지 이해하지 못하고 있다. 그녀는 패션이 1965년 폼을 낳았을 때 어미로서 이례적으로 무능하고 냉담했음을 생생하게 기억한다. 자식이 낑낑거리거나 울면 즉각 반응을 보이고 지극하게 염려하던 플로와 달리 패션은 폼이 배가 고파 울어도 자기 젖꼭지를 물 수 있도록 새끼 입을 가져다 대 주지 않았다. 폼은 제힘으로 젖꼭지를 이리저리 찾아내야 했다. 폼이 좀 더 큰 후에도 패션은 이동하기 전에 딸을 팔로 끌어안아 자기 배에 올리지 않고 혼자 휑 걸어가 버리기 일쑤였다. 그러면 폼은 징징거리면서 어미를 따라잡기 위해 헐레벌떡 뒤따라가야 했다.

제인은 곰베에서 지낸 초기 시절부터 줄곧 패션을 보아 왔다. 패션은 데이비드 그레이비어드와 함께 휴고의 초기 사진에 자주 등장한다. 이 침팬지 이름을 지을 때 제인은 패션passion에 '수난'이라는 뜻도 담겨 있다는 것을 미처 생각하지 못했다.

그 후 2년 동안 제인의 아프리카인 직원들은 패션과 폼이 카사켈라 공동체에 소속된 아이를 세 마리나 더 죽여서 먹는 모습을 목격했다. 1974년에서 1977년 사이 다른 새끼 두 마리가 태어난 지 한 달도 되기 전에 사라졌고, 임신했다고 알려졌거나 그렇게 추측되는 어미 셋은 유산했다. 패션과 폼이 동족 살해를 되풀이하는 동안 카사켈라의 어미 가운데 유일하게 플로의 딸 피피만 성공적으로 새끼를 길렀다.

제인은 동족을 살해해서 먹는 장면을 직접 목격한 적은 없다. 볼모 사건 이후 그녀는 한동안 곰베로 돌아가는 것이 금지되었다. 마침내 돌아오도록 허용되었을 때도 한 달에 며칠만 머무를 수 있다는 조건이 붙었다. 그녀는 패션이 단독으로 새끼와 함께 있는 암컷을 공격하려다 미수에 그친 장면을 본 적은 있다. 그때 딸 폼의 도움 없이는 패션이 다른 어미의 새끼를 죽일 수 없다는 사실을 알게 되었다.

1976년 11월 두 명의 아프리카인 직원들이 패션과 폼이 멜리사라는 온화한 암컷의 생후 3주 된 딸을 공격한 사건을 기록했다. 멜리사의 다른 딸, 여섯 살 된 그렘린이 이들에게 달려와 직립 자세로 꼿꼿이 선 채 마치 도움을 요청하듯이 그들의 눈을 들여다보았다. 두 사람은 패션과 폼에게 돌을 던졌고 몇 개가 그들을 맞혔다. 하지만 새끼 탈취에 몰두하던 둘은 알아차리지 못하는 것 같았다. 폼이 새끼 머리를 깨물 때 패션은 어미 멜리사를 땅에 단단히 붙들고 있었다. 폼이 새끼 손을 잡아당기는 동안 패션은 한 발로 멜리사의 가슴을 밀어젖혔다. 마침내 폼은 이미 숨이 끊긴 새끼를 빼앗아 달아났다.

15분쯤 지난 후 멜리사가 패션에게 다가왔다. 두 어미는 서로를 노려보았다. 잠시 후 패션은 손을 뻗어 멜리사의 피 묻은 손을 잡고 그녀를 껴안았다. 제인은 이 광경을 "패션은 마치 '당신과는 싸울 이유가 없다. 나는 다만 당신의 새끼를 원했을 뿐이다.'라고 말하는 것 같았다."고 해석한다.

제인과 직원들은 이 살인극을 중단하려면 어떻게 해야 할지를 두고 진지한 토론을 벌였다. 결국 그들은 패션에게 안정제를 주사하고 팔 한쪽 신경을 '잠정적으로' 불구화하기로 결정했다. 아무리 개인적으로 좋아하지 않는 동물이라 해도 '영구적으로' 불구화하는 일은 제인의 양심이 도저히 허락하지 않았기에 그 수술에는 세심한 주의가 필요했다. 다행히 1977년 패션이 새끼를 한 마리 낳으면서 그녀의 모성은 차츰 회복되었다. 복구된 그녀의 모성은 불구가 된 한쪽 팔을 보상해 주었다. 패션은 출산 후 처음 몇 달 동안 성한 팔로 늘 아이를 안고 다녔다. 살육과 동족 살해는 마침내 막을 내렸다. 제인은 그 새끼에게 이름을 평화를 뜻하는 '팍스'라는 이름을 붙였다.

───────────

제인은 그 폭력의 시기에 대해 이야기하기를 좋아하지 않았다. 하지만 1980년 리키 재단의 기금 조달자들에게 어쩔 수 없이 '침팬지 사회의 동족 잡아먹기와 전쟁'이라는 제목으로 강연을 해야 했다.

그녀가 청중에게 변명하듯이 말했다. "이런 제목으로 강연하기로 결정되었습니다만 이건 내가 침팬지 행동의 다른 측면들보다 더 강조하는 주제는 아닙니다."

하지만 곰베에서 자행된 폭력에 대한 혐오감에도 불구하고 그것은 의심의 여지 없이 제인의 논제—침팬지의 개체적 기질, 가족 배경, 의사결정은 그들 역사의 기초가 된다—가운데 가장 중요한 부분이 되었다. "한 인간이 그 부족이나 공동체의 역사에 영향력을 미칠 수 있는 것처럼, 한 침팬지 역시 그의 공동체 역사에 영향력을 행사할 수 있다."라고 제인은 말했다. 패션과 폼의 동족 살해는 모든 침팬지 세대에 두루 영향을 미쳤다. 3년 동안 둘은 카사켈라의 어미 가운데 한 마리를 제외하고는 아무도 새끼를 키우지 못하도록 방해했다. 그리고 침팬지의 전쟁, 동족 잡아먹기, 영아 살해가 일어난 배경에 테러리스트들이 곰베를 습격한 사건이 깔려 있다는 점은 "침팬지가 우리 생각보다 훨씬 더 인간을 닮았다."라는 제인의 지적을 한층 극적으로 증거해 주었다.

폭력의 시기가 지나고 제인에게는 더할 수 없는 명성과 더할 수 없는 슬픔이 교차하는 세월이 이어졌다. 1974년에서 1984년 사이 그녀는 5만 달러가 상금으로 주어지는 '제이 폴 게티 야생동물 보존상'을 위시해 국제적으로 명성을 날리는 상을 다섯 차례나 수상하는 행운을 누렸다. 언론인들은 침팬지의 충격적인 행

동을 알리느라 여념이 없었다. 내셔널 지오그래픽 협회는 텔레비전 특집 프로그램을 또 하나 마련했다.

그런데 이들 이야기와 영상은 이제 제인이 곰베에서 거의 시간을 보내지 않는다는 사실에 대해서만큼은 극구 함구했다. 납치 사건 이후 탄자니아 정부는 어떤 장기 연구를 위해서라도 백인 학생이 그곳에 머무르지 못하도록 금지했고, 그녀의 곰베 방문도 짧게, 비밀리에, 한 번에 몇 주로 제한했다.

제인은 외국에서 강의하지 않을 때면 대개 새 남편과 함께 시간을 보냈다. 친구들은 데릭을 '그녀의 삶을 사랑하는 사람'이라고, 그들의 결합을 '더없이 행복한 결혼'이라고 표현했다. 에밀리 버그먼, 에밀리 리스 부부는 "제인은 휴고를 사랑했지만 그들 관계는 극도로 긴장에 차 있었다."고 말한다. 제인과 휴고 부부는 언젠가 각자 친구들과 지내는 데 일주일에 하루 저녁을 쓰는 것으로 규칙을 정하기까지 했다. 1974년 휴고가 친구들에게 "미스터 구달로 지내는 게 신물난다."고 불만을 토로한 후 그들은 별거에 들어갔고 급기야 이혼했다. 그는 더 이상 아내 캠프를 관리하느라 자신의 사진 작업을 포기하면서 살 수 없었다.

제인의 삶은 그녀 학생들이 태평스러운 '미스터 B'라고 불렀던 데릭과 함께 있을 때 훨씬 더 여유 있었다. 납치 사건이 발생하기 전 며칠 동안 데릭은 곰베에 머무는 제인을 보러 종종 들렀다. 부부는 서로 떨어져 있을 때면 매일 무선전화로 이야기를 나누었다. 그들은 데릭이 조종하는 소형 비행기로 여행하거나 다르에스살람에 있는 데릭 집 주변에서 그럽을 데리고 배를 타거나 낚시를 하면서 함께 휴가를 즐기기도 했다. 제2차 세계대전 때 전투기 조종사였던 데릭은 탄자니아의 초대 대통령 줄리어스 니에레레의 절친한 친구이자 바로 옆집에 살던 이웃이었다. 데릭은 1961년 탄자니아가 영국에서 독립한 후 유일한 백인 의회의원으로 봉직했다. 그의 정치력은 새 아내의 프로젝트를 보호해 주었다. 탄자니아 국립공원 관리인으로서 그의 정치적 영향력은 납치 사건의 딜레마를 푸는 데 결정적인 역할을 했다. 그 지위에 있던 몇 년 동안 많은 행정적인 잡무를 떠맡았고 또 곰베의 관광 사업을 금지시키기도 했다.

하지만 행복한 결혼 생활을 시작한 지 불과 5년 만에 데릭은 암 투병을 시작했다. 진단받았을 때 의사는 조치를 취하기에는 이미 너무 늦었다고 선고했다. 그는 필사적으로 독일 하노버에 있는 병원에서 치료법을 찾았다. 제인은 데릭이 치료받는 동안 하숙집에 머물러 있었다. 그녀는 병원과 숙소를 나누는 들판을 가로질러 걸으면서 남편을 위해 야생화를 꺾어다 주기도 했다. 1980년 10월 데릭이 죽자 제인은 망연자실했다. 그녀는 아직껏 그가 준 결혼반지를 끼고 있다.

데릭이 사망한 후 곰베의 관광 금지 조치도 해제되었다. 학생 식당은 오늘날에는 얇은 파티클 보드로 칸막이를 쳐서 관광객을 위한 객실로 쓰고 있다. 탄자니아 공원 관리들은 제인이 아프리카인 직원과 그들 가족을 위해 만든 숙소로 이사해 왔다. 30여 직원들은 삼림 경비원과 공원 관리들을 수용하는 새로운 질서 아래 비좁게 생활하지 않을 수 없었다. 이제 열댓 명의 관광 운

과학자들

영자가 백인 방문객을 곰베에 데려오고 있다. 하지만 백인 연구자에게는 여전히 특별한 경우를 제외하고는 현장 연구가 금지다. 제인은 이제 1년에 불과 몇 번만, 한 번에 고작 몇 주만 곰베에 머문다.

———————

최근 한 여론조사에 따르면 제인 구달은 서구사회에서 살아 있는 과학자 가운데 가장 지명도가 높은 것으로 나타났다. 저명한 하버드 대학 생물학자이자 과학사학자 스티븐 제이 굴드는 1989년 《내추럴 히스토리》에 게재한 칼럼에 이렇게 썼다. "곰베에서 진행했던 연구는 충격적인 결과와 함께 과학에서 가장 위대한 성취로 영원히 남을 것이다."

로저 파우츠는 "그녀의 업적은 거의 아인슈타인에 필적하는 것"이라고까지 말한다. 그는 제인이 침팬지의 사냥, 전쟁, 도구 사용을 발표했을 때와 마찬가지로 신호 언어를 사용하는 침팬지 와슈에 대한 연구로 인간만이 언어를 사용하는 유일한 존재라는 주장에 도전장을 던진 인물이다.

제인의 접근법은 한때 아마추어적이라고 비웃음을 사기도 했지만 이제는 다른 현장 동물행동학자들이 동경해 마지않는 모범으로 거론된다. 이제 몇몇 존경받는 과학자들은 우리 시야를 어둡게 만드는 것은 감정이입의 강조가 아니라 바로 이론과 방법론이라는 렌즈라고 주장한다. 파우츠가 말한다. "대다수 과학자는 여러 이론으로 무장해 있고 그 이론에 동물들을 억지로 꿰어

케냐 스위트워터 생추어리에서
구조된 침팬지와 시간을 보내고
있는 제인 구달.

맞추려고 합니다. 하지만 제인이 추구한 과학은 겸손한 과학입니
다. 그녀는 동물들이 자신에 대해 이야기하도록 기다립니다."

존 미타니가 말한다. "오늘날 현장 연구의 여러 폐해 가운데
하나는 방법론적으로 너무 엄밀하다는 점입니다. 사람들은 동
물을 더 이상 지켜보려고 하지 않습니다. 사람들은 미리 가설을
가지고 있고 그 가설을 입증하려고 현장으로 나갈 뿐입니다. 이
러한 방식은 눈가리개를 하고 보는 것이나 마찬가지입니다."

그는 콘라트 로렌츠의 탄식을 되풀이하고 있다. 로렌츠는
1981년 『동물행동학의 기초The Foundations of Ethology』에서 "오늘날
연구자들은 앎의 원천으로서 지각perception을 인정하지 않고 있
다. [……] 나는 스스로 동물행동학자라고 여기는 젊은 연구자에
게 동물에 관한 지식이 비참할 정도로 결여되어 있다는 사실을

매우 애석하게 생각한다."고 썼다. 로렌츠는 연구 대상 동물에 대한 관찰자의 순정한 사랑으로 이루어지는 장기 연구, 즉 '아마추어리즘' 부활을 촉구했다. 그는 "이것은 오직 연구 대상 동물의 매력에 불합리할 정도로 즐거움을 느끼고 그 동물에 자신의 시선을 고정시키는 사람만이 성취할 수 있는 것"이라고 밝혔다.

제인의 연구는 개체성, 관계, 감정이입 등을 여성적으로 강조하는 과학관, 그리고 과학을 하는 새로운 방법에 대한 어렴풋한 이해를 인도해 왔다. 스티븐 제이 굴드는 제인의 『인간의 그늘에서』 1989년 개정판 서문에 이렇게 썼다. "우리는 조작, 실험, 양적 연구로서 과학을 생각한다. 하지만 고유성을 박탈하고 수량화가 가능한 최소 공통분모만을 찾아내는 실험실용 기술은 실제 역사가 지닌 풍부함을 결코 온전하게 포착할 수 없다."

제인의 힘은 바로 통제를 멈추었다는 데에서 비롯되었다. 오늘날 이는 이전의 남성들이 지적했던 대로 수동적 행동이 아니라 하나의 소중한 성취로 받아들여지고 있다. 그녀는 통제하지 않음으로써 비로소 볼 수 있었으며 떠나지 않고 오래 머무르도록 자신을 격려할 수 있었다. 『곰베의 침팬지』에서 제인은 "나는 즉시 상당한 수준으로까지 개체 침팬지에게 감정적으로 몰입하도록 스스로 허용했다. 그러지 않았다면 아마도 그 연구는 훨씬 이전에 끝났을 것이다." 많은 여성 동물행동학자가 제인의 방침에 따라 연구 대상 동물과 장기적인 관계에 정서적으로 몰입하고 그에 감정이입 했다. 그들 대다수는 제인처럼 접근, 평등, 귀성을 주제로 한 스토리텔러들이다. 앨리슨 졸리는 20년 넘게 연구해 온 마다가스카르의 여우원숭이에 관해 수많은 책을 출간했다. 그 가운데 하나가 『우리의 세계를 닮은 세계A World Like Our Own』다. 제인의 학생 바버라 스무츠는 개코원숭이를 장기 연구한 이로 잘 알려져 있으며, 영장류학자 셜리 스트럼은 저서 『인간과 아주 흡사한Almost Human』에서 개코원숭이 사회에서 우정이 맡은 역할을 설명하고 있다. 과학적인 훈련을 전혀 받지 않고 현장에 들어간 신시아 모스는 감동적인 저서 『코끼리에 관한 기억Elephant Momories』에 케냐 암보셀리 국립공원에서 코끼리 떼와 함께 살았던 14년간의 생활을 소개한다.

그러나 제인 접근법의 가장 유명하고 가장 직접적인 후예는 역시 다이앤 포시와 비루테 갈디카스다. 그들은 제인과 함께 루이스 리키의 '프라이메이트' 삼총사였으며 제인의 개척자적인 연구에 직접 의존했다. 하지만 많은 점에서 그들이 선택한 길은 제인보다 훨씬 더 험악하고 한층 더 고난에 찬 것이었다.

6

다이앤 포시, 니라마카벨리의 희생

그녀는 르완다에서 니라마카벨리로 통했다. 자부심과 유감을 동시에 느끼면서 그녀는 사람들에게 그게 무슨 뜻인지 말해 주곤 했다. "'남자 없이' 산에서 '혼자' 사는 늙은 여자……." 하지만 다이앤 포시는 비룽가산에서 완벽하게 혼자인 적은 거의 없었다. 연구를 시작할 때부터 르완다인 수색자들과 요리사 한 명이 그녀와 동행했다. 나중에는 직원들이 차츰 늘어났고 서구 학생들도 그녀와 함께 연구하기 위해 합류했다. '남자 없이', '혼자'라는 표현은 그녀가 고릴라를 연구하면서 치러야 했던 희생을 이르는 것이다. 그녀는 밀렵꾼과의 싸움에서, 그리고 (자기 생각에) 자신을 잘 이해하지 못했던 서양 과학자 집단과의 투쟁에서 정말이지 '혼자'였다. 숨 막힐 정도로 험준한 지형과 가난, 미칠 듯한 욕망과 고투하는 중에도 여전히 '혼자'였다.

비룽가 분화구는 골이 지고 진흙 투성이며 차갑고 음침하다. 연 강수량이 1700밀리미터 정도인데, 비는 평균 하루에 두 시간가량 내린다. 차갑고 우중충한 빗물은 속세와 장벽을 치며 태양에 대한 기억마저 잊게 만든다. 수주에 한 번씩은 엄청난 기세로 우박이 쏟아진다. 우박이 퍼붓고 나면 양철 지붕으로 된 움막의 처마는 망치로 두들긴 것처럼 우그러지고 비틀어져 버린다. 이것이 다이앤이 말한 '우주비행사의 우울증', 즉 몸이 떨리고 열이 나고 땀을 쏟게 만들며 터지는 울음을 제어할 수 없게 하는 폐쇄공포증을 유발하는 날씨다. 학생들 가운데 몇몇은 이 증상을 견디지 못해 급기야 떠나야 했다. 어떤 학생은 캠프에 온 지 사흘 만에 되돌아가기도 했다.

햇빛이 비치는 날조차 산 경사면은 미끄럽고 축축하고 여러 식물이 엉클어져 있어 오르내리기가 몹시 까다로웠다. 다이앤은 연거푸 추락해서 뼈가 부러지는 곤욕을 치렀다. 야생 샐러리와 쐐기풀이 1.8미터가량 웃자라 벌채용 칼로 가지를 치지 않고서는 한 치도 앞으로 나가기가 어려웠다. 어느 방향으로 향하든 모든 발걸음이 45도 급경사를 오르는 전쟁이다. 쐐기풀밭을 지날 때면 옷을 두 겹씩 껴입어도 풀잎이 전기 바늘처럼 고통스럽게 찔러 댄다. 한 번은 다이앤이 채 다 자라지 않은 쐐기풀밭을 요리조리 헤쳐 가다가 한 식물 줄기를 잡을 수 있다고 오인해 그만 물소의 다리 한 짝을 잡고 만 불상사가 발생했다. 놀란 물소는 그녀를 물고 쐐기풀밭 여기저기를 한참 동안 끌고 다녔다. 산허리의 낮은 경사면에는 장님개미가 살고 있는데 어찌나 지독하던지 사람이 몸에서 떼어 내려고 할수록 살 속에 더 깊이 머리를 처박으면서 좀처럼 떨어지려고 하지 않는다. 장님개미는 모직 양말 두 켤레를 파고들어 사람 다리를 깨물 정도로 강적이다. 그리고 이곳에는 밀렵꾼들이 설치한 여러 종류의 덫이 있다. 낙엽 더미 속에 숨겨 놓은 철사 올가미, 바닥에 박아 둔 뾰족하게 깎은 나무막대 덫, 방아쇠 철사를 건드리면 툭 떨어지게끔 되어 있는 함정……. 설상가상으로 눈에 보이지 않는 총탄과 화살의 위협도 늘 도사리고 있었다. 다이앤은 이런 위험 속에서, 그리고 자신이 사랑하는 동물들에 대한 끊임없는 두려움 속에서 살았다.

다이앤 캠프에서 필요한 식품은 모두 키니기나 루헹게리 마을에서 누군가가 머리에 이고 산을 통과해 날라야 했다. 그 식품들은 고작 두 주 정도밖에 보관할 수 없었다. 당연히 신선한 고기나 야채, 빵 따위는 구경하기 어려웠다. 그녀는 식용 기름, 설탕, 소금을 먹고 싶은 마음이 간절했지만 그것들 대신 기름 많은 깡통육, 소고기와 돼지고기를 섞어 만든 소시지, 콩, 이따금 가장 값비싼 치즈와 자신의 애완용 닭이 낳은 계란, 감자 등에 만족해야 했다. 매달 하순에 이르면 남는 음식이라고는 감자 몇 알이 고작이었다.

다이앤이 연구를 시작한 처음 2년간은 그녀가 고용한 아프리카인들이 그녀의 유일한 인간친구였다. 하지만 그들은 다이앤이 알아들을 수 없는 말을 썼고 그녀가 공감하지 못하는 문화권에서 자란 사람들이다. 스와힐리어를 조금 할 수 있기는 했지만 다이앤은 르완다 공식어인 키냐 르완다어는 제대로 구사하지 못했다. 카리소케에서의 첫날 그녀는 요리사가 자신을 죽일 계획이라고 말하는 줄 알았다. 단지 "물을 좀 따뜻하게 끓여 드릴까요?" 하고 물었을 뿐인데도 말이다. 그녀는 많은 르완다인의 제

2언어인 프랑스어도 유창하지 못했다. 프랑스어를 대할 때면 그녀는 매번 그에 상응하는 영어 표현을 찾느라 머리가 어질어질할 지경이었다. 하지만 그녀와 르완다인 수색자들 간의 불통은 언어 차이에서 비롯되는 것 이상이었다. 그들 중 누구도 그녀가 잘 숙성된 소고기를 좋아한다는 사실을 기억하지 못했고, 그녀를 위해 흰 침대보의 까슬까슬한 느낌을 떠올려 주지 않았다.

다이앤은 1976년 당시 후보 학생이었던 이언 레드먼드에게 편지를 썼다. "고독하다는 것, 좋은 음식을 못 먹는다는 것, 궂은 날씨, 서류 처리와 온갖 잡역 때문에 학생 열여덟 가운데 열다섯 명이 나가 떨어졌어요. 나머지 세 사람은 고릴라와 함께 있다는 그 선물 하나 때문에 이 일을 사랑하게 되었고요. 내가 약속할 수 있는 보상은 고릴라뿐입니다. 매일의 작업 후에 쌓여가는 그들의 신뢰 외에 어떤 것도 더 욕심내서는 안 돼요."

하루 일과를 마치고 움막으로 돌아오면 다이앤은 자신에게 보상이 되어 주는 검은 형상의 털북숭이 얼굴들을 차례차례 떠올렸다. 디짓, 마초, 크웰리, 엉클 버트, 리 등으로 꾸며진 흑백사진이 벽면을 가득 채웠다.

다이앤은 성욕이 왕성했으며, 에르메스 의류, 고급 레스토랑, 보석류, 잘생긴 남성들에게 주목받는 일 같은 사치스러운 취향을 가진 여성이었다. 처음 아프리카로 사파리 여행을 떠날 때 그녀는 자신의 첫 번째 체류지인 나이로비의 고급 호텔에서 다른 투숙객들에게 과시하려고 모피 어깨걸이를 챙겨 갔다. 그녀는 남의 이목을 끄는 일을 즐겼으며 자신이 항상 첫 번째로 손꼽히길 바랐다. 친구들과 함께 하는 식사에서도 이야기와 농담으로 좌중을 홀리면서 본인이 늘 관심의 중심에 서려고 했다. 그녀는 춤추거나 손님을 위해 좋은 음식을 장만하거나 옷을 잘 차려입는 일을 즐겼다.

물리치료사로 10년 동안 일했던 켄터키주의 루이빌에서 다이앤에게는 남자친구가 많았다. 그녀는 고릴라를 연구하러 떠나오기 전 알렉시 포레스터와 약식으로 약혼한 상태였다. 언젠가 그가 그녀를 구해 내기 위해 산속 움막으로 찾아온 적이 있었다. 그는 그녀를 이렇게 구슬렸다. "당신이 여기 머물면 아마도 누군가에게 살해되어 토막 나고 말 거야. 아프리카인들은 당신이 여기 있는 걸 원치 않아." 그녀는 당장 그를 돌려보냈다.

다이앤은 임대 농가의 작은 별장에 자기가 직접 집을 지었고, 그 집을 무척 좋아했다. 가을이면 그녀는 잠자리에서 일어나기 무섭게 창가로 달려가 아름다운 풍광에 넋을 잃곤 했다. 그녀는 아동 병원에서 자신이 치료하던 아이들을 사랑했으며 그 아이들도 그녀를 곧잘 따랐다. 그녀는 다른 사람과 달리 장애 아동들과 소통을 잘했다. 그녀는 환자 기운을 북돋우기 위해 단조로운 진찰실 벽에 오즈의 마법사 그림을 그려 놓기도 하고, 그들을 즐겁게 해 주려고 숲에서 다람쥐를 꾀어 들이기도 했다. 그녀에게는 그 아이들과 자신의 집과 기르던 개 세 마리, 그리고 친구들을 떠나온 것이 "다른 어떤 일보다 힘들었다".

그녀는 그런 생활 대신 땀과 찬비에 젖은 삶, 그리고 안개로 뒤덮이고 길게 뻗은 나무가 뒤엉켜 있으며 진흙으로 미끈거리는 산의 세계를 선택했다. 하지만 그녀의 학문적 이력은 유명한 선배들에 의해 영영 빛이 가려졌고 그녀의 사랑도 일시적인 연애 사건들로 점철되었다. 그녀는 경제적 부, 가족, 아이를 간절히 원했지만 실상 비룽가의 작은 움막에서 홀로 외롭게 밤을 보내야 했다.

――――――――――――

1966년 순회강연차 루이빌에 들렀을 때 루이스는 올두바이에서 다이앤을 만난 적이 있었다는 사실을 기억해 냈다. 만난 지 3년이 지났지만 그녀의 이미지는 강렬하게 남아 있었다. 키가 크고 미인인 흑발 여인이 발목에 붕대를 감고 마운틴고릴라를 찾으러 가겠다며 비룽가 분화구 경사면을 비틀비틀 기어오르던 모습……. 루이스의 강연이 끝난 후 다이앤은 그에게《루이빌 쿠리어 저널》에 기고한 고릴라 사파리 여행에 관한 글과 자신이 찍은 그 거대하고 수줍은 영장류 사진을 보여 주었다.

　루이스는 다음 날 그녀에게 만나자고 제안했다. 그는 다이앤을 만났을 때 당시 곰베에서 6년째 연구를 계속하고 있던 제인 구달을 입이 닳도록 칭찬하느라 시간 가는 줄 몰랐다. 그는 아버지로서 자부심을 가지고 제인에 대해 이야기했다. 그럼에도 다이앤은 그가 자신을 여성 수제자 일가로 맞아들이려 한다는 것을 눈치챘다. 그녀는 이제 바야흐로 그의 두 번째 유인원 여성이 되려는 중이었다. 다이앤은 처음에는 그 자리를 제인에 대한 질투심을 품은 채 받아들였지만 나중에는 2인자 자리라도 확고하게 고수하려고 애썼다.

다이앤이 연구를 시작하기 전에 루이스는 그녀가 제인이 밟아 온 발자국을 말 그대로 고스란히 되밟도록 준비시켰다. 우선 밴과 주디가 사는 런던 아파트 방문 차 사흘 동안 영국에 체류한 후, 이어서 제인과 휴고가 있는 곰베에 들르도록 일정을 짰다.

다이앤이 나이로비에 도착하자 루이스는 지갑을 풀어 그녀를 챙겼다. 그는 그녀가 중고 지프차 랜드로버를 사는 것을 도와주고 함께 그 차의 이름을 릴리라고 지어 주었다. 텐트를 두 벌 주문해 주었고, 코린돈 박물관에 도착한 텐트를 어떻게 세우는지 보여 주겠다고 고집을 피웠다. 그러더니 둘 가운데 더 큰 텐트를 박물관 잔디밭에 4분 만에 후다닥 설치했다. 다이앤은 양식을 사러 이리저리 돌아다니고, 루이스는 3년 전 아프리카 사파리 여행에서 그녀가 만난 적 있는 사진작가 앨런 루트에게 그녀와 콩고까지 동행해 텐트 설치 작업을 돕도록 조치해 놓았다.

루트는 다이앤과 함께 이틀 동안 카바라초원에 머물렀다. 그러고는 1967년 1월 15일, 그녀의 서른다섯 번째 생일 바로 전날 그곳을 떠났다. 다이앤은 『안개 속의 고릴라』에서 "혹시 그를 쫓아가고 싶을까 봐 텐트 기둥을 꼭 붙잡고 있었다."고 털어놓았다.

혼자 남았다는 공허함이 몇 주 동안 그녀를 괴롭혔다. 다이앤은 루이스가 그렇게 가져가라고 우긴 단파 라디오를 들을 마음도, 자신이 챙겨온 대중과학 서적을 읽을 생각도, 심지어 타자기를 사용할 마음도 생기지 않았다. 그녀는 "바깥 세계와 교신할 수 있는 것들은 모두 나를 더욱 심한 외로움에 빠뜨릴 뿐이었다."
고 썼다. 다이앤은 칠흑 같은 아프리카 밤의 심연 속에서 갈망과
외로움을 마주하고서야 비로소 스스로를 정화시킬 수 있었다.
엄혹한 고독에 힘입어 자신을 비워 낸 뒤 맑고 넓은 그릇이 된 그
녀는 비로소 연구 대상 동물의 삶으로 그 자리를 가득 채울 수
있었다.

———————

베를린에서 태어난 젊은 동물학자 조지 셸러는 64제곱킬로미터
에 걸친 아프리카삼나무 수림지 카바라의 3060미터 고지에서
1959년 8월부터 1960년 9월까지 야영했다.

　　셸러는 나무 기둥 뒤에 숨어서 고릴라를 관찰하려고 애썼
다. 하지만 자신의 시력과 유사하다고 판단되는 고릴라는 그를
발견하기만 하면 달아나기 바빴다. 또 한 가지 관찰법은 한 집
단을 완전히 다 볼 수 있도록 40~50미터 이내로 접근하는 것이
었다. 셸러는 10~15분 정도 계속 접촉한 후에 몇몇 집단은 그가
4~5미터 이내로 접근하도록 허용한다는 사실을 알게 되었다. 고
릴라와 300회 넘게 마주치는 동안(466시간 관찰하는 동안) 그는 개
체 191마리를 확인할 수 있었다. 여섯 집단의 구성원들은 완전히
그의 존재에 익숙해졌다. 어떤 고릴라는 그가 앉아 있는 나무에
기어올라서 호기심 어린 눈길로 그를 빤히 쳐다보기도 했다.

　　과학 논문과 1962년 저서『고릴라의 해The Year of the Gorilla』에서

셸러는 '괴물 킹콩'이라는, 그때까지 지배적이던 고릴라 이미지에 도전했다. 대신 그는 그들을 몸집이 거대하고 힘도 세지만 기본적으로 결속력 강한 가족을 구성하며 사는 '유순한 채식주의자'라고 묘사했다. 그는 그들의 얼굴 표정, 발성법, 몸짓 등을 목록으로 분류해 놓았고 그들의 동작에 대해 정밀한 그림을 그렸으며 그들의 섭생을 분석했다. 그는 어미가 새끼를 쓰다듬거나 데리고 다닐 때 얼마나 조심스러운지, 은백색등이 가슴을 쿵쿵 두드리는 과시 행동을 할 때 얼마나 사나운지에 대해 기록했다. 또 집단의 성격에 특성을 부여할 뿐 아니라 움직임을 결정하는 은백색등이라는 존재의 특징에 대해서도 특별히 언급했다. 그의 연구는 탁월하며 철저하다고 정평이 나 있었다.

다이앤은 셸러가 연구한 곳과 똑같은 카바라초원에 캠프를 설치하고 7년 전 그와 함께 일한 산웨크위를 다시 수색자로 고용했다. 그녀는 카바라에서 6개월 반 동안 셸러가 연구한 열 개 집단 가운데 다섯 개와 마주쳤다.

첫 관찰 시도는 그녀 스스로도 인정하는 것처럼 아마추어적이고 서툴렀다. 앨런 루트가 함께 있었을 때 다이앤은 검고 축축한 대지에 찍힌 고릴라의 무릎관절 자국을 뒤쫓기 시작했다. 5분 후 그녀는 자기 뒤에 앨런이 따라오지 않는다는 것을 알아차렸다. 다이앤은 그 흔적을 처음 발견한 장소로 되돌아왔다. 앨런이 정중하게 말했다. "다이앤, 앞으로 고릴라를 만나려면 그들 흔적을 거꾸로 밟아가기보다 그들이 가고 있는 방향의 자취를 따라가야 합니다."

다이앤은 처음에는 고릴라에게 말없이 접근하고 숨어서 그들을 지켜보았다. 하지만 점차 그들 소리를 흉내 냄으로써 안심시키며 고릴라에게 자신의 존재를 알렸다. 그녀는 가려운 데를 벅벅 긁거나 음식물을 우적우적 소리 내 씹거나 만족스럽게 트림하는 듯한 소리를 흉내 냈을 뿐 아니라 때로 가슴을 쿵쿵 치면서(셸러가 이 행동을 분명 공격성과 도전의 신호라고 밝혔음에도) 집단에게 인사를 건네기도 했다.

1967년 7월 다이앤은 고릴라가 바야흐로 자신의 존재를 익숙하게 받아들인다는 것을 느낄 수 있었다. 여섯 달 반 동안 각 집단의 흔적과 무릎관절 자국을 뒤쫓고 그들의 두려움을 누그러뜨리려고 야생 샐러리 줄기를 씹으면서 그녀는 세 집단의 성원 총 50마리에게 10미터 이내로 접근할 수 있게 되었다.

하지만 여섯 달째 아흐렛날 그녀의 카바라 생활은 느닷없이 막을 내렸다. 반란 지도자 모이스 촘베를 따르던 유럽 용병들이 키상가니와 부카부 지역을 점령한 것이다. 콩고 동부 전역은 포위당했고 우간다와 인접한 국경도 전면 봉쇄되었다. 심지어 마을 길에도 군인 행렬이 이어졌다. 우편과 전화 서비스는 중단되고 항공기 왕래도 모두 막혔다. 공원 관리자는 군인을 산 위로 급파해 다이앤에게 연구 현장을 떠나라고 지시했다.

다이앤은 나중에 자신이 콩고를 탈출한 이야기를 감금, 살해 위협, 강간 등의 거짓말로 윤색하거나 과장했다. 『안개 속의 고릴라』에서 그녀는 자신이 포로로 잡혔으며 이내 당도할 콩고 군장성의 성적 노리갯감으로 귀에 표식을 당했다고 썼다. 밥 캠

　　　　　　　　　　　　　　　　　　　과학자들

벨에게도 콩고 군인들에게 강간당했다고 말했다. 하지만 다이앤이 서명한 진술서에 따르면 콩고 군인과 벌인 실랑이는 그녀의 랜드로버 등록만료 기한을 두고 옥신각신한 일 한 번뿐이다. 그녀는 강간을 당하지도 않았고 총격의 위협을 받은 적도 없으며 포로로 잡히지도 않았다. 다이앤이 처한 상황은 험악했고, 등록만료된 차로 폐쇄된 국경을 넘어 콩고를 탈출한 것(이는 그녀가 기민하게 뇌물을 찔러 줌으로써 가능했다.)은 분명 대단한 담력을 필요로 한 일이었다. 그럼에도 그런 상황을 두고 사실과 다른 이야기를 꾸며 댄 것은 다이앤이 그 일을 호된 시련으로 진지하고 심각하게 받아들이지 않았음을 뜻한다.

가까스로 나이로비에 당도한 다이앤은 루이스와 함께 자신의 장래 계획을 재론했다. 루이스는 그녀에게 새로 로랜드고릴라를 연구해 보거나 오랑우탄에 대한 장기 프로젝트를 시작해 보면 어떻겠냐고 제안했다. 하지만 다이앤은 단호히 거부했다. 그녀는 마운틴고릴라 연구를 계속하고 싶었다. 그래서 2주 만에 이번에는 비룽가 분화구의 르완다 쪽, 콩고 국경에서 불과 8킬로미터밖에 떨어지지 않은 곳에 새로운 연구 현장을 개설했다.

나중에 루이스는 다이앤에게 편지를 띄워서 그녀가 연구를 재개하도록 허용한 것에 대해 자신을 비판하는 소리로 나이로비가 떠들썩하다고 알렸다. 그가 공모자로서 자부심을 노골적으로 드러내면서 전한 소식이었다. "만약 낯선 장소에서 작업하지 않을 수 없는 당신이나 나, 제인 같은 이들이 개인의 안전을 가장 앞세운다면, 우리는 결코 그 어떤 일도 해내지 못할 거요. […]

내가 보기에 합리적 예방 조치를 취하고 일부러 과도한 위험을 무릅쓰지만 않는다면, **작업은 계속되어야 해요.**"

───────────

"사람들은 다이앤이 고릴라에게 익숙해지는 데 얼마나 많은 시간이 걸렸는지 잘 이해하지 못하는 것 같다."고 그녀의 친구 로사먼드 카는 말한다. 로사먼드가 다이앤을 만난 것은 쉰다섯 살 때의 일이다. 그녀와 마흔다섯 살의 벨기에인 이웃 알예트 데뭉크는 다이앤이 카리심비산과 비소케산 사이에 있는 말 안장처럼 생긴 터에 새로운 캠프를 짓는 작업을 도와주었다. 이따금 일행은 다이앤과 함께 산에 올라 고릴라 흔적을 뒤쫓는 일에 동행하기도 했다. 그들은 고릴라가 위협적으로 가슴을 두들기거나 멀리 있는 무리를 향해 '우우' 야유하는 소리를 들었다. 하지만 로사먼드는 "고릴라를 본 적은 한 번도 없었다".

카리소케에서 보낸 첫 달에 다이앤도 고릴라를 구경조차 못했다. 그들을 힐끗 보지도 못한 채 몇 주가 하릴없이 흘러갔다. 조지 셸러를 본 적이 있었던 카바라의 고릴라와 달리 르완다의 마운틴고릴라는 사람을 오직 밀렵꾼, 사나운 사냥개의 지휘관, 화살이나 총탄의 사수 등으로만 여겼다. 그래서 이 수줍은 동물 삶으로 들어가려는 다이앤의 노력은 매우 절제되고 겸손한 방식으로 서서히 진행될 수밖에 없었다.

그녀는 그들을 놀라게 하고 싶지 않았다. 처음에 그녀는 숨어 있으려고 애썼다. 그 후 점차 트림 소리와 '와그작' 소리를 내며 그들 무리가 가까이 다가오면 철썩 때리는 소리, 혹은 트림 소리로 알은체하며 조심스럽게 살금살금 기어서 그들에게 다가갔다. 때로 그녀는 그들을 보기 위해서가 아니라 자신이 꾸려 가는 그 관계에 예의를 다하기 위해서 나무에 올라가기도 했다. 그녀가 학위 논문에 썼듯이 "그 집단이, 특히 은백색등이 관찰자 위치를 파악하는 게 중요했기 때문이다". 제인이 곰베의 제인 봉우리에서 그랬던 것처럼 다이앤도 그들을 향해 말없이 똑같은 약속을 건넸다. "나는 여기에 있다. 나는 너희들을 해치지 않는다. 나는 다만 너희들을 기다리고 있을 뿐이다."

다이앤은 고릴라처럼 무릎관절로 걸으며 그들에게 30미터 이내로, 20미터 이내로, 15미터 이내로, 10미터 이내로 차츰 거리를 좁혀 갔다. 가려운 듯이 몸을 긁거나 쌉싸름한 야생 샐러리를 씹으면서 그녀는 악의 없고 조용한 모습으로 나뭇잎 속에 자리 잡은 채 무릎 꿇고 앉아 있기도 했다. "**나는 여기에 있다.**" 다이앤은 트림하는 듯한 발성으로 말했다. "**나는 너희들을 해치지 않는다.**" 그녀는 자신이 취한 자세로 약속했다. "**나는 너희들 가운데 하나다.**" 와삭와삭 샐러리를 깨물고 몸을 긁어 대면서 그녀가 말했다.

그녀는 처음 2년 동안 고릴라와 전에 접촉했던 지점을 넘어서까지 그들을 따라가지는 않았다. 그들이 추적당하고 있다고 느끼지 않도록 하기 위해서였다. 제인처럼 다이앤도 연구 대상 동물에게 그들의 존재를 보여달라고 강요하는 대신 자신의 존재를 보여 주는 것으로 시작했다. 하지만 다이앤은 제인과 달리 자신의 연구는 '순수한 것이 되어야겠다'고 다짐했다. 침팬지에게 식량을 제공한 일을 두고 제인에게 가해진 비판을 유념하고 있었던 것이다. 사람들은 제인이 침팬지의 자연적인 섭식 행위를 인위적으로 변화시키려 한다고 비난했다.

다이앤은 설령 자신이 그렇게 하고 싶다 한들 애초부터 음식물을 가지고 고릴라를 꼬드길 수는 없음을 잘 알고 있었다. 고릴라 세계는 먹을 것으로 가득하고 식량이 지천이어서 그들은 그 음식물 위에서 잠을 자거나 그걸 밟고 다녔던 것이다. 그녀는 다만 자신이 추적한다는 느낌을 주거나 너무 가까이 접촉하려다 그들을 불안하게 만들지 않도록 경계했다. 다이앤은 이렇게 평화롭고, 이렇게 이상적인 가족의 평온을 깨트리는 침입을 자신에게 허락하지 않았다.

그래서 그녀가 캠프를 세운 지 1년이 지났을 즈음인 1968년 8월 내셔널 지오그래픽 협회의 사진작가 밥 캠벨이 카리소케에 당도했을 때 그는 필름에 담을 게 거의 없다고 여겼다. "당시 고릴라는 아주 야생 그대로로 전혀 길들여지지 않은 상태였어요. 나는 18개월 동안 큰 문제를 안게 되었죠. 다이앤은 자신의 관찰법에 나를 묶어 두려 했어요. 그녀는 내가 그 동물을 괴롭히거나 그들의 반응을 유도하기 위해 무슨 일인가 도모하는 것을 용납하지 않았어요. '단지 밖에 나가서 그들을 찾아보라, 좋은 관찰 지점에 앉아라, 그러면 그들이 뭘 하는지 볼 수 있을 거다.' 이런 식이었죠. 하지만 나는 도무지 그들을 내내 따라다닐 수 없었어요."

"10~15미터 정도 떨어져 앉아 있으면 전체 집단을 보는 것조차 불가능해요. 편안하게 앉아서 그들이 자신을 드러낼 때까지 기다리다가는 내가 원하는 걸 얻지 못할 게 너무나 분명했죠."

밥은 처음에는 그 사실이 분명한 만큼이나 다이앤이 자기와 함께 있고 싶어 하지 않는다는 것도 분명하다고 느꼈다. 밥은 고릴라를 위협하는 듯한 자신의 존재를 그녀가 혐오스러워하는 것 같다고 생각했다. 하지만 다이앤은 그를 의식하지 않을 수 없었다. 키가 180센티미터나 되는 그녀는 겉으로야 강하고 당당하게 보이지만 실은 가파른 경사면을 기어오르려고 전력투구하고 있었고, 천식으로 자주 멈추어 서서 숨을 헐떡거렸으며, 수시로 미끄러지거나 추락했다. 그때마다 밥은 발걸음을 멈춘 채 그녀를 기다려 주어야 했다.

밥이 말했다. "다이앤은 그 산에 살면서 자기가 얼마나 고생하는지 남들이 보게 되는 걸 비참하게 여겼어요. 그러면서도 자기가 겪는 어려움을 목격자들이 알아채기 힘들 만큼 충분히 산 생활에 익숙해 있지도 못했죠."

밥은 절망에 빠졌다. 1년 반 동안 그가 건진 거라곤 무비카메라 렌즈로 찍은, 다이앤이 고릴라에게 3미터 이내까지 다가간 사진 두 장이 고작이었다. 당시 내셔널 지오그래픽 협회는 제인이 침팬지에게 바나나를 건네주고 털을 쓰다듬고 새끼들과 노는 사진을 확보하고 있었다. 그들은 다이앤에게서도 더 많은 걸 얻기를 고대했다.

한 번은 밥이 고릴라와 함께 있는 다이앤을 사진에 담으려고 산등성이 너머에서 뭔가를 먹고 있는 제8집단을 추격해 보라며 그녀를 부추겼다. 그는 트인 시야를 확보하는 데 나뭇잎이 방해가 안 되려면 아래부터 위로 그들에게 다가가야 한다고 다이앤에게 주문했다. 그 집단의 은백색등 라피키가 갑자기 그녀에게 돌진해 왔을 때 그녀는 그들과 10여 미터밖에 떨어져 있지 않았다.

밥은 몹시 위험한 상황이었다고 당시를 떠올린다. "집단 전체가 갑자기 한꺼번에 그녀에게 덤벼들었어요. 다섯 마리 고릴라는 가까운 거리에서 거슬리는 비명을 지르고 산골짜기의 가파른 경사면 아래로 나뭇잎을 던지면서 으르렁거렸죠." 돌진과 비명은 30분 동안 계속되었다. 다이앤은 그들에게 구부린 등을 보이고 뭔가를 먹는 체하면서 앉아 있었다. 다이앤은 그들이 어디에 있는지 도저히 분간할 수 없었다. 그녀는 잡지 《옴니》에 실은 글에서 "비명 때문에 귀가 너무 멍멍해져서 대체 어디에서 소리가 나는지 알 수 없었다."고 했다. 그들은 털을 곤두세우고 송곳니를 위협적으로 드러내고 구역질 나는 악취를 풍기면서 연신 그녀에게 덤비며 새된 비명을 질러 댔다. 갑자기 그들은 19세기 탐험가 폴 벨로니 두 샤일루가 묘사한 고릴라로 돌변해 있었다. "마치 악몽을 꾸는 것처럼 극악무도하고 믿기 어려울 만큼 무시무시하다. 어떤 말로도 그들 겉모습의 혐오스러움, 공격의 사나움, 악마적인 적의를 품은 듯한 그들의 본성을 온전히 표현할 수 없을 것이다. 그들은 난폭한 광기를 품었고 야만적이고 몸집이

거대하고 털이 많고 공격적이고 교활하며 약탈을 일삼는 짐승이
다.”

　마침내 고릴라들이 그녀를 놔주고 자리를 떴을 때 밥은 호
된 시련으로 겁에 질려 있을 다이앤에게 황급히 달려갔다. 하지
만 다이앤은 떨거나 울고 있지도 않았고 다친 데도 없었다. 그녀
는 밥에게 화를 냈다. 아래에서 위로 그들에게 다가간 것은 순전
히 ‘밥의’ 아이디어였기 때문이다. 무엇보다 다이앤은 그 일로 마
음에 큰 상처를 입었다. “그녀는 이전에는 우호적이던 그 집단이
불시에 자신을 향해 공격을 감행했다는 점, 그리고 그렇게나 무
자비한 존재로 뒤바뀔 수 있었다는 점에 대해 적잖이 놀랐고 충
격을 받았다.”고 그는 말했다. 그녀는 얼마간 자신이 그들 기대를
저버리고 그들에게 실망을 안겨 주었으며 자신에 대한 그들의 신
뢰는 이미 깨진 유리처럼 산산조각 났다고 느꼈다.

———————

　밥은 그 후 2년 동안 사진을 얻기 위해 이따금 카리소케를 다시
찾았다. 그는 점차 다이앤의 신뢰를 얻기 시작했다. 밥은 그녀를
거들어 트와족 밀렵꾼이 설치한 덫을 제거하거나 헤매며 돌아다
니는 투치족의 가축을 몰아냈다. 그는 밀렵꾼이 독일 쾰른 동물
원에 팔아넘기려고 생포한 고릴라 코코와 퍼커가 안쓰럽게 앓고
있을 때 다이앤이 그들을 돌보던 일에 대해 살살이 기록했다. 때
로는 다이앤, 알예트와 작은 텐트에서 함께 캠핑하면서 그들의

등짐을 대신 날라 주고 그녀의 고릴라 개체수 조사 작업을 거들기도 했다. 밥은 다이앤이 르완다인 직원에게 고릴라를 뒤쫓는 기술, 고장난 랜턴과 난로를 수리하는 방법, 당시 그녀가 초록색으로 칠했던 양철로 새 움막을 짓는 방법 등을 교육하는 일에 힘을 보태기도 했다.

그러는 사이 그가 그곳에서 작업하기로 되어 있던 기한이 거의 임박해 갔다. 밥은 자신의 사진 작업 때문에 다이앤이 마침내 고릴라들 내부로 움직이게 되었다고 말한다.

밥 캠벨이 자신의 이야기를 내게 들려주었을 때, 그는 나이로비 외곽에 있는 그의 집에서 차 도구 한 벌을 옆에 두고 안락의자에 앉아 있었다. 그는 여전히 호리호리하고 우아하며 부드러운 음색을 지닌 잘생긴 남성이었다. 밥은 오랫동안 한쪽 눈으로는 카메라 렌즈를 들여다보고 다른 쪽 눈으로는 찍을 대상을 응시하느라 양 눈의 근육이 불균형해진 것을 교정하기 위해 안경을 착용하고 있다. "우리는 협정하기에 이르렀어요. 나는 내 방식을 고집했고 그녀 역시 자기 방식을 밀고 나갔어요. 그래서 내가 먼저 여기저기 기어다니기 시작했죠. 나는 그들 속에 나를 들여놓았어요. 결국 그들이 와서 나를 만지는 상태까지 이르렀죠. 그런 일이 생기기가 무섭게 나는 그들이 카메라 앞에서 그렇게 할 수 있도록 다이앤을 거기 들여놓고 싶었지요."

밥이 계속했다. "고릴라를 성가시게 하길 한사코 거부하는 그녀의 고집을 꺾느라 약간 시간이 걸렸어요. 그녀는 그들 생활을 너무 과하게 방해하는 걸 싫어했어요." 다이앤은 수줍게, 그러나 눈은 떼지 않으면서 숨을 죽이고 몸을 낮추었다. 그런 다음 고릴라들 앞에 무방비 상태로 드러누워 움직이지 않고 가만히 있었다. 제8집단에 속한 피너츠가 처음으로 다가와 그녀 손가락에 자기 손가락을 댄 것은 바로 그녀가 나뭇잎 속에서 이렇게 비스듬하게 누워 있을 때였다.

"다이앤은 처음에는 조금 확신이 없었어요. 그저 관찰자로만 남아 있으려고 애썼죠. 그러다 차츰 그 동물들이 자신을 만지도록 허용했어요." 밥은 잠시 말을 멈추었다. "그런데 그녀는 완전히 압도당했어요."

———————

1970년 1월 다이앤은 박사학위를 따려고 케임브리지 대학에 입학한 루이스의 두 번째 수제자가 되면서 자신이 또다시 제인의 발자국을 되밟고 있다고 느껴야 했다.

다이앤은 새너제이 주립대학에서 물리치료사 학위를 땄지만 석사학위는 소지하고 있지 않았다. 루이스는 그녀 역시 제인처럼 박사 논문을 쓰기 전에 통상적으로 요구되는 석사학위를 건너뛸 수 있게 조치해 주었다. 다이앤도 제인처럼 케임브리지 대학을 아주 싫어했다. 그녀는 첫 학기 동안 "저는 케임브리지가 아프리카가 아니라서 싫어요. 마치 두더지가 된 기분이에요."라고 루이스에게 편지를 써 보냈다. 하지만 그녀는 더 많은 보조금을 따내려면 자신이 '조합원증'이라고 불렀던 박사학위가 필요하다는 것쯤은 유념하고 있었다.

다이앤은 초기 발견에서 충격적이라고 할 만한 성과가 거의 없었던 상태라 제인만큼 화려하게 케임브리지 대학에 입성하지는 못했다. 카리소케에 처음으로 흰개미가 들끓기 시작했을 때 다이앤은 자신도 제인처럼 고릴라가 풀가지나 작은 나뭇가지를 이용해 그 즙 많은 곤충을 잡아먹는 모습을 관찰할 수 있었으면 했다. 하지만 실망스럽게도 고릴라가 도구를 사용한다는 증거는 찾아내지 못했다. 고릴라가 사냥한다는 증거 역시 발견하지 못했다. 그들은 나뭇잎이나 나무줄기, 나무껍질, 버섯, 흙, 달팽이, 썩은 나무껍질에서 찾아낸 굼벵이 따위를 주로 먹었다.

하지만 제인의 지도 교수였던 로버트 힌데는 다이앤에게 "나는 당신이 수집한 자료에 깊은 감명을 받았다."고 말해 주었다. 그녀가 수집한 자료는 모두 수백 쪽에 달하는 분량으로 연구 나날에 대한 기록, 고릴라의 이동 흔적, 발성법, 가족 구성원의 동작, 먹고 쉬면서 보낸 시간, 그들의 영역을 표시한 지도 등을 담고 있었다. 그녀는 개체를 식별해 내는 색다른 방법을 개발하기도 했다. 개인마다 지문이 제각각이듯이 고릴라는 각기 콧날 모양이 다르게 생겼던 것이다.

제인과 마찬가지로 다이앤도 자신의 연구 대상 동물에게 이름을 지어 주었다. 하지만 이것은 1970년의 일로, 존경받는 셸러조차 그보다 훨씬 전에 자신이 연구한 고릴라에게 이름을 붙여 준 바 있었다. 이 아이디어는 물론 그때에도 전적으로 수용된 것은 아니지만 더 이상 특별한 일이 아니었다.

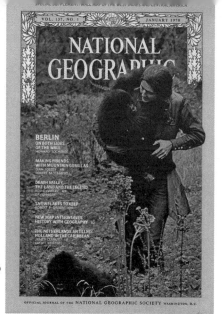

1970년 1월《내셔널 지오그래픽》
표지 기사에 실린 다이앤 포시는
수백만 사람들 뇌리에 영웅적
여성으로 각인되었다.

　　로버트 힌데는 루이스 리키의 두 번째 수제자가 통계와 측량
과 지도를 중시하는, '새로운 동물생물학'에 귀의한 고분고분한
사람이 되기를 희망했다. 그는 다이앤과 사이좋게 지냈고 이따
금 그녀 아파트를 찾아가기도 했다. 그녀는 그를 격의 없이 로버
트라고 불렀으며 그가 하는 말을 주의 깊게 경청했다. 한 번은 다
이앤이 친구 슈바르첼 부부에게 자신은 수집한 자료를 샅샅이
검토하고 과학적으로 기술하는 재미에 흠뻑 빠져 있다고 편지를
써 보낸 적이 있었다. 여전히 극복하지 못한 질투심을 드러내며
분명 자기 지도교수가 했을 법한 말을 본떠 "이건 제인 구달도 하
지 못했던 굉장한 것"이라고 덧붙이면서.

　　하지만 다이앤은 남성 지배적인 경험 과학의 가장 중요한 규
칙을 배우는 데는 결국 실패하고 만다. 그 규칙이란 자신의 연구

대상 동물과 분리의 선을 긋는 것, 그들로부터 거리를 두는 것, 관찰자와 관찰 대상 간에 벽을 치는 것이다.

내셔널 지오그래픽 협회의 윌리엄 그로스베너는 "만일 그녀가 초연하고 공평무사한 학문적 관찰자가 되려는 초기 경향을 계속 밀고 갔다면 그녀 연구는 금세 중단되고 말았을 것"이라고 밝혔다.

제4집단의 디깃은 그녀 앞에 나타나서 그녀 머리카락을 가지고 놀고 그녀 머리에 매달리거나 나뭇잎으로 장난스럽게 그녀를 탁 치기도 했다. 다이앤의 카메라 도구를 장난감 삼길 좋아했던 제5집단의 어린 새끼 픽은 멀리서 와 "그녀 옆에 앉아 잡담하"기도 했다. 다이앤은 슈바르첼 부부에게 이렇게 썼다.

> 그는 곧장 내 옆에 와서 철퍼덕 소리를 내며 앉는다. 그리고 내 눈을 똑바로 쳐다보면서 지난 일들, 자기 가족의 못마땅한 점, 날씨가 대체 자신들을 어떻게 대하는지 따위에 대해 자못 심각한 표정으로 장광설을 늘어놓는다. 부드럽고 단조롭고 낮은 소리로 웅웅 거리거나 허밍하듯이 말하는 것이다. 때로는 인간 대화를 흉내 내기 위해 애쓰는 것처럼 입을 열었다 닫았다 하면서…….

언젠가 제4집단의 성년 암컷 마초가 뭔가를 먹기 위해 이동하는 제 무리에서 벗어나 다이앤에게 다가온 다음 눈을 뚫어져라 바라본 적이 있었다. 다이앤은 "마초 눈이 전달해 주는 부드러움, 평온, 신뢰를 알아본 순간 나는 우리 공감대가 이례적으로 깊다는 사실에 크게 압도당했다. 그녀가 내게 준 그 선물의 강렬함은 결코 수그러지지 않을 것이다."라고 적었다.

　다이앤은 스승에게 편지를 띄웠다. "그건 정말 대단한 거예요, 루이스. 요즈음 나는 그들에게 60센티미터, 30센티미터 이내로 다가갈 때면 언제나 가슴이 부풀어 터져 버릴 것 같은 행복을 느껴요."

다른 대학에서와 마찬가지로 케임브리지 대학에서도 동물행동학을 전공하는 학생들은 '야비한 자료 도둑'을 가장 무서운 적으로 경계한다. 이들은 대개 다른 대학의 학생이거나 **경쟁 상대들**로 자료를 훔쳐서 출처 표시credit도 없이 자신의 학위 논문이나 소논문 따위에 스리슬쩍 써 먹는 일을 자행한다. 이 때문에 많은 연구자는 자료가 든 캐비닛을 어김없이 열쇠로 잠그고 다닌다. 도둑 걱정은 다른 곳에서는 거의 찾아볼 수 없는 해괴한 피해망상이나 지나친 집착을 낳는다.

　이 밖에도 상아탑이라고 불리는 학계에는 어찌 된 일인지 살벌한 경쟁, 푸대접과 집단 따돌림, 시기와 악성 루머가 난무한다. 제인은 박사학위를 취득한 후에도 여전히 케임브리지에서 계속 코멘트를 듣는 처지에 놓여 있었다. 그녀가 주제발표를 하기로 예정된 심포지엄에 참석했던 한 학생은 이런 글을 쓴 적이 있다. "참석자들은 제인이 말라리아에 걸려 올 수 없게 되었다는 소식을 뒤늦게 듣고 충심으로 연민과 우려를 표시했다. 하지만 나중에 뒤돌아서는 해외에 이토록 중요한 약속을 잡아 놓고서 왜 맨날 팔자 좋게 말라리아 따위를 앓는지 모르겠다고 볼멘소리를 해댔다." 다이앤의 친구이자 케임브리지 대학의 동료 리처드 랭험은 원숭이의 사회조직에 관한 자신의 새로운 아이디어가 평판이 좋지 않다는 이유로 아무도 자신과 이야기하려 들지 않는다며 당혹감을 담은 편지를 그녀에게 보내 왔다.

　다이앤에게 고릴라 가족들로부터 벗어나 있는 바깥 세계는 터무니없이 부풀려진 자만과 이기심으로 가득한 괴이쩍은 장소로 보였다. 내셔널 지오그래픽 협회와 함께 그녀의 연구를 지원해 주던 리키 재단의 창립위원들은 좀 더 나은 자리를 차지하려고 끊임없이 신경전을 벌였다. 공동 창립자 티타 콜드웰이 말했다. "사람들은 자신이 어느 자리에 앉게 될지를 두고 너무나 추악해졌어요. 그들은 실제로 만일 제인 옆자리에 앉혀 주지 않으면 더 이상 도와주지 않겠다고 나를 은근히 협박하기도 했어요." 재단에 돈을 대는 사람들은 변덕스럽고 아부를 일삼고 좀스럽고 진실하지 못하고 권력에 굶주린 경우였다. 대다수 수탁자는 재단을 무슨 신분 상승의 사다리쯤으로 여겼다. 티타는 "그렇게까지 지독한 질시와 원한은 살면서 결코 겪어 본 적이 없다."며 혀를 내둘렀다.

　　　　　　　　　　　　　　　　　　　　　　　　　과학자들

카리소케의 고릴라에게 돌아온 다이앤은 가끔 그들한테 노래를 들려주었다. 인간 감각에 따른 건 아니지만 아무튼 고릴라 노래를 불러 준 것이다. 이언 레드먼드는 고릴라가 자기들끼리 부르는 노래를 들은 적이 있다. 마치 개가 낑낑거리는 소리와 사람이 목욕탕에서 부르는 노랫소리를 뒤섞어 놓은 것 같았다. 그 동물들은 햇살이 내리쬐는 날, 즙 많은 대나무 새순이나 썩은 나무같이 맛있는 음식을 먹을 때처럼 유난히 행복에 젖은 순간 노래를 부른다. 이언은 고릴라가 먹는 썩은 나무를 맛본 적이 있다. 오래된 목재 같은 맛이 났다. 하지만 고릴라에게 이것은 초콜릿이 인간에게 주는 맛과 비슷한 것 같았다. 때로 그들은 노래를 부르면서 또는 뭔가를 우적우적 깨물면서 두 팔로 서로 껴안기도 한다. 이것은 좋은 음식을 나누어 먹는 일을 축하하는 표현이요, 자신들의 검은 모피 위로 드물게 따사로운 햇볕이 내리쬐는 날에 감사하는 의미이자, 서로 소속감을 확인하는 몸짓이다. 이런 그들과 함께 있으면 다이앤은 저절로 그들이 느끼는 행복에 빨려 들어갔다. 그러면 그녀도 자연스럽게 그들 노래를 따라 부르게 된다. 좋은 느낌을 축하하고 함께 있음을 축하하며 서로 하나라는 느낌을 축하하고 목소리를 모아 합창하는 것이다.

고릴라와 함께 있을 때면 다이앤은 그들의 일원이자 한 마리 고릴라다. 하지만 밤에 움막으로 되돌아오면 다시 니라마카벨리, 즉 '남자 없이 산에서 혼자 사는 늙은 여자'가 되었다.

다이앤은 고릴라 행동을 기록하는 데 동물행동학에서 표준화된 도구인 점검표를 사용하지 않았다. 점검표는 관찰될 때마다 항목에 표시할 수 있도록 상단에 행동 유형(예컨대 털 고르기, 먹기, 놀기, 거닐기, 휴식 따위)을 적은 표다. 다이앤은 흔히 점검표와 함께 사용하는 '표집 시간표'에도 관심이 없었다. 연구자들은 동물이 무슨 일을 하는지에 대해 제대로 된 '표집'을 모으고 있다는 것을 보장하려고 이 표집 시간표를 활용해 정확한 시간 간격에 따라(예컨대 한 번에 1분씩 스톱워치로 시간을 재는 식으로) 행동을 기록한다.

하지만 이러한 방법은 비율을 알아낼 때, 그리고 예컨대 한 동물이 먹는 데 전체 시간 중 40퍼센트를 할애한다는 식의 계산을 할 때나 유용하다. 하지만 다이앤은 그런 기계적인 방식으로는 고릴라 삶의 특성과 깊이를 정확하게 그릴 수 없다고 느꼈다. 그녀는 그들 삶에서 '표본을 추출하길' 원하지 않았다. 대신 그들이 빚어 내는 이미지, 교제, 감정, 소리 등을 모두 직접 체험하길 바랐다. 고릴라 가족의 생활은 경쟁자 은백색등의 습격을 받거나 암컷들이 자발적으로 새로운 집단으로 옮겨 가는 경우를 제외하고는 완벽한 연속체를 이룬다. 다이앤은 좀처럼 그들을 점검표의 '단column' 속에 기록하거나 스톱워치의 분침으로 분류하려고 하지 않았다. 그녀는 그들 삶을 한사코 하나의 완성된 이야기로서 총체적으로 묘사하려고 했다.

밥 캠벨은 다이앤과 그녀의 논문 지도교수 사이에 일어난 갈등을 이렇게 기억하고 있다. "그녀는 힌데가 자신에게 다소 까다롭게 군다고 했어요. 힌데는 그녀가 자료를 엄정하고 과학적인 방식으로 다루기를 바랐고, 다이앤은 그 일을 물 흐르듯이 자연스럽게 진행하려고 했어요. 그는 숫자를 원했고 그녀는 이야기를 바랐던 거죠." 다이앤은 자신이 확보한 정보들은 과학이 존중하는 종류의 것이 아님을 알고 있었다. 에이미 베더는 다이앤이 "샌디 하코트는 이제 훌륭한 과학자야. 그는 이러저러하게 자료를 조직하는 방법을 잘 알고 있다고, 나와는 달리 말이야."라고 말했던 것을 기억한다.

1978년 스와스모어 대학 생물학과를 우등으로 졸업한 미국인 학생 에이미 베더가 카리소케에 왔다. 그녀는 학부 시절에 표집과 기록 기술을 익혔다. 그랬던 만큼 과학적인 규칙을 전혀 따르지 않는 다이앤과 일하면서 적잖은 좌절감을 겪었다. 에이미가 말했다. "우리는 모든 개체의 행동을 일일이 기록해야 했어요. 하지만 누구도 온종일 모든 동물에게 일어난 온갖 일을 죄다 보고 적을 수는 없어요. 그건 완전히 불가능한 노릇이잖아요? 우리는 고릴라의 발성법도 기록해야 했지만 다이앤은 발성법 명칭을 표준화하기 위한 도구로 쓰이는 녹음테이프를 한 번도 편집한 적이 없어요. 우리는 치료에 대해서도 기록하기로 되어 있었지만 그건 치료 시간에 대한 것도 오른쪽 가슴이냐 왼쪽 가슴이냐와 같은 치료 부위에 대한 것도 아니었어요. 그녀가 바라는 게 대체 뭔지 나로서는 종잡을 수가 없었어요."

이것은 로버트 힌데도 분명하게 동의한 평가다. 다이앤과 지도교수의 관계는 차츰 악화되어 그녀가 1975년 12월에 두 번이나 해외 전신으로 박사학위를 당장 때려치우겠다고 윽박지르는 지경에까지 이르렀다. 다이앤은 1976년 케임브리지 대학에서 자기 연구실 옆에 기거하던 리처드 랭험에게 자신의 지도교수가 화를 펄펄 내면서 구두 시험 전날 밤 몇 시간 동안 얼마나 장광설을 늘어놓았는지에 대해 이렇게 말했다.

> 들어오자마자 교수는 배은망덕하다며 내게 마구 쇳소리로 떠들어댔어요. 세 시간 동안이나 미친 사람처럼 지껄였죠. 내가 이제 그만 가 봐도 되겠느냐고 물을 때까지 쉴 새 없이 말했어요. 그가 "다 자네를 위한 것"이라고, 또 "자네도 정확히 제인과 똑같이 내 기대를 저버렸다"고 도대체 몇 번이나 되풀이했는지 셀 수조차 없을 지경이었어요. 그동안 제인에게 하고 싶었지만 꾹 참고 가슴 한 켠에 쌓아 둔 말을 마치 내게 출구를 찾기라도 한 듯이 몽땅 퍼붓는 것 같았어요. 제인에게는 결코 그런 식으로 고함을 지르거나 정신없이 지껄이지는 못했을 테니까…….

다이앤은 자신이 영영 제인의 그늘에서 벗어나지 못하고 있다고 느꼈다. 대중서를 집필하면서 그녀는 친구들에게 책 제목을 "'인간의 그늘에서'의 그늘에서"라고 붙이면 어떨까 하며 쓸쓸한 농담을 건넸을 정도였다.

　그녀는 연구를 막 시작할 때부터 제인에게 시기심을 느꼈다. 곰베에서 처음 제인을 만나고 돌아온 후 다이앤은 미국에 있는 친구들에게 그 방문에 관해 이런 내용을 담은 편지를 부쳤다. 그녀는 제인이 미처 간파하지 못한 침팬지 행동과 관련해 자신이 예견한 한 가지 사건에 사람들이 집중해 주길 바랐다. 다이앤은 자신이 가져온 표범무늬 여행가방을 보고 침팬지들이 놀라지 않을까 생각했다. 그 말을 들은 제인은 침팬지는 아마 그걸 알아보지 못할 거라고 했다. 하지만 다이앤의 예견대로 영리한 암컷 침팬지 한 마리가 그 가방을 보고 기겁하며 달아난 것이다.

다이앤에게는 제인이 모든 것—결혼, 아이, 명성, 그리고 충분한 연구 자금—을 다 가지고 있는 것처럼 보였다. 루이스가 다이앤의 연구 자금 지원을 위해 제인과 똑같은 기관—윌키 형제 재단, 내셔널 지오그래픽 협회, 리키 재단—을 수배해 주기는 했지만 다이앤에게 제인보다 더 많은 자금이 제공된 경우는 단 한 번도 없었다. 언젠가 그녀는 친구에게 빌린 케이마트 신용카드로 직원들의 장화와 비올 때 필요한 장비를 구입하기도 했다. 다이앤은 자기에게 할인된 비용을 청구할 수밖에 없는 친구들이나 그 친구의 친구들을 찾아감으로써 의료 비용과 치과 치료비 중 상당 부분을 충당했다.

다이앤이나 그녀의 고릴라는 제인이나 그녀의 침팬지와 비교해 볼 때 결코 동일한 정도로 각광받지 못했다. 다이앤은 고릴라의 삶에 관해 중요한 사실들을 밝혀냈다. 암컷은 자발적으로든 경쟁자 은백색등의 습격을 통해서든 출신 집단에서 다른 집단으로 옮아가기도 한다는 사실, 습격한 은백색등은 종종 교미할 때 암컷을 흥분시키기 위해 그 암컷 새끼를 죽이기도 한다는 사실, 고릴라는 영양물을 재활용하기 위해 자신이 배설한 똥을 다시 주워 먹기도 한다는 사실 등이다. 하지만 이러한 사실들은 육식, 도구 사용, 동족 잡아먹기, 전쟁 등 훨씬 더 인간과 유사한 존재로 보이도록 만드는 침팬지 행동에 가려 제대로 빛을 발하지 못했다.

다이앤은 딱 한 번 제인과 환경보호상 후보에 나란히 오른 적이 있었다. 하지만 그때도 수상의 영예는 제인이 안았다. 다이앤은 《내셔널 지오그래픽》의 편집자 메리 스미스에게 "내가 금발이기만 했어도 많은 게 달라졌을 텐데……." 하고 푸념한 적도 있었다.

그렇지만 세월이 흐르면서 다이앤은 차츰 '세 프라이메이트' 위계에서 자신의 지위를 기꺼이 받아들였다. 비루테 갈디카스가 제3순위 '유인원 여성'으로 가세하여 드디어 트리오를 완성하자 다이앤은 2인자 자리를 고수하려고 기를 썼다.

세 사람이 UCLA에서 열리는 심포지엄에 모두 참석하기로 예정된 적이 있었다. 모임을 후원한 리키 재단의 창립자 가운데 한 사람인 조앤 트래비스는 그 전날 그녀들을 위해 파티를 열었다. 그런데 그만 다이앤이 아니라 비루테에게 다음 날 심포지엄에서 제인을 소개해 달라고 요청하는 실수를 저지르고 말았다. 제3순위 비루테에게 그 영광이 주어졌음을 알게 된 다이앤은 버럭 화를 냈고, 티타 콜드웰은 당황한 채 그 광경을 지켜볼 수밖에 없었다고 기억한다. "일순 상황은 공포영화처럼 끔찍하게 변했어요. 비루테와 다이앤은 서로 얼굴에 대고 소리소리 지르며 진짜로 원색적인 싸움을 벌였어요."

"다이앤이 성큼성큼 걸어 나가더니 손에 전화번호부를 들고 다시 들어왔어요. 무슨 일이 일어났는지 눈치채지 못한 채 거실을 들락거리던 사람들이 '다이앤, 뭐 하세요?' 하고 물었어요. 그러자 그녀는 높은 곳에서(그녀는 180센티미터 장신인데다가 그때 계단 세 칸 정도 위에 서 있었다.) 사람들을 내려다보며 말했어요. '택시부를 겁니다. 잠시도 더 여기 머무르고 싶지 않아요.'"

비루테는 그날을 이렇게 기억한다. "사람들은 내게 다이앤에 대해 온갖 험담을 늘어놓았지만 난 별로 괘념치 않았어요. 다이앤은 늘 내게 상냥했거든요. 그런데 그날만은 이성을 잃은 것처럼 보였어요. 완전히 미친 여자 같았죠. 인간이 그렇게까지 망가진 모습은 본 적이 없었어요. 중간에 끼여 난감해진 제인이 중재를 위해 노력했어요. 그건 뭐랄까, 자매들의 불합리한 경쟁 심리 같은 것처럼 보였는데, 아무튼 전혀 사리에 맞는 게 아니었죠."

"다이앤은 이런 모든 것을 너무나 심각하게 받아들였어요. 그녀는 2인자였고 그래서 1인자인 제인에게는 늘 깍듯이 경의를 표했죠. 그런 만큼 내게는 자신이 제인에게 바치는 것과 같은 경의를 기대했겠죠. 하지만 나는 다이앤이 기대하는 게 그 정도인 줄은 몰랐어요. 그녀는 아무리 사소한 상황에서도 내 경의가 부족한 것에 늘 상처받곤 했어요."

비루테가 연구하는 고독한 오랑우탄에게는 상하 위계구조가 거의 무의미하다. 소집단을 수시로 바꿔 가면서 이동하는 곰베의 침팬지 공동체에게는 사회적 지위가 지닌 중요성이 제한적이다. 하지만 긴밀하게 조직된 고릴라 가족에게는 그 집단에서 차지하는 지위가 가장 중요한 요소다. 다이앤에게도 마찬가지였던 것이다. 비루테가 말했다. "나는 그때만 해도 다이앤이 고릴라인 줄은 미처 몰랐죠."

다이앤이 제출한 박사학위 논문 「마운틴고릴라의 행동」은 지도와 도표, 그래프로 가득한 대단히 전문적이고 건조한 문건이다. 하지만 다이앤에게는 고릴라가 계산할 수 있는 숫자가 아니라는 것, 그들 삶이 조작될 수 있는 자료가 아니라는 것이 너무나 자명했다. 그들은 하느님의 도덕적인 세계에서나 인간의 도덕적인 세계에서나 고려해 볼 가치가 있는, 생각하고 느끼는 개별적 존재인 것이다. 그녀는 도스토옙스키를 빌려 과학자들에게 설교를 한마디하는 것으로 논문을 시작했다. "이 동물을 사랑하라. 신은 이들에게 사고의 맹아와 고요한 즐거움을 주었다. 이들을 괴롭히지 말라, 이들을 귀찮게 하지 말라, 이들의 행복을 빼앗지 말라, 신의 뜻을 거스르지 말라."

이 논문은 통과되었고 그녀는 1976년 드디어 박사학위를 취득했다. 하지만 다이앤에게 이것은 얼마간 공허한 성취였다. 초목 지대와 고릴라 분포 구역에 대한 소상한 지도, 식용식물과 똥 속 기생충 목록, 나이 등급, 모성적 행동, 암컷의 이동 등에 관한 철저한 분석이 고릴라를 보호해 줄 수는 없었기 때문이다. 그 자료는 '이론적인 환경보호'에 불과하다며 다이앤은 콧방귀를 뀌었다. 그녀는 과학은 결코 마운틴고릴라에게 구원이 될 수 없다고 확신했다. 고릴라는 자료가 부족해서가 아니라 계속 살해되기 때문에 사라지는 것이다. 다이앤은 점차 자신이 명명한 소위 '적극적인 환경보호'를 위해 자료수집은 뒷전으로 미루기에 이른다.

1977년 봄 카리소케의 밀렵 상황이 위험 수위에 다다랐다. 그해 3월 이언 레드먼드와 수색자 네메예는 제5집단이 다니는 길에서 트와족 밀렵꾼의 맨발 자국을 발견했다. 거기는 최근 덫이 곳곳에 설치된 지역이었다. 어느 날 그들은 덫 스물한 개와 밀렵꾼의 임시 거처 세 곳을 발견하고 그것들을 제거하거나 부수어 버렸다. 한 달 후에는 당시 제5집단이 거주하는 멀리 떨어진 연구 지역의 남서부를 수색했다. 그들은 거기서도 이틀 만에 덫 스물다섯 개를 찾아내고 없앴다.

다이앤은 전보다 훨씬 심각하게 고릴라의 삶을 염려하지 않을 수 없었다. 그녀가 일기에 썼다. "우리는 도저히 모든 덫을 다 찾아낼 수가 없다. 조만간 우리 가운데에도 그 덫에 희생되는 사람이 생기고 말 것이다."

그녀는 다음과 같은 부득이한 결정을 내렸다. 그렇게 조심스럽게 다가갔고 알게 될 때까지 2년 동안 감히 따라다니지조차 못했던 제5집단 고릴라를 덫이 지천으로 깔린 연구 지역에서 떠나도록 한 것이다. 그들은 소 떼처럼 새로운 지역으로 몰아져야 했다.

다이앤은 그 일을 캠프의 직원들에게 지시했다. (밀렵꾼을 흉내 내는) 밀렵 개방울 소리와 마주한 고릴라의 공포, 두려울 때 풍기는 악취로 가득한 공기, 그들이 지나는 자리마다 물기 많은 똥을 지려놓은 광경……. 다이앤은 자신이 도저히 그런 사태를 참아낼 수 없으리라는 걸 알았다. 그녀는 일기에 썼다. "나는 캠프에 남아 아무 소리도 듣지 않을 것이다. 이건 정말 **지독하지만** 피할 수 없는 일이다." 그러나 이런 과감한 조치를 취한 지 며칠도 지나지 않아서 밀렵꾼 여섯이 다른 한 고릴라 집단, 그러니까 지난번 개체수 조사에서 주류로부터 이탈된 주변 집단으로 밝혀진 고릴라들에게 개를 풀어놓는 일이 발생했다. 다이앤과 캠프 직원들은 격노하여 다음 날 아침 그 밀렵꾼들을 붙잡으려고 길을 나섰다. 하지만 우박이 쏟아지고 살갗을 파고드는 추위 탓에 다이앤의 폐와 다리는 그녀의 분노와 보조를 맞출 수 없었다. 다이앤은 심장이 방망이질 쳤고 수도 없이 넘어졌다. 결국 다이앤은 하는 수 없이 가던 길을 되돌아와야 했다. 직원들은 하던 일을 계속했으나 덫 몇 개만 발견했을 뿐 별무소득이었다.

　다이앤은 공원 감시인들에게 그 밀렵꾼들을 잡아 오면 포상하겠다는 말을 전했다. 어느 청명한 날 아침, 공원 감시인 다섯이 비룽가에 사는 트와족 우두머리 밀렵꾼 무냐루키코를 끌고 나타났다. 그들이 그녀 앞에 자랑스럽게 그를 내보였다. 다이앤이 노려보자 그는 눈을 내리깔고 풀죽은 모습으로 서 있었다. 이언은 "솔직히 말해서 그건 아름다운 광경은 아니었어요. 다이앤의 눈은 살기등등했는데 그렇게 증오 어린 눈빛은 처음이었어요."라고 말했다.

　다이앤은 직원들 모두와 프리무스 맥주병을 따서 축배를 들었다. 그녀는 한 감시인의 정강이에 난 가벼운 찰과상을 치료해 주기까지 했다.

다이앤은 기꺼운 마음으로 그 감시인들에게 120달러에 상당하는 금액을 포상했다. 공원 감시인들은 무냐루키코를 루헹게리에 있는 공원 관리위원에게 송환하겠다며 그녀를 안심시켰다.

몇 분이 지난 후 산지기 한 명이 다이앤에게 대체 왜 그들을 풀어 주었느냐고 다그쳤다. 감시인들이 마을 술집에서 밀렵꾼들을 만나 사전모의 했다는 사실을 그녀가 어찌 알았겠는가? 지금쯤이면 그들이 밀렵꾼들과 포상금을 나누고 있을 것임을 그녀가 또 어찌 알았겠는가?

다음 날 다이앤은 제 손으로 직접 무냐루키코를 붙잡고 말겠다며 그가 사는 트와족 마을로 차를 몰고 쳐들어 갔다. 하지만 그는 다섯 아내와 아이들을 남겨 두고 이미 종적을 감춘 상태였다. 격분한 다이앤은 총을 찾으려고 움막을 뒤졌다. 그런데 찾아내지 못하자 움막 안쪽 벽의 거적을 찢어 내 불살라 버렸다. 다이앤은 아내들에게 총을 내놓으라고 요구했고 네 살배기를 인질삼아 말을 듣지 않으면 아이를 해치겠다고 위협했다. 그런데 여인들은 아이를 남겨 두고 모두 줄행랑쳤다.

이언이 말했다. "그 일에 대해 소상히 알아요. 이틀 동안 그 아이를 내가 돌봤으니까요. 그 아이는 내 움막에서 마치 제집처럼 편히 행복하게 먹고 인형을 가지고 놀면서 지냈어요." 아이는 다음 날 떠나야 한다는 사실을 깨닫고는 울기까지 했다. 한편 무냐루키코는 다이앤을 상대로 재판을 걸었다. 직원들의 장화가 물에 젖어 못 쓰게 되고, 캠프의 등이 껌뻑껌뻑 하다가 급기야 나가 버리고, 비 올 때 쓰는 장비조차 변변한 게 없이 지내고, 고기 한 번 못 먹고 주로 감자로 연명하고 있을 때 다이앤에게 벌금 600달러가 부과되었다.

───────

빌 베버가 말했다. "다이앤은 믿기 어려울 만큼 구제불능한 낭만주의자였어요. '이건 정말 대단해, 이 사람은 놀라운 사람이야, 이것이야말로 진정한 사랑이야.' 하고 감격을 남발했지만 끝에 가서는 실망을 거듭하던 다이앤의 모습을 보곤 했어요." 다이앤은 거의 모든 새로운 우정에 대단히 열정적으로 접근했다. 밥 캠벨의 말에 따르면 처음에는 어찌나 자신의 아프리카인 직원들을 신뢰했던지, 한 번은 지원금 수표를 막 현금으로 바꿔 왔을 때 직원들에게 자랑스럽게 프랑 지폐 다발을 보여 주면서 "이 돈을 보세요!" 하고 소리친 적도 있었다. 당연히 그 돈은 일주일 만에 도난당했다. 다이앤은 친구들에게 보내는 편지에 캠프에 도착한 신입생 대부분을 열렬히 소개하곤 했다. "이 친구는 더없이 좋은 사람이야." 다이앤은 이렇게 확신에 차서 자신이 새 도우미들에게 얼마나 애정을 품고 있는지 떠벌렸다. 미국인 크레이그 숄리는 다음과 같은 일화를 떠올린다. 그가 카리소케 학생이었을 때 다이앤이 움막에서 그를 위해 생일파티를 열어 주었다. 화려하게 장식된 아프리카풍 식탁보 위에 멋진 식사가 차려져 있었다. "나는 '정말 근사한 식탁보네요. 어디서 났어요?' 하고 물었어요. 그랬더니 그녀는 조금도 망설임 없이 식탁을 치우고는 식탁보를 걷어서 내게 건네주었어요. 가져!"

하지만 학생들은 모두 차례차례 그녀의 호의와 기대로부터 멀어져 갔다. 다이앤은 턱없이 신뢰했고 지나치게 기대했다. 폴록과 길리건의 연구에서 공중그네 곡예사에 관한 이야기를 지어내며 사진에 없는 안전망을 그려 넣은 여성들처럼, 다이앤은 자기 사람들도 그렇게 되길 은근히 기대하고 있었다. 그러나 누구도 그 헛된 기대를 만족시켜 줄 수는 없었다.

다이앤의 연애 또한 늘 비극으로 마감되었다. 밥 캠벨은 1973년 결국 아내에게 돌아갔다. 거의 매번 유부남이거나 다른 애인을 둔 사람과 연애를 하게 되었던 그녀는 결국 홀로 남았다. 그녀는 친구들에게 부탁해서 받은 포르노그래피에 몇 달 동안 파묻혀 지냈으며, 엄청난 성욕을 주체할 수 없어서 딜도를 곁에 두고 살았다. 다이앤은 마치 교미를 위해 다른 가족을 습격하는 은백색등 같았다. 하지만 그녀는 그들에게 끝까지 매달리지 못했다. 그 관계는 원천적으로 또 다른 여성을 기만하면서 이루어진 것이기에, 매번 그 남자들이 이제 방향을 바꿔 그 여성 말고 다이앤에게 거짓말을 하기 시작하면서 끝났다.

이언이 말한다. "다이앤은 숱한 사람에 의해 망가졌어요. 그래서 새로운 관계에 뛰어드는 것을 극도로 경계했지요. 그녀는 정신적으로 크나큰 고통을 당했어요. 하지만 고릴라는 솔직했어요. 그녀에 대한 그들의 감정은 정직했죠. 그들은 화가 나면 화를 내고 좋아하면 분명히 좋아하는 만큼 표현해요. 숨김이 없죠. 다이앤은 고릴라와 맺는 관계가 지닌 정직함을 높이 샀어요. 사람들은 그들에게 아무것도 빚지지 않으며 고릴라도 사람들에게 아무것도 빚지지 않아요, 신뢰 이외에는. 다이앤은 고릴라와는 그들에 대한 제 감정을 숨길 필요가 없었어요. 그녀는 오직 그들과는 정직한 관계를 쌓을 수 있었어요."

1977년 마지막 날, 디짓은 살해되었다. 제4집단의 보초역이던 그는 창으로 다섯 군데나 찔리면서도 밀렵꾼 여섯과 그들의 개를 가까이 오지 못하도록 죽을 때까지 저지했으며 숨지기 직전에는 밀렵꾼의 개 한 마리를 죽이기까지 했다. 이언은 1978년 1월 2일, 손이 없고 목이 잘려 나간 모습으로 무참하게 살해된 그의 사체를 발견했다.

다이앤은 조사弔詞「그의 이름은 디짓」에 이렇게 썼다. "나는 감히 그의 고통과 아픔을 상상할 수가 없다. 인간들이 자신에게 저지르는 짓을 분명히 이해하고 있었을 디짓의 슬픔에 대해 상상할 자격이 나에게는 없다." 그녀는 사체 사진을 찍고 루헹게리에 있는 의사에게 검시를 위해 와 달라고 요청했다. 검시하던 날 그녀의 움막으로부터 15미터쯤 떨어진 곳에서 일하던 산지기가 소리쳤다. 밀렵꾼이다!

다이앤은 이렇게 썼다. "그 밀렵꾼이 숲에서 초지로 끌려 나

과학자들

왔을 때 나는 그가 공원 경계선 부근에 사는 트와족이라는 것을 대번에 알 수 있었다. 그에게서 나는 피를 얼어붙게 하고 이성을 마비시키는 또 하나의 광경을 목격했다. 누더기처럼 해진 그의 노란색 셔츠는 앞뒤 가릴 것 없이 피가 분수처럼 튀어 얼룩져 있었는데, 영양 한 마리를 죽이는 정도로는 도저히 생길 수 없는 양이었다." 그녀는 친구, 동료, 변호사에게 보낸 숱한 편지에서 "그를 죽여 버리고 싶은 충동을 가누기가 극도로 힘들었다."고 토로했다.

그 생포자는 자신이 디짓을 살해한 무리 가운데 한 사람이었노라고 순순히 실토했다. 그는 자기 이외에 나머지 다섯 사람의 이름도 차례로 댔다. 거기에는 무냐루키코도 있었다. 디짓이 죽인 개가 바로 그의 개였다.

다이앤은 디짓의 죽음을 공표해야 할지 말지를 두고 사람들과 토론을 벌였다. 그녀는 공개적인 호소가 르완다에 많은 보호 기금을 끌어올 것임을 알았다. 하지만 그 돈이 결국에는 관리의 호주머니나 채우지 않을까 하여 망설였다. 하지만 디짓의 죽음을 그냥 조용히 묻어 둘 수만은 없었다. 그녀는 "디짓이 그렇게 허망하게 죽기를 바라지는 않았다."고 말했다. 며칠 후 월터 크론키트는 CBS 저녁 뉴스에서 디짓의 죽음을 보도했다.

후에 다이앤은 제4집단과 접촉을 재개했다. 그녀가 자신의 책에서 말했다. "셀 수 없이 많은 날이 흘러가도 디짓의 죽음을 실감할 수 없었다. 나는 여전히 그 집단 언저리에서 용감하고 젊은 은백색등을 찾는 나 자신을 발견하곤 했다. 고릴라들은 내가 이전처럼 자신들에게 접근할 수 있도록 허락했다. 그것이야말로 더 이상 당연하게 받아들일 수 없는 특별한 대접이었다."

이제 카리소케 연구 센터는 여러 면에서 그저 명색만 남았을 뿐이다. 다이앤이 정기적으로 학생을 받아 지도하게 되면서, 또 연구를 시작한 지 햇수로 10년을 넘어 20년에 가까워지면서 그녀의 관심사에서 연구는 분명 이차적인 것으로 밀려났다. 인간이 당연히 고릴라보다 더 중요하다는 견해를 다이앤은 결코 받아들이려 하지 않았다. 그녀는 사랑보다 과학을 우위에 두는 규칙의 위계질서에도 굴하지 않으려고 했다. 밥은 "그녀는 고릴라가 살아 있는 한 자신의 연구 자금 전부를 반밀렵 운동에 쏟아붓고 연구는 포기할 각오가 되어 있었다."고 회고한다.

학생들에게 자료 수집은 허용되었다. 하지만 다이앤과 함께 일하려면 반밀렵 순찰에도 참여해야 했다. 이들은 1978년 6월 그녀가 설립한 디짓 기금에서 돈을 받았다. 다이앤은 캠프에 오게 된 평화단 자원봉사자들에게 총을 소지하도록 요청했지만 대부분 거부했다. 그녀는 자원봉사자들에게 밀렵꾼의 뒤를 밟아 생포해 데려오라고 지시했다. 카리소케 연구 센터는 무장 캠프가 되었다.

학생들이 전원 모여 식사할 수 있는 널찍한 공공식당을 두고 있던 제인의 곰베 연구 센터와 달리 카리소케 학생들은 서로 뭔가를 공유한 기억이 없다. 카리소케에는 중요한 모임 장소가 따로 없었다. 다이앤은 학생들에게 식당, 강의실, 도서관 등을 제공하지 않았다. 거기에는 연구자, 학생, 평화단 자원봉사자들이 캠프파이어는 고사하고 정례적으로 모일 수 있는 장소조차 없었다.

캠프에서 일하는 학생과 자원봉사자는 기껏해야 한 번에 여섯 명 정도가 고작이었는데도 각자 좁은 양철 움막에서 따로따로 식사를 준비해 먹었다. 다이앤은 주로 아프리카인 직원을 시켜 이 움막에서 저 움막으로 타자한 종이 쪼가리를 전달하는 식으로 그들과 연락을 취했다. 타자기 리본을 아끼기 위해 다이앤은 붉은 부분과 검은 부분을 둘 다 사용했다. 어떤 학생들은 '붉은 메모'를 그녀가 화났다는 의미로 받아들였다. 하지만 그녀 기분은 색깔과 무관했다.

다이앤은 캠프를 의도적으로 이와 같이 운영했다. 연구가 2년째 접어들던 1968년, 그녀는 고릴라 개체수 조사를 할 때 학생 도움이 필요하다는 사실을 별 수 없이 인정했다. 그러면서도 다이앤은 루이스에게 편지를 띄워 그가 뽑은 자원봉사자들이 과연 그녀 캠프에서 도보로 10분이나 떨어진 곳에 텐트를 치려고 할지 물었다. 그들과 이야기를 나누거나 그들을 위해 요리하면서 저녁 시간을 보내고 싶지는 않았던 것이다.

다이앤은 카리소케와 고릴라를 다른 연구자와 공유하는 문제를 두고 항상 양가적인 입장을 취했다. 그녀는 인간과 교제하기를 갈망하면서도 은백색등처럼 그들을 통제하려고 했다. 자신이 목숨처럼 사랑한 동물들을 연구하기 위해, 원치 않는 침입으로부터 그들을 보호하기 위해, 밀렵꾼으로부터 그들을 보호하기 위해 다이앤은 학생들에게 절대적인 충성, 절대적인 존경, 절대적인 성실을 기대했다. 하지만 어떤 인간도 그녀의 이런 요구사항을 온전히 충족시켜 줄 수는 없는 노릇이었다.

다이앤의 예측불허 기질은 가히 전설적이었다. "만약 뭔가 일이 잘못되어 가면 누군가는 그 분노의 불길 속으로 들어가야 했다."고 이언 레드먼드가 말했다. 이언은 다이앤이 그녀 책에서 칭찬한 몇 안 되는 학생 가운데 하나였지만 대개 늦잠을 자거나 예정된 주중 보고서를 늦게 제출한다는 이유로 캠프 밖으로 내쫓아 버리겠다는 다이앤의 으름장에 수도 없이 시달려야 했다. 이언은 곰곰이 생각에 잠기더니 이윽고 입을 열었다. "그녀는 말하다가 별안간 돌변해 눈을 부라리며 엄청난 과시 행동을 합니다. 그래 놓고 또 언제 그랬냐는 듯이 다가와 여느 때처럼 부드럽게 말을 겁니다. 나는 그것이 허세스러운 과시 행동을 하는 은백색등에게서 배운 거라고 생각합니다." 학생들이 카리소케에 도착하기 시작할 무렵 다이앤은 거의 언제나 통증에 허덕이고 있었다. 그녀는 폐기종, 좌골 신경통, 둔부 이상, 칼슘 결핍, 불면증 따위에 고루고루 시달렸다. 다이앤은 독주를 마시기도 했다. 그녀는 반밀렵 순찰을 지도하기는 했지만 좀처럼 순찰대와 동행하지는 않았다. 다이앤은 대부분 시간을 자신의 움막에서 보냈고 움막 문을 두드리는 학생들에게 극도로 신경질적인 반응을 보였다. 디짓이 죽고 난 후에는 학생들이 문을 두드릴 때면 발로 문을 걷어차고 다그치듯이 물었다. "이번에는 또 누가 죽었지?"

다이앤 포시가 살해된 직후 내가 그녀 오두막을 찾았을 때, 크리스마스 장식물인 풍선에 아직도 그녀 숨결이 어려 있었다.

학생들은 그녀가 쉴새 없이 타자기를 두드리는 소리를 계속해서 들었다. 다이앤은 편지를 쓰고 있었다. 그녀는 슈바르첼 부부에게 그 가족의 모든 면에 관심과 흥미를 듬뿍 담아 애정 어린 편지를 띄웠다. 다이앤은 자신이 받은 편지에는 모두, 심지어 어린 학생이 보낸 편지에조차 직접 답장을 써 보냈다. 그녀는 이언의 어머니와도 계속 연락을 취했는데, 미망인이 겪을 외로움이 마치 자신의 것처럼 느껴졌기 때문이다. 한사코 학생이나 직원으로부터 고립된 채 움막에 처박혀 있었다 해도 사실 그녀는 필사적으로 사귐이나 관계를 갈구했다.

카리소케에 온 자원봉사자나 학생 가운데 여러 달 이상 버티는 이들은 별로 없었다. 어떤 이들은 단 며칠 만에 돌아가기도 했다. 카리소케에서 연구하기 위해 미국을 떠나기 전 에이미 베더와 빌 베버는 다이앤과 일한 적 있던 학생들과 이야기를 나누었다. "우리는 두 번이나 같은 경고를 들었어요. 그들은 다이앤이 자신과 일하는 사람들을 끝내 모두 내친다고 했어요." 다이앤도 자신이 그렇다는 것을 잘 알고 있었다. 곰베에서 일하던 영장류학 전공의 미국인 학생 앤 피어스는 다이앤이 해외에 나가 있는 동안 카리소케에서 몇 가지 일을 했다. 앤의 기억에 따르면 다이앤은 "자네가 카리소케에 와서 함께 일하면 정말 좋겠어. 하지만 자네도 결국에는 나를 미워하게 될 거야."라고 말했다.

다이앤은 캠프가 사람들로 북적이는 밤에도 "오, 하나님. 저는 외로움에 사무쳐요. 외로움이 마치 육체적 고통처럼 저를 괴롭힙니다."라고 일기에 적었다.

1978년 7월 24일, 학생 데이비드 와츠는 제4집단이 지나간 흔적에서 신경이 예민할 때 나타나는 자취인 고릴라의 묽은 똥을 보았다. 몇 분 후 그는 아직 따뜻한 기운이 남아 있는 목 잘린 사체 한 구를 발견했다. 엉클 버트였다. 녀석은 다이앤이 삼촌의 이름을 따서 명명한 그 집단의 은백색등 우두머리였다. 탄환이 그의 심장을 관통했고 왼쪽 가슴에는 손도끼 날에 찍힌 커다란 상처가 40센티미터 길이로 나 있었다.

빌 베버는 이틀 후에 엎어져 있는 마초의 사체도 발견했다. 탄환 한 발이 그녀의 왼쪽 가슴을 뚫고 지나갔다. 마초의 세 살배기 아들 크웰리는 오른쪽 팔 윗부분을 크게 다쳤다. 결국 크웰리도 그해 10월에 괴저병으로 숨지고 말았다. 밀렵꾼에 의한 희생자 무덤은 점점 늘어났다. 그로부터 머잖아 또 한 마리 아기 사체도 그 대열에 합류했다. 넌키 집단의 네 살배기 암컷 리는 밀렵꾼이 놓은 덫에서 가까스로 빠져나오기는 했지만 그만 왼쪽 발에 그 덫이 박혀 버렸다. 세 달 동안 덫은 점점 더 살 속 깊이 파고들었다. 그녀 역시 괴저에 의한 감염으로 오래오래 고통당하면서 서서히 죽어 갔다.

1978년 크리스마스 날, 에이미 베더가 다이앤의 움막 문을 두드렸다. 에이미는 다이앤이 정신적으로 무척 괴로워하고 있었고 육체적으로도 고릴라를 보러 밖으로 나올 상태가 아니라는 사실을 알고 있었다. 하지만 에이미가 오전 시간을 함께 보낸 제5집단이 이례적으로 다이앤의 캠프 가까이 와 있었던 것이다. 맑고 청명한 날씨였다. 에이미가 말했다. "제5집단이 선생님께 크리스마스 선물을 가져왔어요." 다이앤은 그 학생을 미심쩍은 눈길로 바라보았다. 에이미는 재차 "그들이 불과 10분 거리에 있어요." 하고 말했다.

하지만 이미 다이앤의 마음은 굳게 닫혀 있었다. "싫어……싫어!" 그녀는 움막 문을 쾅 소리 나게 닫아 버렸다.

───────────

카리소케에서 일어나는 공개적인 전쟁 소식은 미국과 유럽의 환경 단체들에게까지 알려졌다. 사람들은 다이앤이 연구 캠프가 아니라 경찰 국가를 운영하고 있다고 비아냥거렸다. 그녀의 반밀렵 순찰은 트와족 마을을 습격하거나 포로를 잡아들이는 중이었다. 그 과정에서 이언은 손목을 창에 찔려 신경을 영구히 못 쓰게 되었다. 수색자 세미토아는 밀렵꾼의 잠복을 피해 달아나면서 깊게 갈라진 넓은 틈을 건너뛰다가 코뼈 골절과 뇌진탕 사고를 당했다.

고릴라 보호를 위한 기금이 여러 기관에서 물밀듯이 쇄도했다. 하지만 다이앤에게는 그 돈이 주어지지 않았다. 영국 포너 보존 협회나 아프리카 야생동물 리더십 재단 같은 기관의 내규가 기금은 반드시 해당 국가의 정부를 통해 전달하도록 규정하고 있기 때문이다. 고릴라들의 죽음이 세상에 알려지면서 모인 상당한 돈은 결국 공원의 운송 장비를 사들이거나 새로운 길을 닦거나 고릴라 관광 정책을 세우는 데 쓰였다. 다이앤은 이들 기금을 '디짓의 피가 묻은 돈'이라고 표현했다.

이야기와 소문이 무성하게 떠돌았다. 다이앤이 관광객을 쏘았다는 둥, 그녀가 밀렵꾼을 고문한다는 둥, 그녀가 총으로 무장한 채 돌아다닌다는 둥, 그녀가 제정신이 아니라는 둥…….

멀리 떨어진 우간다 우림에서 포토*를 연구하던 영장류학자 베릴 켄들은 그런 소문이 자신에게까지 들려 왔다고 기억했다. "그건 믿을 수 없을 만큼 지독하게 악의적인 소문이었어요.

* 서아프리카산 로리스과 원숭이.

과학자들

훗날 다이앤 포시도 함께 묻힌
디짓 무덤.

국제 연구 공동체가 완전히 다이앤을 고립시키려고 작당한 것 같
았어요."

　루이스가 죽자 리키 재단은 그의 두 번째 수제자가 진행하는
프로젝트를 아예 배제시켜 버렸다. 다이앤 자체가 선전 활동에
막대한 위협 요인으로 작용했던 것이다. 심지어 그녀는 강연할
때 청중에게 입 다물고 가만히 앉아 있으라며 질문을 원천봉쇄
해 버리는 무례도 서슴지 않았다.

　1979년 2월, 다이앤은 가장 중요한 자금 출처인 내셔널 지오
그래픽 협회로부터 해외 전보를 받았다. **"작금의 당신 캠프 사태
를 다룬 지극히 불안한 보고서를 보고 우려와 당혹감을 금할 수 없
습니다. 내셔널 지오그래픽."**

　며칠 후 미 국무부 장관 사이러스 밴스는 르완다 주재 미국
대사 프랭크 크라이글러에게 텔렉스를 보냈다. **"내셔널 지오그래**

픽 연구위원회는 포시 박사가 잠시 르완다를 떠나 있을 필요가 있다고 믿고 있습니다. 그렇게 하는 편이 그 지역의 긴장 완화에 도움을 줄 것입니다."

다이앤은 패배를 자인했다. "나는 더 이상 여기에서 살 수 없다는 것을 깨달았다. 엉클 버트, 마초, 크웰리가 노닐던 나무 뒤로 해가 지던 오후 5시경의 아름다움, 그들이 그렇게나 사랑하던 그 광경은 이제 더는 내게 어떤 아름다움도 남겨 주지 않는다. 그것은 오직 아픔만 더할 뿐이다."

1980년 3월 4일, 다이앤은 코넬 대학에서 학생을 가르치며 『안개 속의 고릴라』를 탈고하기 위해 뉴욕 이타카로 떠나왔다. 그녀는 중요한 등 수술을 위시해 본인 건강을 돌보는 일에 신경을 썼다. 다이앤은 제인, 비루테와 함께 강연을 열기도 했다. 그녀는 차츰 힘을 추스를 수 있었다. 다이앤은 자신의 책과 강연을 통해 고릴라에게 관심을 갖고 그들을 도와 달라고 미국 대중들에게 호소했다.

다이앤의 마음은 차츰 치유되었다. 그녀는 한때 가장 사랑했지만 사이가 서먹해진 학생 켈리 스튜어트에게 온정 어린 편지를 써 보냈다. 티타 콜드웰에게는 제인의 감탄할 만한 인내심, 품위, 우아함 등을 진심으로 인정하는 편지를 부쳤다. 다이앤은 비루테와의 반목도 원만하게 해결했다. 비루테는 루스리프*에 연필로 적어 보낸, 1981년 4월 소인이 찍힌 다이앤의 마지막 편지를

●   종이를 마음대로 뺐다 끼웠다 하는 묶음 노트.

아직껏 간직하고 있다.

> 나는 너를 굉장히 자랑스럽게 생각해. 너는 진정으로 진가를 인
> 정받고 존경받고 사랑받고 있어. 동물뿐 아니라 인간에 대한 너의
> 성실함, 진지함, 그리고 감정의 깊이는 다른 사람과 맺는 모든 상
> 호관계에서 분명하게 드러나고 있어.

다이앤은 3년간의 외유를 마치고 1983년 여름 다시 카리소케로
돌아왔다. 그녀는 제5집단과 접촉하려고 밖으로 나왔다. "암컷
들이 내 옆으로 와서 나를 꼭 껴안았고 새끼들도 뒤따라왔어."
다이앤은 이타카에 사는 친구에게 편지를 썼다. "스테이시! 처
음 4미터쯤 떨어진 거리에서 딱 맞닥뜨리자 그들은 트림을 내뱉
으면서 내 얼굴을 빤히 들여다보고는 정말이지 금세 나를 '알아
봤어!' 그러고는 내 머리 위에 올라타거나 내 주위로 몰려들었
어. 그들은 뙤약볕 아래에서 자신들이 낮 동안 사용할 둥우리를
짓고 있었어. 아이들에게는 나무에 기어오르거나 뭔가를 씹거
나 냄새를 맡거나 탁 때리거나 털을 잡아다니도록 가만 놔두면
서……. 나는 이대로 죽어도 좋다고 생각했어. 이제는 더 이상 바
랄 게 없어. 그들이 **날 기억해 주었다**는 사실 하나만으로도……."
　　다이앤은 살맛이 났다. 그녀는 출판사가 책 광고차 마련한
순회투어를 마치고 다시 카리소케로, 이제는 영원한 고향이 되
어 버린 카리소케로 돌아왔다.

르완다에서 연구하는 동안 다이앤은 두 달에 한 번씩 여행자용 비자를 갱신해야 했다. 그녀는 고통스럽게 산을 내려가서 루헹게리로 실어 나르려고 대기 중인 밴으로 이동하고 다시 택시(실제로는 위험천만한 만원 소형버스로 나이로비의 마타투스와 비슷한 차다.)로 갈아탄 다음, 수도 키갈리까지 두세 시간을 더 달려야 했다. 그러고 나서도 항상 정신없이 바쁘다는 말을 입버릇처럼 달고 다니던 공원 관리인의 사무실에서 며칠을 더 기다려야 했다.

1985년 12월 여느 때와 같은 여행을 하던 중 다이앤은 키갈리에서 함께 식사하던 동료에게 이 문제에 대해 불만을 털어놓았다. 그러자 그가 이민 담당 국장을 한번 만나 보라고 권했다. 그녀는 그렇게 했고 단 10분 만에 이후 2년 동안 유효한 비자를 받을 수 있었다. 국장은 다음번에는 원한다면 10년간 유효한 비자를 만들어 줄 수도 있다고 뒤통수에 대고 외쳤다.

로사먼드 카가 회고한다. "그녀는 완전히 기쁨에 넘쳤어요. 키갈리를 뛰어다니면서 보는 사람마다 껴안고 소리쳤죠. '이제는 안심하고 산으로 올라갈 수 있어요. 다시 산을 내려올 필요가 없다고요. 무려 2년 동안이나 머물 수 있는 비자를 받았어요!" 다이앤은 하늘로 날아오를 듯이 기뻐했다.

그런데, 그로부터 2주 뒤 다이앤은 손도끼에 휘둘린 참혹한 모습으로 살해된 채 그녀의 움막에서 발견되었다. 두개골은 이마에서부터 입술 가장자리까지 비스듬하게 박살이 나 있는 상태였

과학자들

다. 크리스마스 바로 이튿날의 일이었다.

내가 1989년 그녀의 캠프를 방문했을 때 거실 벽에는 플라스틱 산타클로스가 그대로 걸려 있었다. 다이앤의 숨결은 그녀가 천장에 실로 매달아 둔 바람 빠진 풍선과 함께 떠돌고 있었고, 그녀의 피는 여전히 카펫에 얼룩을 남긴 채였다.

다이앤을 살해한 자는 언론의 집중 포화를 받았다. 조의를 표하는 특별행사가 워싱턴, 뉴욕, 캘리포니아주 등지에서 열렸다. 다이앤의 어머니 키티는 캘리포니아주에서 열린 조문식에 참석했다. 20년 가까이 주로 감자로 연명하며 고릴라 삶을 위해 생애를 바친 딸에게 경의를 표하려고 그녀는 전신 길이의 밍크코트를 입었다.

다이앤은 미리 작성한 유언에서 책이나 영화 저작권에 따른 수익금을 전액 '디짓 기금'으로 보내도록 해 두었다. 하지만 어머니와 계부는 딸의 유언에 이의를 밝히는 소송을 제기했으며, 그 문서가 단지 초안에 불과하다는 이유로 승소하여 그 돈을 차지했다.

다이앤은 그녀 움막 뒤에 있는 고릴라 무덤에 자신이 사랑하던 고릴라들과 함께 한 마리 고릴라로 묻혀 있다. 그녀가 나무 묘비에 써 달라고 요청한 이름은 '니라마카벨리'였다.

로사먼드 카는 항상 그 이름이 무슨 의미인지 궁금해했다. 그녀가 알기로 '니라'는 키냐르완다어로 여성이나 자녀를 일컫는 말이다. 하지만 그녀는 그 이름에 대한 다이앤의 설명이 정확하게 옳다고는 생각지 않았다. 로사먼드가 잡역부들에게 그 이름에 관해 묻자 그들은 잘 모른다고만 대답했다. 교육받은 친구인 어떤 르완다인은 심지어 "그건 바로 '다이앤 포시'라는 뜻"이라고까지 했다.

로사먼드는 기세니에 있는 르완다인 물리학자에게 물어보았다. "그는 설명하기가 좀 까다롭다고 했어요. 그래도 설명해 달라고 우겼죠. 그는 '한 가족이 있고 그 가운데 다른 이들보다 몸집은 작지만 뭐든 후딱후딱 해내는 어린 소녀가 있다. 그럴 때 우리는 그녀를 니라마카벨리라고 부른다.'고 했어요. '그런데 왜 사람들이 다이앤을 그렇게 부르죠? 키가 180센티미터나 되는 엄청난 장신인데 다른 이들보다 작은 니라마카벨리?' 그러자 그는 그것까지는 잘 모르겠다"고 얼버무렸어요.

마침내 로사먼드의 잡역부 셈바가레가 니라마카벨리는 애초에 다이앤과 함께 산을 오르곤 하던 작고 빠르고 새 같은 벨기에 여성, 알예트 데뭉크에게 사람들이 지어 준 이름이었다고 실토했다. 알예트가 더 이상 산을 오르지 않게 되자 그들은 그 이름을 대신 다이앤에게 붙여 주었다. 로사먼드는 그 사실에 대해 알예트와 이야기를 나눈 적이 있다. 알예트가 웃으면서 말했다. "네, 나도 알고 있어요. 하지만 다이앤은 니라마카벨리라고 불리는 걸 자랑스러워했어요. 그녀는 그 이름을 몹시 좋아했죠. 다이앤이 그 사실을 끝까지 몰랐으니 정말 다행이에요."

7

비루테 갈디카스, 끝없는 도전

남부 보르네오 우림에 여명 전 어둠이 깔려 있다. 짙은 어둠 속에 생명 소리가 가득하다. 여러 곤충과 개구리가 찌르르르 울어대며 자기 종을 다퉈 부르고 있다. 맴맴 울거나 윙윙거리며 돌아다니는 매미 소리는 사슬톱으로 나무를 자르는 듯 소란스럽다. 산들바람 한 점 느껴지지 않는 후텁지근한 공기 속에는 온갖 꽃향기와 생명체 썩어 가는 냄새가 기묘하게 뒤섞여 있다. 숲의 생명력은 바로 토해 내는 듯한 이 왁자한 소리들이다.

　동이 트기 직전, 긴팔원숭이는 생기발랄한 두 이방인을 향해 '우우' 고함을 지른다. 작고 예리한 발굽이 달린 사슴은 개처럼 짖어 대고 새들은 열차의 기적소리를 내는 중이다. 아무것도 보이지 않고 오직 소리만 들려온다. 그러다가 동 틀 무렵에 이르면 숲에는 일순 정적이 감돈다.

　대지 위로는 생명체들이 두껍게 층을 이루며 살아가고 있다. 비단뱀처럼 살이 통통하게 오른 덩굴식물은 똬리를 틀며 버팀대 역할을 해 주는 나무를 감아 오른다. 착생하는 양치식물과 난초

들이 나뭇가지에 매달린 채 살아간다. 거미줄처럼 가는 가시가 돋친 등나무 덩굴이 지나가는 사람의 옷에 달라붙는다. 산 생명체는 공공연하고 집요하게 죽은 생명체를 먹이 삼아 살아간다. 종렬을 이룬 개미들이 힘을 합쳐 죽어가는 애벌레 한 마리를 이어 나르는 중이다. 혀가 소용돌이 모양인 나비는 죽은 뒤쥐의 뜬 눈에서 소금기를 핥아먹고 있다. 기주 식물의 나뭇가지에 안전하게 정박한 씨에서 태어난 교살목은 제 수양어미 줄기 근처에 뿌리를 내린다. 결국 수양어미는 수양아이가 허리로 휘감아 조이는 바람에 서서히 질식하면서 죽어 간다.

생명과 죽음, 성장과 소멸이 함께하는 이곳은 지옥이기도 하고 에덴이기도 하다. 여기에서는 오감이 존재를 압도한다. 하지만 그 감각을 신뢰할 수는 없다. 장대하고 정연하고 건조하고 서늘한 유럽이나 북미의 숲과 달리 이곳에서 보고 냄새 맡고 맛보는 것으로부터 얻는 의미는 온통 유령의 집에 있는 거울처럼 굴절을 겪는다. 모든 게 보이는 것과 다르다.

걷다가 신발 위로 물방울이 떨어지는 것을 보면 아마도 비가 내리는 거라고 생각할 수 있다. 하지만 그것은 30도를 훨씬 웃도는 혹염으로 인해 당신 얼굴에서 흘러내리는 땀방울이기 십상이다. 늪지에 다리를 만들어 주던 쓰러진 나무는 장화 아래에서 맥없이 부서져 당신을 허벅지 깊이의 늪으로 빠뜨릴 수도 있다. 45미터나 되는 거대한 나무를 지탱해 주는 뿌리는 고작 15센티미터 깊이로 얕게 땅 아래 박혀 있다.

나무껍질에서 나오는 수액에 벌겋게 살이 델 수도 있지만 강물이 살결을 비단처럼 어루만질 수도 있다. 불개미가 손닿는 곳마다 바글대지만, 나비가 살갗에 우연히 부딪치기도 한다. 여기서는 떨어지는 나무 열매에 맞아 죽을 수도 있다. 가장 손꼽히는 것은 단연 두리안이다. 코코넛만 한 열매는 뾰족한 가시돌기로 뒤덮인 당구공 모양인데 한창때는 수시로 떨어진다. 낙하하는 두리안에 한 방 얻어맞으면 상처 때문에 죽을 수도 있다. 두리안 열매는 까면 썩은 양파 같은 지독한 냄새가 난다. 하지만 매끄럽고 흰 속살은 아몬드를 곁들인 버터 두른 커스터드 같은 맛이 난다. 여행자 얀 하위헌 판 린스호턴은 1599년에 "두리안은 세계에서 가장 맛이 탁월한 과일의 왕"이라고 극찬한 바 있다.

숲에 가만히 서 있으면 3센티미터 정도 되는 거머리들이 적외선 탐지 미사일마냥 사방팔방 앞다퉈 기어온다. 그들은 사람의 온기를 감지하고 몸을 곧추세운 채 허공에 입을 너울거리면서 자벌레처럼 공중제비를 해 온다. 이 숲에 사는 다른 10여 가지 생명체처럼 거머리도 피를 빨아 먹고 살아간다. 물리는 것만으로는 고통이 없지만, 거머리는 피를 빨아 먹기 위해 깨물 때 항혈액응고 물질을 주입하여 한 시간 동안 계속 피가 흐르게 만든다.

대지에는 거머리, 개미, 거미, 꼬마꽃벌 따위가 우글거린다. 악취가 나면서도 비옥한 이곳 토양은 죽은 생명체를 왕성하게 분해하여 6개월 만에 그 유기물질 중 90퍼센트를 숲의 생명체에게 되돌려준다. 이것은 건조한 숲에서는 3년 정도 걸리는 과정이다. 소멸이 이렇게 신속하게 이루어지기 때문에 온대 지역의 숲에 비해 이곳 생명체 종이 더 다양할 수밖에 없다. 예컨대 영국에서는 고유의 나무 수종이 서른네 가지에 불과한 데 비해 이곳 수종은 600가지가 넘는다. 또 포유동물 200종, 조류 550종을 위시해 여러 생명체가 눈부실 정도로 풍부하고 다양하게 생존한다. 대나무는 주변 다른 식물과의 균형을 깨면서 우쭉우쭉 자라 사람들 머리 위에 엄청난 높이로 솟아 있다. 녹색의 식충성 낭엽葉식물은 주머니 입을 벌리고 먹이의 접근을 노리며 몸을 도사린다.

한편 이곳에는 코가 엄청나게 크고 얼굴에 분홍빛이 감도는 코주부원숭이, 여우원숭이 콜루고, 날개폭이 2미터에 가까운 과일박쥐와 왕박쥐, 천산갑과 개미핥기, 구름표범 따위 동물들이 서식한다. 그리고 아시아에 있는 유일한 유인원이자 털이 붉은 유인원, 오랑우탄이 살고 있다.

비루테 갈디카스는 바로 이곳을 자신의 근거지로 정했다.

―――――――

루이스를 처음 만났을 때 비루테는 UCLA에서 인류학 석사과정을 밟고 있었다. 그녀는 돈을 벌면 언젠가 인도네시아에서 야생 오랑우탄을 연구하리라 작정하고 있었다. 비루테는 늘 이 대형 유인원, 나무에서 살기에 가장 알맞고 에덴동산을 떠나 본 적 없는 유일한 대형 유인원, 인간의 눈을 닮은 이 유인원에 마음이 끌렸다. 그녀는 침팬지나 고릴라보다 오랑우탄이 인간과 가장 가까운 친척이기를 바랐다.

강연을 끝내고 루이스가 비루테와 만났을 때 그 자리는 마치 미리 약속된 것 같았다. "나는 가기 전에 결과를 이미 알고 있었어요. 그리고 루이스가 프라이메이트들에 대해, 대형 유인원 연구에 대해, 그리고 제인과 다이앤을 현장에 보낸 일에 대해 이야기하는 순간 나도 거기 합류하게 되리라는 것을 직감할 수 있었어요."

하지만 운명은 정해진 게 아니기에 피할 수도 거부할 수도 있다. 1970년 어느 늦은 여름날, 비루테가 런던의 얼스코트로^略에 있는 구달네 아파트를 방문했을 때 그녀의 자신감은 조금 흔들리고 있었다. 그날 밤 루이스는 제인, 다이앤, 비루테, 이 '세 프라이메이트'가 함께하는 첫 모임을 주선하고 주재했다. 제인은 그때 이미 탄자니아에서 10년 동안 연구해 온 상태였다. 다이앤도 자이르와 르완다에서 3년간 연구를 해 오고 있었다. 비루테는 경외감을 담은 눈빛으로 두 선배를 바라보았다. 비루테는 "그제서야 나는 불현듯, 정말로 인도네시아의 열대우림으로 가게 될 것을 분명히 깨달았습니다."라고 회고한다.

그날 저녁 그녀가 제인에게 다가가서 물었다.

"제가 무슨 일을 하게 될까요?"

제인이 대답했다.

"내가 했던 것과 똑같은 일을 하게 될 거야. 밖으로 나가서 그들을 발견하게 되겠지."

하지만 비루테와 루이스의 첫 만남 이후 오랑우탄 연구를 위한 자금 지원을 보장받기까지는 2년 반이 넘게 걸렸다. 출발 시기가 턱없이 오래 지연되자 루이스는 언젠가 그녀에게 오랑우탄 대신 자이르에 있는 보노보를 연구해 보는 게 어떻겠냐고 제안했다. 하지만 다이앤이 끝까지 마운틴고릴라를 고집했듯이 비루테도 오랑우탄을 연구하겠다는 주장을 굽히지 않았다.

1971년 루이스가 다양한 자금 출처—윌키 형제 재단, 내셔널 지오그래픽 협회, 리키 재단, 제인·저스틴 다트 재단—를 확보했지만 그들을 통해 모은 돈은 9000달러에 그쳤다. 비루테와 남편 로드 브랭다무르는 그해 9월 인도네시아로 떠날 때 큰 배낭 두 개에 넣을 수 있을 정도로만 짐을 꾸렸다. 의류 네 벌, 나침반 두 개, 몇 권의 노트, 레인케이프 두 개, 요리 도구, 연구 장비, 손전등 한 개. 가져갈 수 있었던 건 이게 전부였다. 이전에 야생 오랑우탄을 연구한 적 있는 과학자들은 극소수였다. 두 달 동안 진행된 어느 연구는 단 한 마리 오랑우탄도 구경하지 못한 채 끝났다. 일본인 영장류학자 오카노는 북부 보르네오에서 52일간 연구를 진행하면서 오랑우탄 한 마리를 언뜻 보았을 뿐이다. 영장류학자 조지 셸러와 또 다른 연구자는 그보다 장기간 연구를 수행했지만 그들의 자료 역시 나무 꼭대기에 지은 오랑우탄의 빈 둥우리 수를 센 것이 고작이었다.

데이비드 호어와 존 매키넌은 이 종에 대해 최초로 장기 연구를 수행한 서양인이었다. 그들은 북부 보르네오에 있는 말레이시아령 샤바에서 각각 독자적으로 연구를 진행했다. 호어의 연

제인 구달과 다이앤 포시를 따라 현장에 뛰어든 비루테 갈디카스는 대형 유인원 가운데 침팬지, 고릴라에 이어 세 번째이자 가장 덜 알려진 오랑우탄을 연구했다.

구는 2년간 계속됐다.

매키넌은 그곳에서 1200시간 동안 야생 오랑우탄을 관찰하고 나중에 수마트라섬에서 200시간을 더했다. 둘은 오랑우탄이 주로 고독하게 혼자 다니며, 두리안 열매를 가장 좋아하고, 매일 밤 잠자리에 들 새로운 보금자리를 만들면서 대부분의 시간을 나무에서 보낸다는 사실을 알아냈다.

하지만 누구도 오랑우탄이 새끼 낳는 것을 본 적은 없었다. 또 누구도 수컷 오랑우탄이 서로 싸우는 것을 관찰한 적도 없었다. 그들이 얼마나 멀리 이동하는지, 어떻게 교미 상대를 선택하는지, 어미는 새끼를 어떻게 돌보는지, 미성년은 어떻게 성년으로 성장하는지 따위에 대해서는 거의 알려진 바가 없었다. 오랑우탄의 생식에 대해서도 밝혀진 바가 없어서 어떤 연구자는 수 컷은 성년이 되면 교미를 그만둔다고 확신하기까지 했다.

처음부터 비루테와 로드는 지금까지 진행된 것보다 더 '장기적인' 연구를 하기로 마음을 굳혔다. 부부는 전에 오랑우탄이 연구된 적 있는 수마트라섬의 루저리저브산으로 떠나기로 작정했다.

하지만 그들은 그곳에 결국 가지 못했다.

부부는 사파리 여행 중에 맨 먼저 리키 부부를 방문하기 위해 케냐에 잠깐 들렀고, 이어서 제인 구달과 침팬지를 보러 곰베를 방문했다. 그러고 나서 계획에도 없던 인도에서 일주일을 보냈다. 둘 다 장염과 설사로 주저앉게 되었기 때문이다. 그들은 물건을 싸게 구입할 수 있었던 싱가포르에서 일부 연구 장비를 구입했다. 인도네시아에서 보낸 첫 주는 관리들(공무원들)을 만나고 자신들의 과학 연구에 대한 허락을 얻어내는 데 썼다.

인도네시아 공원과 자연보호구역 담당 책임자는 상세하게 지도화되어 있는 수마트라 공원으로 가려는 그들 계획을 주의 깊게 경청했다. 이윽고 그가 말문을 열었다. "당신들은 최초가 되길 바라는 사람들 같습니다. 다른 사람의 발자국을 뒤쫓고 싶지는 않잖아요?" 결국 그는 부부에게 보르네오섬 남부 해안가 안쪽에 펼쳐진 25만 헥타르의 자연보호구역 탄중푸팅으로 가라고 권유했다. 그곳은 지도에 경계선이 전혀 나타나 있지 않고 내륙은 아무도 탐험한 바 없는 오지였다. 하지만 그는 몇 달 전 보고르시* 거주민 셋이 그 지역을 방문했는데 거기에서 오랑우탄을 보았다 하더라고 귀뜸해 주었다.

결국 비루테 부부는 인도네시아의 삼림 담당 공무원과 쿠마이 마을에서 고용한 캠프 요리사를 대동하고 잡초가 무성한 세코니어캐넌강을 따라 그 자연보호구역까지 배로 열 시간이 걸리는 여행을 했다. 그들은 삼림 감시인용으로 지어진, 이엉 얹은 폐움막을 자신들 캠프로 사용하기로 하고 스승 루이스 리키에게 경의를 표하기 위해 캠프에 그의 이름을 붙였다. 리키 캠프 지붕에 처음으로 비가 쏟아졌을 때 그들은 그 이름이 이중적 의미로 더없이 적절하게 지어졌다는 사실을 깨닫고 어이없는 웃음을 나누었다.◆

첫해에 이들이 본 인간은 키가 작고 가냘프고 피부가 황금색인 멜라유족—원래 쿠마이족 출신으로 농사를 짓거나 고무액을 채취하는 이슬람교도들—이 유일했다. 1972년 말 이들 부부가 처음 마주친 백인의 얼굴은 "충격으로 다가왔다". 비루테가 유럽에 있는 영장류학회에 참석하려고 잠시 인도네시아를 떠나기 3년 전의 일이고 로드가 서방을 방문하려고 인도네시아를 떠나기 4년 전의 일이었던 것이다.

부부는 가난하게 살았다. 그들은 쌀을 주식으로 하면서 가끔 깡통 정어리, 기름기 많은 돼지족 통조림, 바나나 따위로 영양을 보충했다. 그들은 숲에서 모아 온 나뭇가지를 연료 삼아 불을 지피고 덮개 없는 화로 위에 음식을 조리해서 먹었다. 신발과 옷은

●　수마트라섬 남동부에 있는 도시.
◆　'물이 새다'는 의미인 'leaky'를 염두에 둔 말장난.

리키 캠프로 가려면
클로톡을 타고
세코니어캐넌강을 따라
상류로 거슬러 올라가야
하는데, 그 여정은 족히
하루가 걸린다.

금세 남루해졌다. 언젠가 로드는 등나무 덩굴로 밑창을 발에 감아 남은 잔해를 추스른 상태로 계속 장화를 신고 다니기도 했다.

비루테는 숲을 수색할 때면 냉커피를 가득 담은 보온병만을 달랑 들고 다녔다. 하나밖에 없는 손전등은 로드가 동물 흔적을 뒤쫓으며 헤쳐갈 때 사용했다. 그들은 겨드랑이까지 완전히 잠기는 늪지를 걸어서 건너기도 했다. 그럴 때면 물에 오래 담긴 발 거죽이 쭈글쭈글해졌다. 또 그들은 벌채용 칼로 덩굴식물을 베면서 앞으로 나갈 길을 터야 했다. 비루테는 선명하게 밝은 붉은색 털로 덮여 있고, 덩치가 90킬로그램쯤 되는 거대한 영장류가 있을 거라며 나무를 뒤적이고 다녔지만 번번이 오랑우탄은 구경도 못하고 온갖 나뭇잎과 나뭇가지만 본 채 돌아섰다. 비루테가 자

과학자들

꾸만 덩굴식물이나 나무뿌리에 걸려 넘어지는 통에 부부는 더러 어두워진 후에야 캠프로 돌아올 수 있었다.

점차 그들은 숲이 감춰진 위험으로 가득하다는 사실을 알게 되었다. 독 있는 애벌레가 나무에서 툭툭 떨어지고 코가 긴 악어가 홍찻빛 강물에 몸을 도사리고 있었다. 검은 몸체에 붉은 광채가 나는 불개미 행렬은 끊임없는 골칫거리다. 비루테는 다야크인이 놓은 덫에 걸린 동물들이 불개미들의 먹이가 되는 광경을 여러 번 목격했다. 사냥꾼은 개미가 다 먹고 남은 동물 잔해만을 뒤늦게 발견하곤 했다.

숲에 지천으로 널린 뱀은 느긋하고 완벽하게 위장한 채 거만하게 똬리를 들고 있다. 어느 날 밤 비루테는 뭔가 부드럽고 매끈한 게 다리를 스치고 지나가는 것을 느꼈다. 몇 미터 더 걸어가다 뒤를 돌아 손전등을 비추어보았다. 코브라 한 마리가 몸을 곧추세우고 그녀 눈을 뚫어져라 보고 있었다.

열병에 걸리거나 진드기에 물릴 수도 있다. 뭔가에 긁힌 상처는 모두 곪는다. 비루테와 로드가 밤에 돌아와서 젖은 옷을 벗으면 "우리 피를 과식한 검은 거머리가 통통해진 몸무게를 이기지 못하고 양말과 목, 속옷에서 우수수 떨어졌다."라고 비루테는 《내셔널 지오그래픽》에 썼다. 하지만 그녀는 이 모든 것을 성가시게 여기지 않았다. 그것이 지닌 위험을 유념하고는 있었지만 그 숲을 평화롭고 아름답다고 생각했다.

오직 한 가지 그녀를 두렵게 만들고 낙심하게 하고 소모시킨 것은 오랑우탄과 전혀 마주치지 못하고 있다는 사실이었다.

비루테는 "그들을 발견할 수 없었어요. 전혀 접촉할 수 없었습니다. 나와 숨바꼭질하는 것 같았어요. 나는 초조해졌습니다."라고 말했다. 그로부터 열흘 후 그녀는 나무 위 20여 미터 높이에서 오랑우탄 한 마리를 언뜻, 그것도 나뭇잎에 가려 아주 희미하게 잠깐 보았다. 그런데 그 오랑우탄은 그녀가 자꾸만 몸을 끌어당기는 늪지 진흙에서 장화를 빼내려고 안간힘 쓰는 동안 금세 시야에서 사라져버렸다.

더욱이 부부는 우기 때 탄중푸딩에 도착했던지라 물로 불은 습지에서 오랑우탄을 뒤쫓는 일이 훨씬 더 어려웠다. 설령 관찰자가 오랑우탄을 발견한다 해도 그들은 누군가에게 주목받는 데에 극도로 짜증을 낸다. 오랑우탄은 관찰자를 향해 나뭇가지를 냅다 내던지거나 신경질적인 비명을 지르거나 감탄할 만한 솜씨로 관찰자 머리 위에 직통으로 똥오줌 세례를 퍼붓는다. 언젠가 로드가 오랑우탄과 눈을 마주친 적이 있는데 순간 그 동물은 로드의 얼굴에 똥물을 뒤집어씌워 오물이 눈에까지 들어가게 했다. 오랑우탄은 관찰자를 방해하기 위해서 죽은 나무나 산 나무를 써 먹기도 했다. 비루테는 몇 번이나 공포영화에 슬로 모션으로 나오는 장면처럼 수컷 오랑우탄이 자신을 향해 밀어뜨린 나무가 넘어지는 광경을 속수무책으로 바라보아야 했다. 죽는 게 이런 거구나 생각하는 순간, 그때마다 다행히 나무 기둥이 부러지거나 넘어지면서 덩굴식물에 걸려 약간 빗나갔다. 그 나무들은 그녀 발치에서 불과 10여 센티미터 거리에 쿵 소리를 내며 무너졌다.

비루테가 한나절 이상 오랑우탄을 뒤쫓아 다니게 된 시기보다 두 달 전의 일이다. 그녀는 어느 날 아침 7시경 새끼와 함께 지내는 어느 암컷과 마주쳤고 어두워질 때까지 그들을 따라다니는 데 성공했다. 날이 저물자 그 암컷은 밤의 잠자리를 위해 나뭇잎으로 둥우리를 짓고 거기에서 잠들었다. 이튿날 동이 트기 전에 비루테와 로드는 다시 그 보금자리를 찾아가 나무 아래 김이 푹푹 나는 어둠 가운데에서 그들을 기다렸다. 날이 새고도 한참 지나서야 둥우리가 흔들리기 시작하며 그들이 베스라고 이름 붙인 암컷과 그의 새끼가 모습을 드러냈다.

그들은 두 마리 오랑우탄이 이동하고 또 뭔가를 먹고 쉬는 동안 계속 그들을 따라다니면서 관찰했다. 날이면 날마다 비가 내렸다. 비루테와 로드는 밤마다 불을 지펴 옷을 말려야 했다. 어느 날 밤에는 네 벌밖에 없는 소중한 청바지의 가랑이 한 짝이 불에 타 버렸다. 또 언젠가는 두 오랑우탄이 쉬는 동안 비루테도 쓰러져 있는 통나무에 앉아 편안히 휴식을 취한 적이 있었는데, 그 날 밤 그녀는 유독한 수액으로 엉덩이가 검게 그을렸다는 사실을 발견했다. 비루테는 그 후 일주일 동안 앉아 있지도 등을 대고 눕지도 못했다.

그들은 그 어미와 새끼를 닷새 동안 따라다녔다. 그동안 다른 어떤 오랑우탄과도 마주치지 않았다. 그들은 두 오랑우탄이 걸어서 이동하고 쉬고 뭔가를 먹는 일 외에 다른 어떤 행동을 하는 것은 관찰하지 못했다.

침팬지, 고릴라, 개코원숭이를 위시한 대다수 영장류는 무리 지어 이동한다. 예를 들어 만일 개코원숭이를 연구하려고 한다면 연구자는 한 무리를 발견하고 그들 가운데 매일 다른 '목표물'을 관찰하면 된다. 그러면 한 달 동안 서로 다른 개체 30마리에 대한 자료를 손에 넣을 수 있다. 그와 동시에 연구자는 그 30마리 모두가 한꺼번에 자기 존재에 익숙해지도록 만들 수도 있다.

제인이 말했다. "오랑우탄은 대형 유인원 가운데 가장 연구하기 어려워요. 그들은 주로 혼자 지내고 나무에서 활동하기 때문에 내가 운이 좋으면 하루 만에 다 볼 수 있을 행동을 비루테가 오랑우탄에게서 관찰하고 정보를 얻으려면 1년은 걸리지요."

이 고독한 종은 한 번에 한 개체씩 인간 존재에 익숙해질 수밖에 없다. 비루테와 로드는 턱주머니를 의미하는, 스로트 파우치라고 이름 붙인 우두머리 수컷 단 한 마리가 불완전하게나마 자신들 존재에 익숙해지도록 만들기까지 무려 6개월을 기다려야 했다. 스로트 파우치는 볼 아래에 비치 볼처럼 생긴 공기주머니가 늘 부푼 상태였다.(대다수 수컷의 경우 공기주머니가 평상시에는 축 늘어져 있고 세력권을 지키려고 긴 외침 소리를 낼 때만 부푼다.) 그런 까닭에 비루테는 스로트 파우치가 악성 종양에 걸렸다는 사실을 알고는 땅에 주저앉을 만큼 경악했다. 만일 그가 죽거나 그 영역을 떠난다면 그녀는 모든 걸 완전히 처음부터 다시 시작해야 했다. 그녀는 자신이 선택한 일이 얼마나 험난하고 기념비적인 일인지 진정으로 깨닫지 않을 수 없었다.

오랑우탄의 삶은 그들 대다수 동작이 그렇듯이 위엄 있고 평

장난스러운 어린
오랑우탄들이 리키 캠프
구석구석에 활력을
불어넣었다.

온한 여가 속에서 전개된다. 비루테는 그들을 관찰하는 일을 게으름을 지켜보는 것에 비유했다. 침팬지는 오랑우탄과 비교했을 때 단연 열정이 넘친다. 사회생물학자이자 영장류학자인 세라 블래퍼 허디는 "오랑우탄을 연구하는 영장류학자가 내뱉는 가장 일반적인 불평은 뭔가를 우적우적 씹어먹거나 쉬는 것 이외에 거의 아무 일도 하지 않고 거의 누구도 만나지 않는 성년 오랑우탄을 몇 시간씩 하릴없이 지켜보고 있어야 한다는 점"이라고 했다.

오랑우탄은 자신들 면모를 아주 서서히 드러냈다. 8년이 지나서야 비루테는 오랑우탄이 도구를 사용하는 모습을 볼 수 있었다. 어떤 수컷이 25초 동안 나무토막을 이용해 궁둥이를 긁은 것이다. 비루테가 처음 새끼 상태로 만난 암컷 오랑우탄이 첫아

오랑우탄은 대형 유인원 가운데 가장 비사회적이고, 마주치기 어렵다.

기를 출산한 것은 그로부터 15년 후의 일이다. 처음부터 비루테의 목적은 "그들이 태어나서 죽을 때까지를 내내 지켜보는 것"이었다.

초기 4년 동안 비루테와 로드는 자신들이 이름 붙인 야생 오랑우탄 58마리를 모두 6804시간 동안 관찰했다. 이것은 전임자 매키넌이 관찰한 것보다 네 배나 많은 시간이다. 그녀는 열병으로 고생하거나 상처로 피 흘리면서도 그들을 따라다녔다. 생포 오랑우탄을 자연으로 복귀시키는 일을 맡게 된 후에는 자기 몸에 고아 오랑우탄을 달고 그들을 따라다녔다. 첫아이 빈티를 임신한 아홉 달 동안에도 비루테는 부은 다리를 끌면서 그들을 따라다녔다. 그녀는 그들 각각의 인생 이야기를 수집했다.

비루테는 수컷들이 암컷이나 세력권을 두고 전쟁하는 모습도 보았다. 이따금 그 전쟁은 몇 시간 동안 계속되었다. 그녀는 스로트 파우치가 나무에서 다른 수컷 한 마리와 맞붙어 싸우는 모습을 관찰했다.

그들은 스모 선수처럼 서로 움켜쥐고 있다가 상대를 물어뜯었다. 가끔 그중 하나가 나무에서 떨어지기도 했는데 남은 하나는 이내 쫓아가서 중단된 싸움을 재개했다. 구슬땀으로 등이 흥건하게 젖은 둘은 이따금 서로의 몸에서 떨어져서 상대를 노려보았다. 마침내 그들은 완전히 격투를 끝내고 인접한 나무에 따로 앉았다. 스로트 파우치는 상대에게 죽은 나무를 밀어뜨리면서 긴 울음소리를 토해 냈다. 계속 투덜거리던 소리는 격렬한 으르렁거림과 고함으로 바뀌고 이내 다시 투덜거림과 한숨으로 잦아들었다. 마침내 상대 수컷은 도망쳤다. 그들의 땀 냄새가 여러 시간 동안 공기 속에 짙게 배어 있었다.

비루테는 구애 상태나 배우자 상태에 놓인 암수를 지켜보기도 했다. 대부분 교미는 배우자 상태에서 이루어진다. 성년 수컷과 암컷 한 쌍은 적어도 사흘 동안 함께 음식을 먹고 서로 붙어서 자며 교미와 이동을 한다. 그들은 인간처럼 대체로 배와 배를 맞대고, 더러는 암컷이 나뭇가지에 등을 대고 누운 자세로 사랑을 나눈다. 대개 암컷 오랑우탄은 30일 주기로 맞는 발정기 때 수컷의 긴 울음소리를 좇아 그와 교제한다. 이때가 되면 보통은 수줍기만 하던 암컷이 배짱 좋고 당돌하게 변하기도 한다. 언젠가 비루테는 베스가 어떤 성년 우두머리 수컷에게 다가가 그의 얼굴 앞에 덩굴식물을 흔들면서 그의 배를 탁 치고 성기를 휙 잡아당기는 모습을 본 적이 있다. 이 모든 노력이 그의 주의를 끌지 못하고 수포로 돌아가자 베스는 그의 머리에 오줌을 싸 버렸다. 결국 둘은 자리를 옮겨 함께 어디론가 사라졌다.

하지만 이따금 강간도 벌어진다. 대개 미성년 수컷은 성년 암컷과 억지로 성교를 강행하려 한다. 그러나 이것은 다른 많은 종의 구애에서 특징적으로 나타나는 가벼운 격투가 아니다. 암컷은 격렬하게 발버둥치며 어떻게든 수컷을 몸에서 떼 내려고 안간힘을 쓴다. 암컷은 괴로운 듯이 끙끙거리는 기이한 소리를 내는데, 다른 상황에서는 전혀 들을 수 없는 이 소리를 비루테는 '강간 소리'라고 불렀다.

비루테가 처음 탄중푸팅에 왔을 때 고무액 채취자들은 그녀에게 수컷 오랑우탄은 인간 여성을 겁탈하기도 한다고 경고했다. 실제로 다야크족의 어느 전설은 수컷 오랑우탄의 긴 울음소리를 이런 관점에서 설명한다. 수컷 오랑우탄이 강을 지나는 배에서 어떤 인간 여성을 납치했는데, 야간용 둥우리에서 잠자던 그녀는 밤에 몰래 도망친다. 수컷의 긴 울음소리가 바로 떠나간 인간 여성을 부르는 소리라는 것이다. 비루테는 개에서 퓨마에 이르는 많은 포유동물이 인간 여성의 생리혈 냄새에 흥분한다는 사실은 알았지만 오랑우탄에 대한 그 전설은 무시하기로 했다. 인근 마을에서 생리대를 구할 수 없었던 비루테는 어쩔 도리 없이 매달 생리 기간이 되면 피에 젖은 청바지를 입고 숲을 돌아다녀야 했다.

그런데 몇 년 후 성년 수컷 야생 오랑우탄 한 마리가 그녀 캠프에 들이닥쳐 인도네시아인 여성 요리사를 강간한 사건이 발생했다. 다행히 그 여성은 상처 입지 않았고 그 소름 끼치는 경험 때문에 사회적으로 배척당하지도 않았다. 이제 비루테는 여성 방문자들에게 만약 생리 중이라면 막대기를 들고 다니고 절대 혼자 생포 수컷 오랑우탄 사이를 걸어 다니지 말라고 미리 주의를 준다.

비루테는 장기간에 걸친 야생 오랑우탄의 사회적 상호작용을 기록한 최초의 관찰자였다. 인간 10대들과 마찬가지로 청소년, 혹은 미성년 오랑우탄(7세부터 성년 이전까지)은, 특히 암컷의 경우 가장 사회적인 집단이다. 둘 이상의 청소년 암컷은 때로 서로를 부드럽게 쓰다듬거나 어루만지면서 며칠 동안 함께 이동하기도 하고 헤어졌다 다시 만나기도 한다.

이와 관련해서 그녀가 가장 인상적으로 관찰한 것은 어느 어린 수컷과 청소년 암컷 간의 기묘한 관계였다. 비루테와 로드는 그들을 단짝으로 여기고 각각 뮤트와 노이지라고 이름 붙였다. 수년 동안 두 오랑우탄은 한 번에 열흘 넘게 함께 이동하곤 했다. 이들은 배우자 관계는 아니었다. 뮤트는 가끔 다른 암컷을 강간하기도 했지만 노이지를 공격하는 경우는 없었다. 언젠가 뮤트가 강제로 어떤 암컷과 성교를 시도했을 때 노이지는 마치 뮤트를 지지하기라도 하듯이 그에게 당하고 있는 암컷을 공격했다. 처음으로 발정기를 맞았을 때 노이지는 덩치가 육중하고 볼에 살이 넓게 붙은 수컷 닉과 교제하고 싶어 했다. 닉과 노이지는 서로 배우자가 되어 여러 번 교미했다. 그런데 뮤트는 그때마다 눈에 잘 띄지 않는 가까운 나무 뒤에 숨어서 제 친구와 그녀의 연인을 몰래 훔쳐보았다.

처음부터 관찰한 내용을 현장 노트에 내러티브로 기술한 제인이나 다이앤과 달리 비루테는 자신이 목격한 행동을 분 단위로 점검표에 기록했다. 그녀는 오직 한 번에 한 오랑우탄에만 초점을 맞추었다. 심지어 암컷이 새끼와 함께 이동할 때나 어떤 오랑우탄이 다른 오랑우탄과 만나고 있을 때조차 그랬다. 이것이 바로 초점 동물 표집이라고 알려진 기법이다. 그녀는 때로 자신이 직접 맛보기도 한, 오랑우탄이 먹는 수백 가지 식물과 곤충을 꼼꼼하게 목록으로 정리했다. 연구 지역 내 서로 다른 세 지점에서 모든 식물을 조사하여 목록화하고, 확인된 400여 식물종의 성장과 결실에 대해 소상한 기록을 남기기도 했다.

1978년 300쪽이 넘는 비루테의 박사 논문이 UCLA에 제출되었다. 1972년 작고한 루이스에게 헌정된 이 논문은 관련 학계에서 열렬한 환영을 받았다. 자존심 강한 비평가들도 그녀의 논문을 '기념비적인 것'이라고 극찬했다. 제인 역시 리키 재단에 보낸 편지에서 "비루테 갈디카스가 수집한 논문 자료는 그녀의 현장 연구만큼이나 빼어나다."며 칭찬을 아끼지 않았다. 워싱턴 대학의 영장류학자 로버트 서스먼도 많은 이들의 찬사를 되풀이하면서 비루테의 논문을 "리키의 세 수제자 가운데 단연 최고"라고 평했다.

제인이나 다이앤과 달리 비루테는 현대적인 자료 수집 기법과 통계 분석에 대해 교육받았다. 그녀의 논문에는 자료를 수치화한 표가 91개나 실려 있다. 그녀는 성, 나이, 존재하는 동물 수에 따라 오랑우탄의 집단화를 통계적으로 분석하고, 하루 동안의 횟수와 지속 시간에 비추어 긴 울음소리를 분류하고, 배우자 및 비배우자와 행한 성교 횟수를 기록했다. 그녀가 처음부터 활용한 초점 동물 표집 기법은 1974년경 동물 관련 정보를 얻는 데 가장 정확하고 유효한 방법으로 인정받았다.

그녀는 자신의 연구 대상 동물이 인간과 가장 가까운 친척이기를 바랐지만 나중에 DNA 분석 결과는 그 영예를 제인의 침팬지에게 안겨주었다. 그러나 그녀가 관찰한 내용은 인간 조상이 나무를 떠나기 전에 어떻게 살았을지 짐작케 해 준 가장 완벽한 초상이었다.

비루테는 이론에도 관여했다. 그녀가 곰베의 영장류학자 게자 텔레키와 함께 쓴 1981년 논문에서 제기한 이론은 연구자 사이에서 상당한 흥분과 논란을 불러일으켰다. 이 논문은 오랑우탄과 침팬지는 암수가 각기 상이한 음식 자원을 이용하는데, 인간의 노동 분업―즉 사냥하는 남성과 식량을 구하러 돌아다니는 여성―이 바로 이 '생태학적 분리'에 그 기원을 둔다는 가설을 펴고 있다. 학술지《현대 인류학》에 실린 이 논문을 두고 무려 열세 명의 존경받는 영장류학자와 인류학자가 논평했을 정도로 이 논문은 관련 학계로부터 상당한 주목을 받았다.

하지만 이런 초기의 흥분이 가라앉으면서 비루테에 대한 서구 과학자의 열광은 서서히 시들해졌다. 연구가 10년을 넘어서면서부터 비루테의 '학문적' 이력이 그녀의 '개인적' 삶과 더불어

급속도로 서구 규범의 궤도에서 이탈했기 때문이다.

로드 브랭다무르는 1979년 중엽 결국 아내 곁을 떠났다. 그는 아내 이력에 책임을 다했다고 느꼈다. 로드는 지도에 제대로 표시되지 않은 연구 지역을 측량하고 구획했으며 늪지와 숲에 80킬로미터가 넘는 길을 내고 아내의 작업을 세심하게 사진에 담았다. 그는 아내가 인도네시아 관리들과 우정을 쌓는 데에도 기여했고, 오랑우탄의 울음소리를 기록하고 캠프도 도맡아 관리했다. 하지만 열대의 혹서 속에서 수 년 동안 궤양에 시달린 다리는 군데군데 자줏빛으로 썩어 가고 있었다. 그는 자기 침대에서 생포 고아 오랑우탄과 함께 지내는 상황에도 염증을 느꼈다. 그는 비루테와 함께한 7년 반 동안 자신의 인생 계획은 뒷전으로 미루어야 했다. 로드는 고국으로 돌아가고 싶어 했다.

비루테는 연구에 착수할 때부터 자신은 남은 인생 내내 오랑우탄을 연구하며 살겠다는 뜻을 분명히 밝혔다고 생각했다. 하지만 로드는 그 점을 잘 이해하지 못했다. 그녀는 "로드는 다른 대다수 영장류학자처럼 북미에 기반을 두고 현장에는 조사를 위해 왔다갔다 하는 삶을 생각했던 것 같습니다."라고 회상한다.

로드가 떠난 지 2년 후 비루테는 다야크인 팍 보합과 재혼했다. 그들은 결혼을 위한 공식 허가를 얻는 데만 무려 네 달을 보냈다. 심지어 도지사의 서면 동의서를 받아오라는 요구까지 있

1988년 내가 방문했을 때 파시르팡장에 있는 그들 집에서 자세를 취한 비루테 갈디카스와 그녀의 다야크인 남편 팍 보합.

었다. 그들은 칼리만탄텡아주에서 결혼한 최초의 인도네시아인과 서양인 부부였다.

이 부부는 여러 면에서 지극히 이례적이다. 팍 보합은 비루테보다 7년 연하에 키 155센티미터, 몸무게 55킬로그램의 왜소한 체격으로 아내보다 키도 작고 몸무게도 훨씬 덜 나간다. 그는 영어도 할 줄 모른다. 뿐만 아니라 비루테 부모를 만나본 적도, 그녀의 연례적인 북미 방문에 동행한 적도 없다. 심지어 비루테가 딸 제인을 임신하고 몇 달간 인도네시아를 떠나 있던 1985년에조차 그녀와 동행하지 않았다. 비루테는 박쥐 보존 인터내셔널 회원이다. 하지만 팍은 전통적인 다야크식으로 취관吹管*과 독화살을 가지고 박쥐 사냥을 해서 식용한다. 돼지나 원숭이를 잡아먹는 것을 죄악시하는 정통 이슬람교도 멜라유족과 달리 다야크인은 과거에는 식인 사냥꾼이기도 했고 물활론자*로서 오랑우탄을 잡아먹는 데에도 관습상의 터부를 전혀 갖지 않는다.

하지만 이제는 오랑우탄을 보호하는 게 팍의 일이다. 결혼 후 그는 비루테가 이끄는 오랑우탄 프로젝트의 공동 지휘자로서 그녀 작업의 주요 협력자가 되었다.

팍이 숲을 다루는 기술은 가히 어떤 경지에 이른 솜씨라 할 만하다. 그는 맨발로 늪을 건너갈 수도 있다. 그는 한 손에 불붙인 담배를 들고 수 초 만에 나무에 기어올라 오랑우탄을 관찰할 지상의 최적지를 정확하게 집어 낸다. 그는 굽은 나뭇가지를 보고 어떤 동물이 얼마나 전에 얼마만큼의 속도로 지나갔는지, 때로 애초에 그곳에 무엇을 가지고 왔었는지까지 알아낸다. 그는 새들의 지저귐부터 오랑우탄의 긴 울음소리에 이르기까지 숲에서 나는 소리라면 종류를 막론하고 그것이 무슨 소리인지 초인적으로 정확하게 알아 맞힌다.

주로 농사를 짓는 멜라유족과 달리 보르네오 토착민인 다야크인은 이 숲에서 수백 년을 살아왔다. 비루테의 오랑우탄 수색자들은 모두 다야크인이고 그들 대다수는 팍의 친척이다.

열대우림에서 수십 년을 지냈음에도 비루테가 내게 말했다.

● 불어서 화살을 쏘는 도구.
◆ 나무나 돌 등도 생물과 마찬가지로 영혼이 있다고 믿는 사람.

과학자들

"여기에서 그렇게나 오래 살았다 해도 내겐 이곳이 어쩔 수 없는 '외국어'처럼 느껴져요. 어려서 온대지방 숲에서 오랜 시간을 보냈지만 이곳은 완전히 다른 세계죠. 하지만 여기에서 살아가는 다야크인에게 이 숲은 그들의 모국어예요. 그들은 완벽한 억양으로 숲의 언어를 말합니다."

능수능란한 다야크인 수색자들 덕분에 오랑우탄 프로젝트는 이제 한 번에 일곱 마리 오랑우탄을 동시에 따라다닐 수 있게 되었다. 두 다야크인이 한 조를 이루어 한 마리 오랑우탄을 동 트기 전부터 그 오랑우탄이 밤에 지낼 둥우리를 만들 때까지, 이따금 어둠이 깔린 후까지 따라다닌다. 한 사람은 자료 점검표에 기록한다. 다른 한 사람은 먹이 표집을 수집하고, 로드가 연구 지역을 측량 및 구획하면서 박아둔 나무 표식을 이용해 오랑우탄의 이동 방향을 적는다. 가능하면 한 조는 한 개체 오랑우탄을 열흘 정도 따라다닌다.

비루테가 거느린 직원이 늘어나면서 캠프 운영비도 덩달아 증가했다. 오랑우탄 프로젝트는 6년 넘게 내셔널 지오그래픽 협회를 위시해 서양 과학에서 가장 인정받는 기관들로부터 자금을 지원받아 왔다. 루이스 리키와 '세 프라이메이트'가 진행하는 연구에 대해 내셔널 지오그래픽 협회가 장기적으로 자금 지원을 한 일은 사실상 전례가 없는 일이었다. 일반적으로 단 한 번의 조사 여행이나 단기 프로젝트를 지원하는 것이 그 기관의 상례다. 비루테의 프로젝트는 또한 세계 야생동물 기금, 뉴욕 동물학회, 시카고 동물학회, 존 사이먼 구겐하임 추모 재단 등으로부터도 자금 지원을 받았지만 액수가 충분한 적은 결코 없었다.

열여섯 살 된 딸을 1979년 리키 캠프에 보낸 적이 있던 아를렌 마스터스는 오랑우탄 프로젝트가 "자금 부족으로 문 닫을 위기에 처했다."라고 걱정하는 편지를 리키 재단에 띄웠다. 그해 직원 열다섯 명에게 제공된 정부 보조금과 기부금은 모두 합쳐서 8000달러에 불과했다. 봉급을 받아본 적 없는 비루테는 당시 쾌속정도 송수신 겸용 무전기도 갖고 있지 않았다. 그녀의 동료 게리 샤피로는 탄중푸팅에서 함께 연구를 시작하기 위한 경비를 마련하려고 자신의 자동차와 재산 일부를 처분해야 했다.

비루테는 1979년 언젠가 자신의 은행 계좌 잔고가 49달러인데 캠프는 5000달러 빚이 있었다고 기억한다. 당시 익명의 기부자가 예금 계좌를 채워줘 겨우 위기를 모면할 수 있었다. "우리는 기적으로 일관된 삶을 살아왔다."라고 비루테는 말한다. 내셔널 지오그래픽 협회는 1982년 마침내 지원을 중단했다. 그들이 보낸 편지에는 "당신의 연구는 과학적으로 가치 있는 것임에 틀림없지만 위원회는 장기 프로젝트에 대한 지속적인 지원을 더 이상 내켜하지 않는다."라고 적혀 있었다. 그녀가 프로젝트를 이어가게 해 줄 기부자는 나타나지 않았다.

어스워치는 비루테에게 최초 지원금 6만 달러를 제공한 이래 1984년에서 1993년까지 그녀 연구에 필요한 자금 대부분을 지원해 주었다. 자원봉사자들은 리키 캠프에서 비루테와 함께 2주 동안 일하는 데 어스워치에 항공료를 제외하고 약 1800달러를 내야 한다. 6월에서 11월 사이 한 팀에 여덟에서 열여섯 명까지로 구성된 자원봉사자 여섯 개 팀이 팡칼란분에 도착했다. 자원봉사자들은 생포 고아 오랑우탄을 돌보고 야생 오랑우탄을 관찰하기 위해 다야크인 수색자들을 따라다닌다. 그들은 제인 구달이 처음 설계한 것에서 약간 손본 자료 점검표에 생포 어미 오랑우탄과 새끼의 상호작용을 기록한다. 비루테의 서신을 타자로 치기도 한다. 때로는 식물 분포 지역을 분류하거나 식물 표본실에서 작업하기도 한다. 또 공원 내에서 불법 어획을 저지르거나 야생 고무액을 채취하는 자들을 몰아내기 위해 순찰에 나서기도 한다.

그런데 워낙 다양한 사람이 모여들다 보니 얼마간 문제가 생겼다. 어떤 자원봉사자들은 비루테의 캠프를 예정보다 일찍 떠났다. 또 어떤 자원봉사자는 침대 밑에서 전갈이 나왔다며 짐을 쌌다. 한 어스워치 회원은 말레이곰에게 습격을 받기도 했다. 하지만 뭐니 뭐니 해도 가장 골머리를 앓은 문제는 대개 여성 자원봉사자가 간간이 다야크인 직원과 사랑에 빠진다는 것이었다. 여성이 캠프를 떠나고 나면 남은 남성은 비탄에 잠겼다.

자원봉사자들은 숲에서 야생 오랑우탄을 따라다니는 데에 필요한 체력이 달려 고전하기도 했다. 다야크인 수색자가 어스워치 회원에게서 맨 먼저 배운 영어는 "제기랄, 천천히 좀 가요."였다. 어스워치에서 지원이 시작된 첫해에 오랑우탄을 따라다니는 시간은 점점 짧아졌음에도 다야크인이 숲에서 오랑우탄을 발견하는 성공률은 30퍼센트 정도 증가했다. 다야크인은 서방인을 지위 높은 방문자로 간주했으며, 종종 유능한 수색자는 고마워하는 어스워치 자원봉사자에게 장화나 청바지, 고무창을 댄 운

동화 등을 선물로 받기도 했기 때문이다.

"자원봉사자라는 존재는 프로젝트 직원의 조사 의욕에 활기를 불어넣었다." 비루테는 1985년 어스워치 현장 보고서에 이렇게 썼다. 그해 12월 한 달간만 해도 프로젝트의 오랑우탄 관찰 기록은 자그마치 936시간에 달했다. 이것은 비루테가 연구를 시작한 첫해에 관찰한 총 시간보다 더 많았다.

그런데 공교롭게도 막상 리키 캠프에서 연구가 가장 생산적이던 이 10년 동안 비루테에 대한 서양 과학자의 반응은 꽤나 냉담해졌다.

가장 빈번한 비판은 그녀가 도무지 글을 발표하지 않는다는 점이었다. 대형 유인원 세 종을 모두 연구한 바 있는 존경받는 영장류학자 존 미타니가 말했다. "그녀는 사실상 20년 동안 그 일에 전념하고 있어요. 그런데 연구 초기 몇 년을 제외하고는 이후에 통 글을 발표하지 않아요. 이거야말로 그냥 넘길 문제가 아니에요. 나는 지난 10년 동안 거기에서 무슨 일이 일어났는지 정말 알고 싶어요."

그때 이후 비루테는 이 궁금증에 답하기 위해 장차 인기를 얻게 되는 책 두 권을 집필했다. 1995년 유서 깊은 출판사 리틀브라운컴퍼니가 408쪽에 달하는 그녀의 자서전『또 하나의 에덴: 보르네오의 오랑우탄과 함께한 세월Reflections of Eden: My Years with the

Orangutans of Borneo』을 출간했다. 1999년에는 그보다 덜 공식적인 저서로, 공동 연구자 낸시 브릭스와 함께 집필하고 제인 구달이 서문을 썼으며 칼 암만이 찍은 유쾌한 사진이 풍부하게 실린 책 『오랑우탄 오디세이Orangutan Odyssey』가 세상에 나왔다. 하지만 비루테로서는 유감스럽게도 이 두 책이 그녀 삶에 관한 최종 발언이 아니었다. 1990년대 말 캐나다인 소설가이자 기자인 린다 스폴딩이 유명 언론사와 두 권의 책—하나는 캐나다에서 출간된 『더 팔로우The Follow』이고, 다른 하나는 미국에서 나온 『정글 속의 어두운 장소A Dark Place in the Jungle』이다—을 통해 신랄하고 논쟁적인 일련의 글을 발표했다. 스폴딩은 무엇보다 재활 프로젝트가 야생 오랑우탄에게 득보다 실이 많았다고, 비루테가 고아 오랑우탄을 불결한 상태로 비축하고 있다고, 그리고 그녀가 보존을 위해 모금한 돈 상당액을 사적으로 유용했다고 주장했다. 비루테는 1999년 그 저자를 명예훼손 혐의로 고소했다. 소송 결과는 공개되지 않았다.

과학자들은 그러한 대중적 언론의 입씨름에 휘둘리기보다 스스로 생각하는 편을 좋아한다. 그들이 동료를 판단하는 기준은 다름 아니라 학술 출판물이다. 그런데 연구자들은 이 기준에 비춰 볼 때 비루테가 기대에 미치지 못한다고 여기고 있다.

한 익명의 비평가도 "그 프로젝트는 확실히 출판물을 내놓지 못하고 있다."라고 꼬집었다. "학문적으로 절대 받아들여질 수 없는 일이다." 전에 비루테에게 지지를 보냈던 또 다른 이도 그녀가 적절한 시점에 현장 보고서를 발표하지 않았다고 지적한다.

제출되는 문건 없이는 어스워치가 충분히 돈을 모으고 그녀 몫을 책정해 두었다 해도 계속 지원금을 조달하기 어려웠다. 익명을 요구한 전직 어스워치 논평가는 이것이 가장 인기 있는 연구자 가운데 한 사람과 협업을 중단하지 않을 수 없었던 이유라고 인정했다. (오늘날 비루테의 오랑우탄 재단은 관광객에게 1인당 3400달러를 받고 7일간 공식 투어를 제공한다. 하지만 방문자들은 비루테를 위해 데이터를 모으지도 밤에 리키 캠프에 묵지도 않는다.)

1988년 출간 실적이 부족한 문제에 대해 그녀에게 물었을 때, 나는 그녀의 대답을 듣고 내심 놀랐다. 비루테가 말했다. "더 많은 논문을 출판하는 게 내가 해야 하는 일이라는 데에는 전적으로 동의해요. 그렇지만 그건 내 우선순위 목록에서 302번째예요……." 그것은 오늘날 실제로 그녀 시간을 엄청나게 잡아먹고 있는, 고아 및 생포 오랑우탄 340마리를 수용한 오랑우탄 돌봄 및 검역 시설이 팡칼란분에 설립되기도 전의 일이었다. 이 개체들이 요구하는 것들은 미룰 수 없었지만 현장 보고서 출간은 제쳐 놓을 수 있었다. 그래서 그녀의 과학은 의미심장한 진전을 보지 못하고 있다. 비루테의 웹사이트조차 최신 상태가 아니다. 2008년 가을에 게시된 현장 뉴스의 가장 최근 리뷰는 2005년에 작성된 것이었다.

자료 수집, 외국 관리들과의 협상, 제3세계에서의 대규모 캠프 운영 등을 한꺼번에 감당해야 하는 현장 과학자들이 가장 일반적으로 토로하는 불평은 바로 시간 부족이다. 비루테가 말했듯이 대부분의 현장 연구자들은 현장 자료 수집에 불과 한두 달

과학자들

만 할애한 후 편안한 실험실이나 대학으로 돌아가 그 자료를 토대로 글 쓰는 데 아홉 달 내지 열 달을 보낸다. 제인과 다이앤도 비루테와 동일한 문제에 직면했다. 하지만 다이앤의 경우만 해도 후원자들은 그녀가 『안개 속의 고릴라』를 탈고할 수 있도록 3년 동안 르완다를 떠나 있으라며 그녀의 등을 떠밀었다.

미타니는 "공정한 관점에서 보자면, 다이앤과 제인의 경우에는 목표를 달성할 수 있도록 다른 많은 과학자가 현장에서 그들을 도왔다는 사실을 고려해야 할 것"이라고 지적한다. 곰베에서는 연구 전성기에 제인의 학생과 직원을 모두 합친 인원 수가 대개 연구 대상 동물 수를 훌쩍 앞질렀다. 심지어 제인이 출간을 준비할 시간을 마련할 수 없을 때는 그녀 학생들이 출간 흐름을 꾸준히 이어가기도 했다. 다이앤의 경우 학생이 제인만큼 많지는 않았지만, 자신들 영역에서 존경받는 그녀 학생 몇이 다양한 출판물을 내놓으며 연구 지역으로서 카리소케의 위상을 드높여 주었다.

비루테는 많은 학생을 지도해 왔다. 하지만 그 대다수는 인도네시아인으로 만약 출간한다 해도 서양 과학자 대부분이 접근하지 못하는 인도네시아어를 사용할 수밖에 없다. 그리고 실제로 리키 캠프는 대체로 과학자 공동체가 아니다. 그녀를 비판하는 사람들은 그곳을 길들여진 오랑우탄이 들끓고 지속적으로 관광객에 의해 방해받는 다야크 마을에 불과하다고 깎아내린다.

———

비루테의 오랑우탄 야생 복귀 업무는 결코 과학계의 지지를 받아본 적이 없다. 매키넌은 "인간 지향적인 동물을 건강한 야생의 개체군으로 돌려보내는 것은 바람직한 실천이 아니라는 데에 폭넓은 동의가 이루어졌다."라고 말한다. 설령 매키넌이 "그건 당신 프로젝트가 아니라 세필록* 프로젝트를 염두에 둔 언급"이라고 개인적으로 비루테에게 해명했다고는 하지만, 어쨌든 그러한 반대는 과학 문헌에서나 생태 관련 문헌에서 매우 광범위하게 되풀이되고 있다.

비루테가 초기 연구에서 상세하게 예증한 바 있듯이 모든 성년 야생 오랑우탄에게는 충분한 먹을거리를 위한, 상당히 넓은 땅이 필요하다. 그런데 그녀가 풀어준 생포 오랑우탄은 야생에서 태어난 오랑우탄의 음식 자원을 잠재적으로 침탈할 수 있다. 그들이 그렇게 하지 않았음을 증명할 만한 근거는 없다. 비루테의 자료에 따르면 영양 상태가 양호한 생포 오랑우탄은 분명 야생 오랑우탄보다 몸무게도 더 많이 나가고 더 빨리 성숙하며 새끼도 더 많이 낳는다. 그들은 야생 오랑우탄에게 충분한 위협 요인이 될 수 있다. 그래서 비루테는 언젠가 생포 암컷 오랑우탄의 몸에 출산을 제한하는 장치 삽입 문제를 신중하게 검토해 보기도 했다.

동료들이 이에 대해 비판할 때면 비루테는 오랑우탄 프로젝트는 오랑우탄의 불법 거래를 점검하는 데 도움을 준다고 응수했다. 또 그녀가 운영하는 센터가 없으면 지역의 삼림 담당 공무

● 말레이시아 샤바에 있는 키나발루산의 오랑우탄 보호구역.

과학자들

원에 의해 몰수된 애완용 오랑우탄이 달리 갈 데가 없을 것이다. 오랑우탄 프로젝트는 또한 유효한 홍보 역할을 하기도 한다. 한 해 700명쯤 되는 인도네시아 관광객이 주로 생포 오랑우탄을 보러 리키 캠프를 방문했던 것이다.

이 모든 정당화를 제쳐 놓더라도 만일 비루테가 생포 오랑우탄을 받아들이지 않았다면 그들이 감금된 채 살다 죽어 갔으리라는 점만은 분명하다. 그녀가 자연 복귀 운동에 헌신한 가장 궁극적인 이유가 바로 이것이다. 그녀는 "이들 오랑우탄에게는 살아남을 권리와 숲으로 다시 돌아갈 권리가 있다."라고 말한다.

이것이 대다수 과학자의 관점에서 이탈한 채 비루테가 외롭게 고수해 온 관점이다. 어스워치 탐험에 관해 요약 보고서를 작성할 때면 그녀는 매번 그 문서에 리키 캠프의 기본 규칙을 적어 넣는다. "캠프에서는 오랑우탄이 '첫째'요, 과학이 둘째요, 지역 직원과 지역민이 셋째요, 우리 외국인 연구자는 '맨 마지막'이라는 사실을 항상 명심하라."

연구 초기인 1974년, 비루테는 지독한 피부병으로 고생하는 야생 오랑우탄들을 보았다. 그녀는 미국에 사는 한 친구에게 고통받는 새끼 가운데 한 마리의 사연을 담은 편지를 썼다. "칼은 완전히 겉모습이 엉망이야. 그를 볼 때마다 울음이 터져 나오는 걸 억누를 길이 없어." 이 괴로워하는 동물들은 털이 군데군데 빠지고 피부는 소가죽처럼 뻣뻣하고 주름져 있다. 피부를 긁을 때마다 상처가 헤집어져 피가 흐르는 허연 속살이 비어져 나왔다.

비루테와 로드는 이런 피부병으로 죽어 간 새끼 사체 한 구를 찾아내 미국의 병리학 실험실에 조직과 기관 샘플을 보냈다. 부부는 야생 오랑우탄에게 약을 주입한 과일을 먹이려고 안간힘을 썼지만 그들은 제공된 음식을 통 받아먹으려 들지 않았다. 결국 고통받던 동물들은 죽거나 스스로 소생하거나 둘 중 하나였다. 비루테와 로드에게는 이런 경우 오랑우탄을 도와야 하는가 말아야 하는가 하는 해묵은 논란이 어떠한 고심의 여지도 없어 보였다. 그들에게 과학적 성실성은 중요하지 않았다. 문제는 오랑우탄이 고통당하고 있다는 사실이었다. 그녀는 할 수 있는 한 힘껏 그들을 도우려고 애썼다.

1979년 비루테와 함께 연구했던 어느 과학자는 오랑우탄에게 무선 추적 장치를 달아 그들 행동을 관찰하자고 제안했다. 그는 다른 어떤 동료의 프로젝트에 관해 열정적으로 언급했다. 그 동료가 파나마에 서식하는 짖는원숭이에게 신경 안정제를 주사하고 무선 칼라를 달아주었는데, 그 프로젝트는 끝내 대성공을 거두었으며, 그들은 '희생률(신경안정제 등에 의한 사망률)'을 아주 적은 수치라고 할 수 있는 8퍼센트 수준까지 낮추었다는 것이다.

그러나 무선 칼라는 오랑우탄에게 별반 효과가 없었다. 오랑우탄은 솜씨 좋게 그 장치를 제거해 버렸다. 그러자 그녀의 동료는 무선 추적 장치를 외과수술을 통해 피부 아래에 심자고 제안했다. 그는 자신들도 수술할 수 있으며 하기만 하면 잘될 거라고 강변했다. 사실 이 아이디어는 상당히 혹할 만하다. 그러한 장치를 달면 연구 지역에 분포된 모든 야생 오랑우탄을 동시에 추적할 수 있다. 이것은 그녀의 꿈을 초과 달성하는 과학적 대성공의 기회가 될 수도 있다. 하지만 그녀는 그 계획을 포기했다.

비루테는 애써 기억을 더듬듯이 정향향 담배를 깊이 빨았다. "우리가 결별하게 된 이유가 뭐였을까요? 그건 아주 흥미로운 문제인데 다름 아니라 그가 '과학자'이기 때문이었죠. 그에게 최우선 순위는 과학이었어요. 그는 하버드에서 수학한 아주 영리한 사람이죠. 내가 본 영장류학자 가운데 가장 명석한 사람이었다고 말할 수 있어요. 그리고 좋은 사람이기도 했죠, 무척 좋은 사람. 음…… 나는 '만약 우리가 이 계획을 실행에 옮기는 도중에 오랑우탄이 한 마리라도 죽는다면 그것으로 끝장이오.' 하고 말했죠. '아, 절대 그렇지가 않아요. 과학의 관점에서 보면 우리 샘플은 수가 너무 적어요. 그리고 이미 자금 지원을 받았다면 오랑우탄 한 마리쯤 죽는다고 해서 연구를 중단할 수는 없잖아요?' 그가 말했고 내가 맞받았지요. '안 돼요. 한 마리라도 죽으면 그걸로 끝이에요, 끝장이라고요.' 나는 양심상 오랑우탄에게 해가 되는 일이라면 그 어떤 것도 할 수 없었어요."

"그게 우리가 헤어지게 된 이유였어요. 우리는 좋은 친구였죠. 서로 협력했고요. 하지만 그때 나는 뭐랄까, 조화롭던 세계가 갑자기 화해할 수 없는 두 세계로 갈라지고 있는 듯한 느낌을 받았어요. 나는 그게 남성과 여성의 차이에서 비롯된다고 생각했어요."

"오랑우탄 때문에 많은 걸 포기했습니다. 로드와의 생활도, 대출금이 남은 집도, 종신 재직권도, 성공에 따라오는 어떤 부수품도 없죠." 그녀는 어느 인터뷰에선가 어떠한 자기 연민도 없이 이렇게 털어놓았다. 나뭇잎의 겉모양을 기술하듯이 자신을 담담하게 쳐다보면서.

하지만 오늘날 그녀는 자신이 잃었다고 생각한 것을 가지게 되었다. 이제 사이먼프레이저 대학에서 종신 재직권도 얻었다. 사랑하는 남편도 있다. 그녀는 꽤 이 문화적 배경 차이에도 불구하고 로드보다 자신을 더 잘 이해해 준다고 말한다. 캐나다에 집도 한 채 있다. 팡칼란분 인근의 다야크족 마을인 파시르팡장에도 집이 또 한 채 있다. 나는 그녀를 방문하는 동안 개인용 발전기 덕분에 집에 전기가 들어오고 컬러텔레비전까지 갖춰졌다는 사실을 알고 놀랐다. 1988년 분위기치고는 엄청난 호사였다.

리키 캠프는 초창기 이후 상당한 규모로 성장했다. 1970년대에 주 정부는 200미터에 이르는 경질목재를 깐 길과 선착장을 조성해 주었다. 캠프 단지에는 식당과 여행자용 숙소를 비롯해 건물 일곱 채가 들어서 있다. 건물은 모두 창문에 철망을 달아 오랑우탄의 침입을 막았다. 비루테의 가정집과 여행자용 숙소의 욕실에는 목욕할 때 머리 위로 물이 쏟아지는 정방형의 기다란 박만디^{bak mandi}가 구비되어 있다.(그래도 나는 오랑우탄과 말레이가비알[•]과 함께 강에서 목욕하는 편을 더 좋아했다.) 발전기 덕분에 밤 9시

●   악어목 가비알과에 속하는 파충류.

경까지 전등이 켜졌고 작은 냉장고도 가동되고 있었다. 단조롭기는 하지만 식사도 건강식인 데다 맛이 좋았다. 생선, 밥, 국수, 여러 가지 채소, 몽키바나나, 파인애플, 파파야, 특별한 경우에는 콜라와 케이크까지…….

그녀 생활은 처음 시작했을 무렵보다 한결 손쉬워지기는 했지만, 나는 캠프에 많은 기본적인 것이 여전히 결여되어 있다는 사실을 알고 충격에 빠졌다. 일례로 한 프랑스의 영화사가 쾌속정을 한 척 기부했다. 하지만 마을 여행을 끝낼 즈음, 그것을 조종하던 다야크인 도우미가 눈으로 달려드는 곤충 떼 때문에 거의 실명이 되다시피 했다. 오랑우탄이 그 배의 앞유리를 떼 버렸는데, 그로서는 본인 눈을 보호할 고글이 없었던 것이다. 나는 또한 비루테의 의료함에 들어 있는 기증받은 의약품의 절반 남짓이 수개월 전에 이미 유통기간이 지났음을 알아차렸다.(팡칼란분에 작은 병원이 하나 있는데, 그곳 의약품은 비루테 것보다 훨씬 더 오래되었으며, 병원 수술실 벽은 핏물로 얼룩져 있었다.) 열기, 식이, 열대 질병은 비루테의 건강에 타격을 입혔다. 비루테는 식당에 앉아 밥을 먹다가 갑자기 씹는 일을 멈추곤 했다. 이빨이 또 하나 빠져 버린 것이다.

비루테는 자신이 이런 생활을 북미나 유럽 대학에서의 안정적인 직업과 맞바꿀 수도 있었음을 잘 알고 있다. 연구를 시작한 첫 몇 년 동안 그녀는 과학자로서 자질이 있음을 증명해 보였다. 그녀의 방법론은 나무랄 데가 없었고 자료는 견실했으며 이론 또한 독창적이었다. 그녀의 과학적 명성은 이미 확고했다.

일부 현장 생물학자들은 비루테가 좋은 기회를 날렸다고 말할 수도 있을 것이다. 대학에서 정식 일자리를 잡거나 자료를 모으고 출판하는 데 시간을 씀으로써 동료들에게 좋은 평판을 얻을 수도 있었을 텐데……. 그녀는 그 대신 인도네시아의 후텁지근한 열기 속에서 과학자들이 거의 존경하지 않는 행동이라 할 수 있는 생포 오랑우탄의 어미 노릇을 하며 다야크인과 함께 살고 있다.

　　혹자는 비루테가 그럴 필요가 없었기 때문에 많은 글을 출간하지 않았다고 말할 수도 있겠다. 누군가는 그녀가 단지 시간이 없었기 때문에 출간을 미루었다고 말할 수도 있을 것이다. 또 혹자는 그녀의 연구, 오랑우탄의 야생 복귀 운동, 다야크인 직원과 어스워치 자원봉사자 등에 대한 비판 대부분이 개인적인, 혹은 직업적인 시기심의 발로라고 꼬집을 수도 있겠다. "나는 끝까지 버텼고 다른 영장류학자는 그렇지 않았으므로 그들로서는 내 작업에 뭔가 잘못이 있어야만 하는 것"이라고 비루테가 지적했듯이.

　　하지만 비루테가 제인이나 다이앤과 공유한 가장 중요한 것은 과학이 그녀의 최우선 순위가 아니라는 점이다. 과학은 그녀가 처음 이 분야에 발을 내딛게 한 계기는 되었을지언정 더 이상 그녀를 여기 머무르게 하는 힘이 아니다.

3부
여전사들

8
운동
제인 구달의 딜레마

제인 구달의 얼굴에서 미소가 사라졌다. 그녀는 내가 눈길을 다른 곳으로 돌렸다고 생각한다. 그녀의 얼굴은 조금 전까지만 해도 미소를 띠고 있었다. 그 미소는 1989년 여름 내가 아프리카로 두 번째 여행을 떠나는 길에 들른 잉글랜드 본머스 해변 마을에 자리한 그녀 가족의 고향집, 버치스*의 태양 가득한 뒤뜰처럼 거짓 없이 나를 환대하고 있었다. 미소를 띠고 있을 때 그녀 눈가에는 잔주름이 퍼졌다. 이런 미소는 영국식 예로 호감을 갖게 할 뿐아니라 그 미소를 진실한 것으로 보이게 한다. 하지만 다시 뒤돌아보았을 때 방금 전까지 미소를 머금고 있던 그녀의 입술은 나무에서 떨어지는 익은 과일보다 더 빨리 아무런 즐거움이나 기쁨의 흔적을 담지 않은 본래 모습으로 이내 돌아와 있었다. 만일 뒤돌아보지 않았다면 나는 그녀가 적어도 그 순간만큼은 불행하지 않다고 멋대로 생각하고 있었을 텐데…….

* 세 그루의 아름다운 은색 자작나무birch가 자라고 있다는 이유로 제인 가족이 자신들 집에 붙인 이름.

하지만 아니다. 이제 미소는 사라졌고, 제인은 눈 위에 젖은 헝겊을 대고 쉬어야 할 나이 든 여성처럼 보인다. 그러나 대신 그녀는 벌떡 일어나 뒤뜰에 뜨거운 차 쟁반을 가져오려고 부엌으로 달려간다. 머릿속으로는 친지들과의 식사 약속을 차 마시는 것으로 간단히 줄이고 내셔널 지오그래픽의 한 동료에게 바치는 조사를 작성할 시간을 확보할 것인지 여부를 결정하느라 애쓰면서. 또 그녀는 쉴 새 없이 걸려 오는 전화를 받느라 안으로 헐레벌떡 뛰어 들어가고 있다. "앉아서 좀 쉬어라, 제인." 그때마다 여전히 기운이 팔팔한 팔순 노모는 타이르고, 제인은 잠시 후 똑같은 말로 되받아치는 일이 반복 중이다.

마침내 제인은 매운 마카로니와 치즈로 구성된 점심식사를 식구들과 함께하려고 잔디밭 의자에 앉는다. 초로의 거북 로미오와 줄리엣(로미오는 관절염을 앓고 있는 것처럼 보이고 줄리엣의 뒷다리는 로미오가 교미하기 위해 들이댔을 때 탈구되었다.)의 뒷다리를 수시로 마사지하는 물리치료사 올리 숙모가 보인다. 원기 왕성한 어머니 밴은 관자놀이 부근에 흰머리가 드러난 적갈색 머리카락을 우아한 컬로 손질한 모습이다. 여전히 그럽이라는 별명으로 통하는 햇볕에 그을린 아들 휴고도 함께. 이들 모두가 중간 크기의 털북숭이 개 시다와 함께 제인이 자란 이곳 버치스에 모여 있다. 때는 1989년 찬란한 날씨의 노동절로 정원에는 태양 빛이 가득하다. 살진 꿀벌들이 클로버 속에서 윙윙거리고, 박새가 매달려 있는 모이통에서 나무 열매를 까먹고 있다.

하지만 지금 이 순간에도 카나리제도 해안에서는 약을 먹고 옷을 입은 새끼 침팬지들이 관광객을 위해 '재주를 부리고' 있다. 의학 연구 기관의 실험실에서는 에이즈에 걸린 침팬지들이 빛도 제대로 들지 않는 우리에서 자폐적으로 왔다 갔다 하고 있다. 점차 줄어드는 아프리카 열대우림에서 침팬지 어미들은 사살되고 새끼들은 포획된다. 이 모든 광경은 사랑스러운 날씨에도 불구하고 린넨 식탁보에 번지는 핏자국처럼 제인 가족의 마음에 그늘을 드리운다.

그럽은 이제 막 스페인에서 '비밀 임무'를 마치고 돌아왔다. 세계에서 가장 유명한 영장류학자의 아들 그럽은 남부 휴양지 해안의 침팬지들에 대해 조사하고 기록하는 작업을 비밀리에 진행해왔다. 그들은 아기 옷을 입고 좀처럼 갈아주지 않는 기저귀를 차고 더러워질 대로 더러워진 발을 비좁은 신발 속에 욱여넣은 채 낮에는 햇볕 아래에서, 밤에는 나이트클럽의 눈부신 조명 아래에서 행진을 벌인다. 밀수된 새끼 침팬지의 소유주는 이들을 관광객 품에 떠넘겨 10달러를 받고 사진을 찍게 한다. 구출된 침팬지도 담뱃불로 지진 자국으로 성한 데가 없다.

이것은 또 하나의 잔혹성을 떠오르게 한다. 다이앤의 삶을 바탕으로 한 영화 「안개 속의 고릴라」에서 400그램쯤 나가는 라텍스 '고릴라 수트'를 입고 고아 새끼 고릴라 퍼커 역을 했던, 침팬지 네 마리 중 한 마리의 운명을 말이다. 제인은 어떻게 그 침팬지 배우가 촬영을 마친 뒤 끝내 의학 연구 실험실로 넘겨졌는지 내막을 들려준다.

제인은 자갈밭을 오래 걸어 다녀 지친 사람처럼 비틀거리면서 이 광경들에 대해 이야기한다. 지옥을 이리저리 배회하는 유령처럼 이미지들이 떠돈다. 지저분한 농장 우리에 비좁게 갇힌 채 사육되는 송아지, 몸 안에 밀수 마약을 간직한 동물, 엑슨의 석유 유출로 기름 범벅이 된 알래스카 새들…….

그리고 의학 실험실. 그곳의 쇠창살은 오랜 열병을 앓은 뒤 남는 두통처럼 그녀 머리에서 항상 뎅 소리를 내며 울린다. 하지만 이들은 모두 인간의 오만이라는 같은 뿌리에서 나온 현상이다. "동물은 고통을 느끼지 않는다, 또는 동물은 감정이나 의식을 가지고 있지 않다는 생각은 터무니없는 난센스예요."

그렇더라도 아직 이 정원은 아름답지 않은가?

"정원 가득 나비가 날곤 했어요. 거북, 야생 거북도 살았지요. 애완용 거북이가 한 마리 있었는데, 하루는 슬그머니 빠져나가더니 다음 날 암컷을 데리고 돌아왔어요. 하지만 이제는 더 이상 거북을 볼 수 없어요. 딱따구리 같은 새도 자취를 감춘 지 오래죠. 살충제가 그들을 서서히 사라지도록 내몰았어요. 밤에 창문을 열어 두면 이제는 방에서 곤충 한 마리를 발견하는 게 고작이에요." 제인은 노모에게 나방과 나비 유충을 구입하자고 권한다. 그 유충들이 새 먹이가 되어 다시 새를 불러들일 수 있을 거라고 말이다.

좌담이나 강연 계획이 그녀 스케줄을 빼곡하게 채우고 있다. 지난 금요일 제인 구달 연구소의 런던 지부 개회식을 시작으로 제인은 내일 강연을 위해서는 에든버러로, 다음 주에는 독일로, 그리고 6월 말에는 실험실 동물을 위한 기준법 개정안, 즉 〈동물 복지법〉개정안 증언 차 미국으로 긴급 여행을 떠나야 한다. 미국 여행은 곰베로 돌아가는 시기를 지연시킬 것이다. 한 달 전까지만 해도 그녀는 6월 초쯤에 곰베에 도착할 수 있었으면 했다. 하지만 6월 26일로 예정되어 있는 공청회가 끝나야 곰베에 갈 수 있을 것으로 보인다. 지난 4년 동안 그녀는 한 곳에서 3주 이상을 지내본 적이 없다. "이게 침팬지에게는 도움이 되겠지요. 아마도." 그녀가 한숨을 내쉬었다.

구달네 응접실은 사람을 환대하는 듯한 여유가 느껴지는 영국풍 공간이었다. 초록과 금색 벨벳을 길게 늘어뜨린 안락의자, 가장자리를 장식한 전등갓, 활짝 핀 꽃을 꽂은 항아리, 긴 소파 위에 돌진하는 자세로 사리고 있는 큰 플라스틱 뱀 등이 보였다. 테이블 가장자리에는 교미하는 두꺼비 사진이 놓여 있었다. 텔레비전 위를 장식하고 있는 것은 흰 턱수염의 콘라트 로렌츠와 함께 파안대소하는 제인의 흑백사진이었다. 타일로 된 벽난로 위로는 '제인 봉우리'에서 찍은 그녀의 대형사진이 드리워져 있었다. '잦아드는 일몰 속 제인 구달.'《내셔널 지오그래픽》에서 따온 캡션이 그 아래 달려 있었다. 휴고가 찍은 이 사진은 영혼을 달래는 고독한 초상이다. 땅에 앉아서 다리를 고양이처럼 편안하게 감고 있는 제인은 온통 자신이 사랑하는 것으로 둘러싸여 있다. 마지막 태양 빛은 미련이 남는 듯 꾸물거리고 아프리카의 밤

은 이제 막 그녀를 힘껏 끌어안으려 한다. 특히 곰베 생활 초기에 제인은 무화과나무로 뒤덮인 언덕을 내려다보기 위해, '우우' 하는 침팬지의 팬트후트를 들어보기 위해, 그리고 초록 속에 살아가는 검은 형상을 지켜보기 위해 이곳에 오르곤 했다. 그녀는 발육이 멎은 음사감바나무에 등을 기댄 채 빅토리아시대의 호화로운 의자만큼이나 널찍한 바위에 앉아서 기도하는 사람처럼 자신의 존재를 침팬지에게 보여 주고 있다. "나는 여기에 있다. 나는 너희들이 너희의 모습을 스스로 내게 보여 주기만 기다리고 있다……."

하지만 그녀는 이제 더 이상 그들을 편안하게 지켜보거나 기다리고 앉아 있는 호사를 누릴 수 없다. 그 일은 이제 제인에게 마치 잃어버린 시절처럼 되고 말았다.

그 방문 기간에 나는 제인이 이제 곰베에서 누리던 축복된 나날을 보상하기라도 하듯 살아가고 있다는 인상을 얼핏 받았다. 매일 밤 규칙적으로 철썩거리는 탕가니카호의 파도 소리를 들으면서 잠들었던 그녀는 이제 워싱턴이나 런던, 뉴욕으로 자신을 실어 나르는 비행기의 윙윙거리는 엔진 소리를 견뎌야 한다. 플로가 어린 새끼들을 간질이는 광경이나 청소년 침팬지들이 나무를 빙글빙글 돌면서 노는 모습을 늘 지켜보았던 그녀는 이제 의회 청문회에서 실험실 침팬지를 더 늘릴 필요성을 역설하는 의학 연구자의 말에 조리 있는 반론을 펴야 한다. 예전에는 자기가 이름을 붙여 줄 정도로 개인적으로 잘 아는 침팬지의 털을 골라 주던 그녀는 이제 주로 실험실에 있는 침팬지, 자폐적 익명성 속

여전사들

에서 살거나 유리벽 안에서 얼 빠진 멍한 눈빛으로 제 몸을 끌어 안고 있는 침팬지를 방문해야 한다. 그들의 얼굴은 모두 일련의 고통에 관해 이야기한다. 그녀는 안을 들여다보려면 손전등을 켜야 할 정도로 어두운 실험실 우리에 갇힌 한 어린 침팬지를 기억한다. 그 침팬지의 눈은 제인이 언젠가 만난 적 있는, 가족이 모두 학살당하고 혼자만 극적으로 살아남은 부룬디 난민의 눈을 떠오르게 했다. 그의 응시에는 생기나 의미가 담겨 있지 않았다.

제인은 요즈음 1년에 단지 몇 주일만 곰베에서 보낸다. 그녀는 자신이 방문할 때면 곰베가 관광객으로 넘쳐 난다고 말한다. "여름철 그곳에 돌아가기가 두려울 정도예요." 제인이 호수에서 머리를 감고 있을 때면 찰칵 하는 카메라 소리가 간간이 들린다. 어느 관광객은 "마치 그녀의 욕실에 들어온 것 같았다."라고 고백했다.

제인이 사랑하는 버치스조차 한때 나비로 가득하던 추억을 비웃기라도 하듯이 이제는 지옥처럼 변해버렸다. 울타리 뒤에서는 자동차와 트럭이 끊임없이 소음을 내고 이따금 지나는 비행기 소리는 뒤뜰에서 나누는 대화 소리를 묻어 버린다.

동물권 운동가와 환경보호 단체는 '수년 동안'(어떤 이들은 '수십년 동안'이었다고 주장한다.) 제인에게 세계 여러 곳에서 일어나는 침팬지 보호를 위한 노력에 명성을 보태 달라고 거듭 간청해 왔

다. 곰베 침팬지는 국립공원에서 비교적 안전한 것처럼 보였다. 반면 다른 수천 마리 야생 침팬지는 해를 끼치는 짐승이라 치부된 결과, 또는 식용품으로 소비하기 위해 인간의 손에 살해되었다. 더 흔하게는 실험실에서 인간 대용으로 활용되거나 동물원 방문자와 텔레비전 시청자를 즐겁게 해 줄 목적으로 포획되고 있었다.

1960년대 곰베에서 제인과 함께 일했던 게자 텔레키는 나중에 서아프리카 국가 시에라리온에 국립공원을 설립했다. 그 공원이 보호하기 전까지만 해도 침팬지는 이웃 나라 라이베리아의 육고기 시장에 공급하느라 일상적으로 살해되는 상황이었다. 수천 마리도 넘는 침팬지가 의학 연구 실험실로 사라졌다. 게자는 침팬지가 모두 해외 구매자에게 팔려 나가기 때문에 열에 다섯은 수송 도중 죽거나 살해되었다고 알고 있다. 충분한 탄환을 확보할 수 없는 지역 밀렵꾼은 때로 금속 조각으로 버크숏*을 만들기도 한다. 그런데 이 버크숏샷은 많은 경우 어미 침팬지뿐 아니라 생포할 의도였던 어미 품속의 새끼까지도 한꺼번에 죽이고 만다.

곰베에서 게자는 개체 침팬지의 운명에 대해 걱정하느라 초췌해진 제인의 모습을 지켜보았다. 그는 소아마비가 유행하는 동안 그녀가 얼마나 마음을 졸였는지 알고 있었으며, 그녀가 캠프에 자주 드나들던 침팬지들의 죽음을 몹시 슬퍼하던 것도 기억해 냈다. 하지만 제인은 시에라리온의 이름 없는 침팬지들의

● 알이 굵은 사냥용 총알.

참상에 대해서는 이상하리만치 냉담했다.

게자는 "그녀가 개입하려 들지 않는다는 사실이 퍽 실망스러웠다."고 고백했다. "제인의 지명도를 고려할 때 나는 그녀가 응당 거기에 책임을 느껴야 한다고 보았습니다. 그러나 그녀는 개체에 지나치게 기운 반면 전반적인 침팬지 문제에는 너무나 편협하고 무관심한 태도로 일관했습니다. 제인은 곰베에 대해서는 속속들이 알고 있었지만, 다른 곳에 사는 침팬지에 대해서는 아무것도 아는 게 없었습니다."

반세기가 넘는 동안, 생포 침팬지는 가난한 아프리카 국가에게 즉각 손에 넣을 수 있는 현금을 의미했다. 이 수출 시장은 엔터테인먼트 산업과 더불어 시작되었고, 1950년대부터는 생의학 연구를 향한 투자가 증가하면서 덩달아 성장했다. 당시 내전으로 사냥꾼 손에 기관총이 들어갔으며, 제인의 동료들은 대부분 연구 현장을 떠나야 했다. 1970년대에 한때 25개국에 분포하던 침팬지는 그중 네 나라에서 이미 멸종했다. 우려가 커지자 침팬지는 1976년 '멸종위기종의 국제 거래에 관한 협약Convention on International Trade in Endangered Species: CITES'에서 멸종우려종 목록에 올랐다. 보존 위계에서 멸종위기종 바로 아래 단계까지 오른 것이다.

셜리 맥그릴 박사도 제인에게 적극적인 목소리를 내도록 설득하려고 애썼던 환경운동가 중 한 사람이었다. "제인은 동물을 위해 세계에서 가장 대중적이고 가장 강력한 목소리를 낼 수 있는 사람입니다. 헌데 어찌 된 일인지 도무지 적극적으로 참여하려고 하지 않았습니다. 제인은 우리에게 크나큰 실망을 안겨 주었습니다."

1971년 출간된 명저『인간의 그늘에서』에서 제인은 다섯 쪽에 걸쳐 밀렵 문제를 심각하게 다루기는 했다. 하지만 새끼 침팬지의 국제 매매를 줄이기 위한 대중운동이나 모금 운동에 자신의 이름을 빌려주거나 증언하는 일은 한사코 거부했다. 그녀는 생포 침팬지의 조건 개선에 대해 영향력 있는 상원의원이나 하원의원과 이야기해 보도록 요구하는 목소리에도 꿈쩍하지 않았다. 다이앤이 분노로 이글거리는 눈빛으로 밀렵꾼을 추적하여 붙잡고 머리가 잘려나간 섬뜩한 사진을 보여 주면서 대사들을 귀찮게 졸라대고 있을 때, 제인은 곰베의 침팬지는 안전하다는 이유로 언제나 침착하고 태연한 태도를 고수하면서 절대 나서지 않았다.

나이로비에서 활동하는 야생동물 사진작가 앨런 루트 같은 오랜 친구조차 "제인은 개체 침팬지에 대해서는 걱정이 태산이지만 전반적인 사태는 전혀 못 보는 것 같다."라며 제인의 태도에 적잖이 당혹감을 표했다. 그는 1985년 진행한 어느 인터뷰에서 제인을 강도 높게 비판했다. "그녀는 국제적으로 가공할 영향력을 지닌 인물입니다. 하지만 사실 환경보호에 관한 한 완전히 초월한 듯한 입장이고, 침팬지를 보살핀다는 그녀 생각은 자신의 침팬지들은 안전하다는 것을 확인하는 수준에 전적으로 머물러 있습니다. 매우 괴이한 일이 아닐 수 없습니다. 자신의 공원조차 밀렵의 잠재적 위험에 처해 있음을 그녀는 제대로 인식하지 못하는 것 같습니다. 제인은 절대 자신이 연구하는 침팬지 밖으로는 관심을 넓히려고 하지 않습니다."

그러던 어느 날 드디어 제인에게 심경 변화가 생겼다. 시카고 과학 아카데미 원장 폴 헬트네 박사가 조직한 1986년 11월 회의에서였다. 이 심포지엄은 그녀가 26년간 수행한 연구의 결과를 다룬 학술서 『곰베의 침팬지』 출간에 즈음하여 열렸다. '침팬지 이해하기'라는 제목을 단 모임이었다. 하지만 당시 참가자들은 전쟁이나 도구 사용에 관한 새로운 사례보다 그곳에 도대체 연구할 야생 침팬지가 남아 있기는 한 것인지에 더 많은 관심을 표명했다. 게자의 말에 따르면 모든 사람이 세계 도처에서 침팬지 상황이 얼마나 심각한지 듣고 간담이 서늘해졌다. 그때부터 갑자기 제인은 침팬지 보존 문제에 맹렬하게 뛰어들었다. 뭔가에 대해 스스로 결단을 내리고 나자 그 문제에 자신을 내던지며 혼신을 다했던 것이다.

한 친구는 "제인이 갑자기 새로운 종교를 갖게 된 것처럼 보였다."라고 말했다. 그 주말에 제인은 즉각 몇몇 과학자와 함께 침팬지 보존과 보호 위원회를 조직했다.(현재 게자가 회장을 맡고 있다.) 제인의 막강한 명성과 대중적 호소력에 힘입은 이 위원회는 침팬지를 멸종위기종으로 등록해야 하며 국제적으로 더 많은 보호가 필요하다고, 또 침팬지가 실험실이나 동물원에 유폐되어 있을 때 심리적·육체적 복지를 보장해야 한다고 주장하면서 이런 주장을 과학적으로 철저하고 상세하게 뒷받침하는 일을 진행하고 있다.

이 위원회는 잇따라 대량으로 강력한 문서 자료를 제작했다. 제인은 워싱턴에 있는 입법부 의원과 관료에게 로비를 펼치고《뉴욕 타임스》같은 출판물에 글을 쓰며 침팬지가 인간 질병에 걸려 있는 의학 실험실을 순회 방문했다. 그녀는 기자 회견을 요청하기도 하고「도나휴 쇼」,「나이트 라인」,「굿모닝 아메리카」,「내셔널 지오그래픽 익스플로러」,「네이처 워치」등 이 주제를 다룬 여러 텔레비전 프로그램에도 출연했다. 그녀는 강연에서 이제 새로운 주제를 다루기 시작했다. 런던이나 다르에스살람에서 워싱턴까지 이어지는 여행은 연 1~2회에서 8~10회로 늘어났다.

한편 그녀가 곰베를 방문하는 일은 계속 미뤄졌다. 1989년 여름 여행도 두 달 동안 세 번이나 연기되었다. 피피의 갓난 새끼는 그녀를 만나 보지도 못한 채 한 달을 훌쩍 넘겼다. 두 달이 훨씬 지나서야 그 작은 수컷은 파우스티노라는 이름을 얻게 되다. 그의 이름은 1970년대에 제인 구달 연구소에 대한 아이디어를 생각해 낸 왕비 제너비브 디 산 파우스티노에게서 따 왔다. 하지만 그 이름(작은 파우스트)은 불길한 것이었다.

일부 동물권 운동가는 제인이 좀 더 일찍 싸움에 뛰어들지 않았다는 데에 지금도 역정을 내고 있다. 하지만 제인은 자신이 이전에 침묵했던 이유를 별로 언급하고 싶어 하지 않는다. 단지 이렇게만 말한다. "나는 침팬지를 관찰하고 그들에 관한 글을 쓰면서 외부와 절연한 채 탄자니아에 고립되어 얼마간 이기적인 삶을 살아왔어요. 하지만 오래전 그 싸움에 참여하지 않은 것에 더러 죄책감을 느끼곤 합니다." 제인은 아주 어렸을 때부터 동물 복지에 관심이 많았다. 조그만 소녀 적에는 이웃 개가 운동이 부족하다 싶으면 그 개를 산책시키기도 했다. 그녀는 여동생과 다른 소녀 둘과 함께 자연 클럽을 결성하고, 나중에는 가족 온실에 박물관을 만들어 입장객에게 요금을 받기도 했다. 입장료는 푸주한에게서 늙은 말을 구출하여 방목하는 어떤 협회에 기부했다. 휴고와 함께 세렝게티에서 누*가 도살되는 장면을 보았을 때 이미 어른이 된 제인의 얼굴에는 눈물이 연신 흘러내렸다.

하지만 아동기 때 어느 한 사건에서 부족했던 용기가 수십 년 동안 늘 제인을 따라다니며 괴롭혔다. 그녀는 1988년에 쓴 어린이책『제인 구달: 침팬지와 함께한 나의 인생』에서 그 일을 이렇게 고백했다.

내가 여러분 나이쯤이었을 때였지, 아마. 한 번은 게 다리를 잡아 떼고 있는, 덩치가 나보다 훨씬 큰 사내아이들 네 명을 본 적이 있었어. 나는 아주 화가 났지. 그래서 그 애들에게 "왜 그렇게 괴롭히는 거야!" 하고 따졌어. 그러자 그들은 "네가 상관할 바 아냐." 하고 쏘아붙였어. 나는 기어 들어가는 목소리로 "그건 너무 잔인하잖아." 하고 말했어. 그들은 '와' 하고 웃었어. 나는 더 이상 아무 말도 못하고 조용히 그들에게서 멀어졌지. 40년이 더 지난 일인데 나는 아직까지도 그 일을 생각하면 얼굴이 벌게지고 부끄러워져. 그때 왜 그들이 게를 괴롭히는 일을 당장 그만두도록 더 악착같이 항의하지 못했던가 하고 말이야.

● 암소와 비슷하게 생긴 남아프리카산 영양.

그녀는 자기 아들은 자신보다 훨씬 더 용감하다고 덧붙였다. 보육원에서 우리 안에 든 겁에 질린 토끼에게 호스로 물을 뿌리는 일곱 살짜리 소년을 보았을 때 다섯 살 그럽이 그를 상대로 싸움을 걸어 이겼다고 말이다. 하지만 제인이 기억하기로 보육원 교사는 일곱 살짜리가 아니라 그럽에게 벌을 줬다. "그럽은 벌을 받기는 했지만 자신이 옳은 일을 했다는 건 분명하게 알고 있었어. 무엇보다 형이 토끼를 못살게 구는 일은 중단시킬 수 있었지." 제인이 좀 더 일찍 침팬지를 위해 적극적인 목소리를 냈더라면 좋지 않았을까? 그녀가 생각에 잠기며 대답했다. "분명히 『곰베의 침팬지』 출간은 학계에서 부여하는 신뢰성을 내게 가져다주었어요. 실제로 운명은 그 일에 뛰어들 가장 적절한 순간을 결정해주었다고 봅니다. 그 책을 쓰는 작업과 운동을 '동시에' 감당할수는 없었을 거예요."

하지만 사람들은 그녀가 적극적인 참여에 따르는 희생을 충분히 알고 있었기 때문에 그렇게나 오랫동안 침묵을 지켰던 것이 아닐까 생각할 수밖에 없다.

제인과 휴고는 침팬지에게 주려고 이따금 셔츠 속에 바나나를 숨긴 채 길을 나서기도 했다. 물론 침팬지는 그 사실을 귀신같이 알아차렸다. 휴고는 언젠가 숲 가장자리에 쪼그리고 앉은 침팬지가 서 있는 제인의 사파리 셔츠를 자세히 들여다보고 있는 멋

　　　　　　　　여전사들

진 사진을 한 장 찍었다. 하나로 묶은 금발머리에서 몇 가닥이 풀려 나와 있으며 왼쪽 무릎은 구부리고 오른쪽 팔은 굴곡진 등 뒤로 구부러진 채 나아가고 있는, 우연하게도 발레를 하는 듯한 자세를 취한 제인은 그 침팬지가 신부 얼굴에서 면사포를 들어 올리는 신랑의 손길보다 더 부드럽게 왼손 중지 끝으로 그녀 셔츠 자락을 들어 올릴 때 희미한 미소로 그를 내려다보고 있다. 침팬지가 인간적 취약성을 마주하고는 더없이 우아하고 더없이 세심한 몸짓을 해 보인 것이다.

만일 당시의 제인이 훗날 자기가 1988년 오스트리아 제약회사 이뮤노IMMUNO의 침팬지들을 방문한 장면을 볼 수 있었다면, 그런 장면이 현실에 있을 리 없다며 정신 나간 사람의 악몽으로 일축해 버렸을 것이다.

1988년 이뮤노 방문 당시 제인은 방호복때문에 미쉐린 맨에게 집어 삼켜진 듯한 모습이었다. 영상용 카메라는 그녀가 부피 큰 흰색 멸균복을 입고 소형 텔레비전 크기의 직사각형 플라스틱 마스크를 쓴 모습으로 이뮤노가 운영하는 침팬지 실험실의 멸균방을 뒤뚱뒤뚱 걸어 내려오는 모습을 필름에 담았다. 공기를 자체 정화시켜 공급하는 장치를 갖춘 멸균복이었다.

보통 병원이나 말기 환자를 돌보는 곳에서 의사나 간호사는 오직 고무장갑이나 헝겊으로 된 얼굴 마스크만으로 자신을 병과 차단한 채 감염 환자를 돌본다. 하지만 이뮤노에서 연구자들은 손가락 끝에서 발가락 끝까지, 심장에서 머리까지 꽁꽁 무장한 채 공포에 질린 얼굴로 두려운 의식을 치르듯이 자신들이 만들어 낸 괴물을 관찰하면서 스스로 그렇게 괴물 형상이 되었다. 시멘트와 강철로 격리되어 있는 침팬지 여섯 마리에게 인간의 에이즈 바이러스를 감염시켜둔 상태였기 때문이다.

제인이 처음으로 의학 실험실을 방문한 것은 국립 보건원에서 재정 지원을 받는 메릴랜드 로크빌의 세마SEMA를 찾았던 1987년 3월이었다. 그녀는 이미 그 내부가 어떤지 영상을 통해 알고 있었다. '진실한 친구들True Friends'이라는 동물권 단체가 실험실로 쳐들어 가 현장을 핸드 헬드 카메라로 찍어 공개한 덕분이다. 이 영상에는 배설물이 진창을 이룬 마룻바닥, 미친 듯이 주위를 맴도는 원숭이들, 가로 55센티미터, 세로 55센티미터, 높이 60센티미터의 좁은 독방에서 이리저리 몸을 흔드는 침팬지의 살에 부딪치는 금속 소리 따위가 담겨 있었다. 이제 막 걸음마를 뗀 세 살배기 암컷은 공포에 떨면서 연신 고통으로 가득 찬 비명을 지르고 있다. 가슴에 1164번이라고 문신한 늙수그레한 수컷은 입을 헤 벌린 채 제 자신을 향해 나직이 무슨 소리인가 중얼거리는 중이다. 이러한 광경은 꿈속에서조차 제인을 괴롭혔다. 제인이 잠에서 깨어날 때면 이런 이미지들이 곰베 해안가를 핥는 탕가니카호의 파도처럼 그녀의 의식 가장자리를 할퀴었다.

이 영상을 기초로 제인은 상황을 개탄하는 진술서를 작성했다. 세마 대표가 그녀 비판이 간접 정보에 기초한 것이라고 일축하자 그녀는 자기 눈으로 직접 확인하겠다며 그 실험실을 찾아갔다. 제인은 비명을 지르던 그 작은 암컷을 볼 수 있겠냐고 요청했다. 그녀가 말했다. "그 비명이 모두 진짜가 아니라는 걸 보여주

여전사들

기 위해 사육사가 그 어린것을 우리에서 꺼냈어요."

이 이야기를 나에게 들려 줄 때 제인은 뉴욕 센트럴파크에 있는 메이플라워 호텔 객실에서 커튼이 쳐진 창문 옆 의자에 몸을 구겨 넣은 채였다. 내가 그녀를 처음 만난 날이었다. 제인은 오전에 「20-20」 쇼를 녹화한 탓에 지쳐 있었다. 게다가 최근에 받은 치과 치료 때문에 턱이 욱신거리는 상태였다. 그녀는 폐렴이 재발했다는 사실은 아직 모르고 있었다. 그녀의 갈색 눈이 먼 허공을 응시했다. 그녀가 내게 조용히 말했다. "그 새끼 암컷에게 무슨 일이 일어났었는지 알고는 훨씬 더 끔찍해졌어요. 그 어린것은 사육사에 의해 들어 올려진 채 그의 팔 위에 잠자코 앉아 있었어요. 그러고는 다시 제자리로 되돌려졌죠. 아무런 표정도, 변화도, 두려움도, 저를 사육하는 사람을 바라보는 그 어떤 기쁨도 없었어요. 나는 그녀의 그 눈길에 영원히 시달릴 겁니다."

———————————

게자가 내게 말했다. "제인은 미국에서는 잠시도 쉴 틈이 없습니다. 침팬지 홍보 활동을 끊임없이 이어가야 해요. 아침을 먹으면서도 인터뷰에 응해야 할 정도로요. 텔레비전 인터뷰, 저술, 강연, 식사 약속…… 정말 끔찍한 스케줄이죠. 그녀는 눈코 뜰 새가 없습니다."

52일간 이어진 어느 미국 방문에서 그녀는 14개 도시를 순회하고 강연을 열두 차례 열고 동물원 여섯 군데와 실험실 한 곳을 방문하고 이듬해 봄에 열릴 주요 회의를 조직하고 대형 기자 회견을 일곱 차례 가지고 주요 텔레비전 인터뷰를 일곱 번 치르고 두 번의 세미나와 다섯 차례의 만찬 회동을 가졌다. 이 모든 것이 개인 비서 한 명 없이 이루어졌다.

게자가 말을 이었다. "우리는 그녀가 한 번 여행할 때마다 그녀와 이야기할 상원의원을 열다섯 명씩 섭외했습니다. 대개 상원의원과 약속을 정하려면 수개월이 걸리지만 우리는 이 모든 약속을 단 2주 만에 성사시킬 수 있었습니다. 그들이 제인과 이야기를 나누고 싶어 했기 때문이죠. 그들은 플로 이야기를 듣고 싶어 하거든요." 심경 변화 이후 제인은 의학 실험실 침팬지를 다룬 자료란 자료는 닥치는 대로 구해 읽었다. 그녀는 에이즈 바이러스와 복잡한 간염 백신에 관해 전문가가 되었다. 실험실 침팬지의 또 한 가지 주요 용도는 그들 몸에 백신 효용을 테스트하는 것이었다. 침팬지가 인간을 제외하고 이 바이러스의 숙주 노릇을 할 수 있는 유일한 동물이기 때문이다. 3년 전만 해도 그녀는 이 모든 것에 대해 전혀 아는 바가 없었다. 하지만 이제 그녀는 바이러스학 전문가로 거듭났고 모든 아프리카 국가에 남아 있는 침팬지 수의 추정치를 말해 줄 수 있으며, 동물 복지를 다루는 모든 법규에 대해 그 출처와 정확한 구절을 알고 인용할 수 있게 되었다.

하지만 이 점이 그녀가 상원의원에게 도움을 청했을 때 그들이 그녀를 환대했던 이유는 아니다. 또 이것이 1988년 멸종위기종으로 침팬지 지위를 격상하라는 미국 어류·야생동물국의 탄원에 미국인 약 5만 4000명이 지지 서명을 낸 이유도 아니다.(이는 멸종위기종 사안에서 역사상 가장 대중적인 참여를 이끌어 낸 일이었다.)
제인의 운동은 다름 아닌 그녀가 뛰어난 이야기꾼이고 그 이야기가 너무나 강력하고 진실해서 청중의 마음을 사로잡고 그들을 눈물짓게 했기에 실효를 거둘 수 있었다.

정치인과 생의학 연구자가 '동물 기술자'를 위한 기준과 '주요 양육 자원을 어떻게 관리할 것인가'를 두고 티격태격하는 동안 제인은 또 다른 관점에서 이야기하고 있다. 사람들은 그녀가 개체에 관해, 즉 저마다 역사와 동기를 지녔고 환상과 꿈을 가지고 있고 죽음을 애도할 줄 알고 유쾌한 농담을 즐길 수 있는 침팬지 각자에 대해 이야기하고 있기에 그녀에게 귀 기울인다.

제인의 친구이자《내셔널 지오그래픽》편집자 메리 스미스는 그녀의 우아함, 자기 확신, 부드러운 영국식 발성법이 그녀를 스타로 만들어 주었다고 밝혔다.

물론 비루테와 다이앤도 훌륭한 이야기를 만들어 내기는 했다. 그들의 연구 대상 동물—수피나와 디짓, 랠프와 엉클 버트, 시스우요와 마초—도 플로와 피피, 데이비드 그레이비어드처럼 저만의 품성을 지닌 개체다. 하지만 제인 이야기가 우리에게 가장 감동적인 까닭은 아마도 그것이 우리 이야기와 가장 비슷하게 들리기 때문일 터다. 제인의 가족 이야기도 침팬지의 가족 이야기와 엮어 펼쳐진다.《내셔널 지오그래픽》특집을 통해 우리는 침팬지 아기 플린트가 제인의 아들 그럽이 걸음마를 하던 바로 그 옆에서 첫 걸음을 뗀 모습을 지켜 보았다.

다이앤은 평생 산속에서 외로운 삶을 살았다. 비루테는 서양의 관습과 서양적인 의사소통 양식을 버리고 인도네시아의 삶을 선택했다. 하지만 제인은 항상 '우리' 가운데 하나로 남아 있었다. 그녀의 서구적인 특성은 대충 깎은 투박한 나무 그루터기 위에 올려 놓은 도자기 찻잔처럼 어디에서나 확연하게 사람들 이목을 끌었다. 대담한 금발의 여인이 남작과 결혼하여 금발의 아들을 낳는다……. 그녀의 이야기는 친근한 동화적 요소를 두루 담고 있었다. 그녀의 선택은 우리에게 가장 편안하고 가장 격조 있는 느낌으로 받아들여졌다. 그런 제인을 좁은 우리 속에 욱여넣은 침팬지의 참상으로 이끈 것은 바로 그녀의 삶 전체, 그녀라는 인간 자체였다. 그녀는 우리에게 침팬지의 운명은 바로 우리 손에 달려 있다고 말한다.

아무리 떠들어대기 좋아하는 비판자라고 해도 제인을 목소리만 키우며 도덕주의적인 소리만 하는 동물 애호 극단주의자라고 뭉뚱그려 비판할 수는 없었다. 제인은 그렇게 보기에는 너무나 이성적이었다. 그녀는 인간의 고통 완화를 추구하는 의약적 긴박함에 반대하지 않는다. 제인은 암으로 두 번째 남편을 잃어야 했으며 그녀의 노모 또한 심장에 돼지 판막을 달고 살아가는 중이었다. 그녀는 "만일 우리가 모든 동물 연구를 즉각, 전면적으로 중단한다면 분명 인간에게 가외의 고통이 추가될 것"임을 순순히 인정한다. 하지만 의학적 진보의 수혜를 받은 사람들과 동물 복지를 대립시키는 논리에 대해서만큼은 단호히 반대 입장을 취한다. "내가 보기에 그런 사람들이야말로 희망을 걸어 볼만한 사람들입니다. 그들은 따지고 보면 동물 덕에 생명을 구한

여전사들

오늘날 세계에서 가장 유명한
과학자이자 삼인방 가운데
1인자인 제인 구달.

것입니다. 그러니 만약 우리가 그들에게 올바로 접근하기만 한다
면, 그들은 자신에게 목숨을 바치는 그 동물들을 인간적으로 보
살피기 위해 더 많은 돈을 요구하는 일에 기꺼이 뛰어들 수 있습
니다."

　　그리고 제인은 그런 사람들에게 어떻게 다가가야 하는지 잘
알고 있다. 제인 반대자들이 제시하는 통계 수치와 추상적 논리
는 그녀의 구체성, 즉각성, 개체성 앞에서 맥없이 깨진다. 국립 보
건원에 몸담았던 수의학자 토머스 울플은 제인이 제안한 개선
사항(좀 더 큰 우리, 더욱 편안한 잠자리, 동정심을 갖고 보살피는 관리인)
을 실험실 영장류에게 제공하려면 비용이 터무니없이 많이 들어
곤란하다고 말했다. 제인은 차분한 목소리로 되받아쳤다. "당신
이 타고 다니는 자동차, 거주하는 집, 당신의 사무실과 그 사무실
이 들어선 건물을 보세요. 당신이 보내는 휴가를 떠올리세요. 그

리고 차라리 우리 인간을 위해 희생되는 동물들에게 아주 조금 더 넓은 공간, 아주 조금 더한 보살핌이나 동정조차 베풀고 싶지 않다고 솔직하게 말하세요."

———————

제인 구달 연구소는 녹초가 될 정도로 빡빡한 제인의 일정을 관리한다. 1977년 설립된 이 조직은 처음에는 한층 더 느슨하게 꾸려진 친구 및 찬미자들 모임으로 일종의 팬클럽 같았다. 오늘날 회원 수가 5만 명 남짓이고 연간 수익이 1700만 달러를 넘으며 국제 사무소를 20개나 거느린 이곳은 13개국에 걸친 연구소들의 구심점으로서, 침팬지의 생존과 복지를 향상시키는 데, 그리고 전 세계 차원에서 지속적인 영장류 연구를 지원하는 데 막강한 영향력을 행사하고 있다. 그 연구소 산하의 아프리카 프로그램들은 탄자니아, 우간다, 콩고, 콩고민주공화국, 기니, 그리고 시에라리온에서 침팬지 보존 프로젝트를 지원한다. 또 다른 프로그램 '뿌리와 새싹Roots and Shoots'은 100개 가까운 나라에서 운영되는데, 유치원생부터 대학생까지를 대상으로 삼아 인간과 동물, 환경 모두에 기여하는 프로젝트에 참여하도록 독려하고 그들을 지원하는 활동을 추진하고 있다.

하지만 이 연구소는 또 한 가지 비공식적 목적에 기여한다. 바로 제인을 보호하는 일이다. 그녀는 사람들에게 항상 이러한 보호 심리를 불러일으켜 온 것 같다. 그녀의 성취, 청중 앞에 선

자세, 그녀가 보여 주는 육체적 에너지에도 불구하고 제인은 기본적으로 취약한 분위기를 뿜어낸다. 1972년 12월 스물둘 나이로 곰베 캠프의 지배인이 되어서 1975년 7월까지 일했던 원기 왕성하고 친절한 네덜란드인 에밀리 버그먼 리스는 "나는 항상 그녀가 걱정된다. 이제는 그녀를 거의 보지 못하지만 아직도 그런 느낌이 남아 있다."라고 했다. 폐기종으로 불구가 되다시피하고 거의 파탄 지경에 이른 다이앤조차 유명 동료 제인에게 비슷한 감정을 느꼈다. 뉴욕 공항에 마중 나가 제인을 만나고 온 다이앤은 밴에게 "상처받은 가련한 비둘기 한 마리를 보는 것 같았다니까요." 하고 편지를 썼다.

사람들이 제인을 염려하는 이유 가운데 하나는 그녀의 영국식 겸양 때문이다. 에밀리는 이렇게 말했다. "그녀가 아픈지 피곤한지 말라리아에 걸려 있는지 어떤지를 당신은 절대 알 수 없어요. 그녀는 결코 불평하는 법이 없고 혼자 있기를 좋아하는 내성적인 사람이에요. 제인은 화가 나면 평소보다 외려 말수가 줄어요. 그녀는 결코 상대와 맞서려 들지 않아요."

제인을 걱정하는 다른 이유도 있다. 그 가운데 하나는 그녀가 잘 먹지 않는다는 것이다. 게자가 말한다. "당신은 그녀 집에 손님으로 가고 싶지 않을 겁니다, 아마. 제인 자신이 잘 먹지 않기에 덩달아 손님도 얻어먹는 게 거의 없습니다. 만일 운이 좋다면 며칠 지난 후에 당신에게 삶은 달걀 몇 알을 가져다줄지는 모르지만……." 게다가 제인은 툭하면 아팠다. 곰베에는 모기가 별로 없지만 어쩌다 한 마리가 물면 어김없이 말라리아를 옮긴다. 제인이 말라리아에 걸린 횟수는 셀 수 없을 만큼 많다. 그녀는 침팬지처럼 가끔 폐렴을 앓기도 했다.

연구소 직원들은 예의를 차리기는 하지만 다소 과격하게, 존경심에 가까운 충성심을 갖고 제인을 경호한다. 적어도 한 명, 때로는 대여섯 명의 연구소 직원이 호텔에 함께 머물면서 그녀의 순회강연을 수행한다.(하지만 단 한 명의 직원이 전체 순회강연에 걸쳐 그녀를 챙기는 경우는 거의 없다. 직원들이 "장기간에 걸친 어려운 일long haul"이라고 부를 정도로 녹초가 되는 작업이어서다. 그들은 마치 릴레이 경주팀처럼 제 차례가 아닐 때는 신경을 끈다. 연구소 직원들은 늘 제인이 도착하면 반가워하고 들뜨지만, 그녀가 종종 유럽에서 열리는 유사한 순회강연을 위해 떠나고 나면 하나같이 육체적으로나 감정적으로 기진맥진한 상태가 된다. 그 연구소의 전직 전무이사 주디 존슨은 "제인이 방문하고 난 뒤 우리가 회복되기까지는 한 일주일이 걸린다."고 털어놓았다.)

연구소 설립 이래 제인의 대중적 위상은 명사에서 고위급 인사로 격상되었다. 2001년 세계 비폭력 운동World Movement for Nonviolence은 제인에게 비폭력을 기리는 권위 있는 간디/킹상을 수여했다. 2002년에 유엔 사무총장 코피 아난은 제인을 유엔 평화 메신저로 임명함으로써 그녀가 노벨상 수상자 엘리 위젤, 헤비급 복서 무하마드 알리, 배우 겸 감독인 마이클 더글러스 등 다방면에 걸친 이들로 이루어진 집단에 합류하도록 했다.

그녀의 오랜 친구 히더 맥기핀은 스미소니언 협회에서 예정된 제인의 강연 앞머리에 열린 축하연이 마치 제인이라는 호평받는 작품을 전시해놓고 '돈 가진 사람들을 위해 개최한' 화랑 전

시회 같았다고 했다.

그 축하연은 스미소니언 본관인 고딕 양식의 갈색 석조 건물 '캐슬'에서 열렸다. "너무나 호화스러웠어요. 그들은 제인을 왕좌처럼 생긴 등 높은 의자에 앉혔어요. 남성 둘이 경호를 위해 제인 양옆에 착석했고요. 제인은 위로는 턱 밑까지, 아래로는 손등과 발등 위까지 덮는 거창한 이브닝드레스를 입고 나타났어요. 그녀가 그녀 의자까지 걸어가 앉더니 좌중을 빙 둘러보았지요. 그러고 나서야 사람들은 제인이 있는 곳까지 걸어 올라가서 자신들이 얼마나 그녀를 숭배하고 흠모하는지 말할 수 있었습니다. 정말이지 기묘한 느낌이었어요."

제인의 명성은 항상 대중적 인기가 부족한 연구, 환경보호자금을 차지하려고 경쟁하는 학문 집단과 환경 단체로부터 불평과 원성을 사기도 했다. 어느 환경 단체의 대표는 "다이앤 조직명은 개체 동물의 이름을 따서 붙여졌습니다. 비루테 조직명도 그녀가 연구하고 있는 종의 이름을 따서 지어졌습니다. 그런데 유독 제인만 자기 조직명(제인 구달 연구소)에 본인 이름을 달고 있습니다. 이거야말로 그녀에 대해 뭔가를 극명하게 이야기해 주는 게 아닌가요?" 하고 뼈를 심어 지적했다.

제인의 운동은 그녀를 많은 동료, 그러니까 의학 실험실에서 영장류와 질병을 연구하거나 전기자극 및 감각·사회성 박탈 같은 학대성 실험을 통해 그들 심리를 탐구하는 동료들과 직접 대립하게 했다. 제인은 과거 이들 연구를 『곰베의 침팬지』 두 번째 장에 인용했고, 연구자들은 또 그녀 글을 자신들 논문에 광범위하게 인용했다. 한때 그들은 인간 지식을 추구하는 동료 연구자로서 같은 편이었다. 하지만 요즈음 제인은 그런 종류의 과학을 "독선적이고 절대화된 대문자 과학"이라 지칭하며 경멸한다.

공로 훈장 같은 『곰베의 침팬지』가 그동안 그녀의 대중적 글에 부족했던 과학적 신뢰성을 그녀에게 보장해 주자마자, 제인의 반대자들은 그녀를 반과학이라며 몰아세우기 시작했다. 애틀랜타에 있는 여키스 지역 영장류 연구 센터의 대표 프레더릭 킹은 "제인은 동물을 우리에 가두는 것을 반대하는 셈입니다. 하지만 질병을 연구하려면 연구 시간을 확보해야 하니 동물을 우리 속에 격리할 수밖에 없지요."라고 쏘아붙였다.

제인은 이제 이런 가시 돋친 말에 굳이 방어할 필요를 못 느낀다. 그런 말은 오직 그녀의 결의를 더욱 굳건하게 만들어줄 뿐이다. 그녀를 진정으로 압박할 수 있는 것은 협회 직원도, 내셔널지오그래픽에 몸담은 훌륭한 조언자도, 가까운 친구나 가족도아니고, 다만 그녀가 선택한 운동뿐이다. 방대한 과업이 마치 커다랗게 입을 벌린 심연처럼 그녀 앞에 펼쳐져 있다.

그녀가 기자 회견에서 말했다. "사람들은 만일 제인이 '침팬지'에게서 자신이 바라던 것을 얻게 한다면 그건 틈을 내 주는 거나 다름없을 거라고들 합니다. 이제 제인은 침팬지뿐 아니라 원숭이, 개, 그 밖에 다른 모든 동물이 처한 조건이 나아지길 바라게 될 거라고 말이죠."

"예, 나는 틀림없이 그렇게 할 겁니다."

요즈음 제인의 삶을 기쁨 없는 회의와 강연과 비행기 여행의 연속으로만 묘사하는 것은 정확하지 않다. 인간 종 자체는 오만한 존재일 수 있지만 제인은 그들 각각에게서 여전히 큰 기쁨을 발견한다.

순회강연에서 제인을 수행했던 전 연구소 직원 베벌리 마커가 말했다. "그녀는 택시 기사와도, 벨보이와도, 젊은 여성과도 금세 친구가 됩니다. 그녀는 '이들은 너무나 훌륭한 사람들이다. 조지의 딸은 동물을 굉장히 사랑한다. 아무개의 아들은 몸이 아프다. 그 택시 운전사는 참으로 유쾌한 사람이다⋯⋯.' 하고 늘 사람들 이야기를 들려줍니다."

무엇보다 제인의 아들 그럽은 그녀 삶에서 기쁨의 원천이 되어 주었다. 『제인 구달: 침팬지와 함께한 나의 인생』에서 그녀는 이렇게 썼다. "누군가가 나에게 당신이 이 세상에 기여한 게 대체 뭐요? 하고 묻는다면 첫 번째 답은 '훌륭한 아들을 키웠다.'는 것이다."

1989년에 버치스에서 그럽을 만났을 때 나는 그 말이 사실임을 대번에 알아보았다. 당시 스물두 살이던 그럽은 건장하고 잘생기고 지적이며 친절한 청년이었다. 중년 시기에 아버지 휴고가 폐기종으로 장애를 지니게 되자, 그럽은 아버지를 2002년 65세 일기로 눈을 감을 때까지 극진히 돌보았다. 오늘날 그럽은 다르에스살렘에서 아내와 아이들과 함께 제인 옆집에 살고 있다. 이

보다 더한 것을 바랄 수 있는 부모가 세상에 어디 있겠는가?

제인에게는 언인과 맺은 약속처럼 자신을 기다리는 곰베가 있다. "침팬지들이 나를 둘러싸는 그곳으로부터 나는 미국에서 싸울 정신적인 힘을 얻습니다." 그녀는 무슨 주문처럼 내셔널 지오그래픽 강연을 이렇게 시작하곤 한다.

제인에게 곰베 방문은 언제나 가족 재회 같다. 1988년 여름, 곰베 직원들은 그녀에게 "침팬지가 지난 사흘 동안 그들이 본래 머무는 영역권의 북쪽을 배회하고 있다."라고 전했다. 하지만 그녀는 복귀 당일 그들이 양식을 구하고 자신들 이름을 얻은 본거지 계곡, 즉 제인도 그 물을 마시곤 하던 바로 그 카콤베 냇가에서 그 침팬지들을 발견했다. 1964년 태어난 바로 이튿날 제인과 처음 만났던 고블린이라는 우두머리 수컷이 이끄는 이 '대집단'은 폭포수 옆에서 익은 과실이 잔뜩 달린 무화과나무를 발견하고 너무나 기쁜 나머지 '우우' 소리를 지르면서 그 열매를 따먹고 있었다.

제인이 그날 하루 동안 관찰하려고 선택한 침팬지는 그녀가 사랑해 마지않던 늙은 플로의 딸 피피였다. 제 어미 품속에서 동생을 훔쳐 가려고 그렇게나 안달하던 사랑스러운 딸 피피가 이제는 소망을 이뤄 어엿한 어미가 되었다. 그녀는 아홉 살 먹은 딸 파니와 다섯 살 난 딸 플로시를 두었다. 그녀 또한 숭고한 침팬지 플로를 닮아 자식들에게 온유하고 유쾌한 어미다.

플로시는 패티의 어린 딸 티타와 뒹굴며 놀고 있다. 파니는 멜리사의 살아남은 쌍둥이 김블과 쌈박질을 하는 중이다.

끈끈하게 맺어진 피피 가족에게서는 다정하게 털 고르는 장면을 흔히 볼 수 있는데, 이 행위는 사회적 유대를 유지하는 데 도움을 준다.

1987년 폐렴으로 부모를 잃고 고아가 된 다비는 덩치가 큰 암컷 지지의 털을 골라준다. 고블린은 다섯 살짜리 아들 콘라트에게 젖을 먹이는 키데부의 털을 고르고 있다.

곧 지지가 제인 옆으로 다가온다. 성년 수컷 에버레드도 합류한다. 두 침팬지는 에버레드가 잠들 때까지 서로 털을 골라준다. 지지는 제인 옆에서 길게 사지를 뻗은 채 눈을 감는다. 모든 게 완벽히 평화롭다. 숲속 그늘에 걸려진 정오의 열기가 고요하고 평화롭고 신뢰 넘치는 에덴을 휘감고 있다.

하지만 이제 제인에게는 도망갈 길이 없다. 세계 반대편 먼 곳의 실험실에서 침팬지 살이 쇠창살에 부딪치는 소리가 지금 이곳에서 들리는 새소리를 압도한다. 부드러운 흙이 깔린 곳에서도 그녀는 차디찬 금속성을 느낀다. 그녀가 현장 관찰 노트 적는

일을 잠깐 멈추면 지금 그녀 앞에 펼쳐진 이미지는 흐릿해져만

간다.

9
마법
다이앤 포시의 광기

"다이앤 포시의 자업자득."

다이앤이 살해된 직후 《필라델피아 데일리 뉴스》는 야생동물 연구자 니나 스토얀의 기고문 위에 대문짝만하게 이런 제목을 뽑았다. 스토얀은 "다이앤 포시는 익명의 공격자에게 살해되었다. 그녀 이야기는 목적을 정당화하지 못한 수단의 극적인 예로 남을 것이다."라고 썼다.

스토얀은 동물 요구를 인간 요구보다 우선시하는 "강박적인 환경보호주의자"는 지역민을 자신의 환경보호 프로젝트에서 멀어지게 했으며 분명 이익보다는 해악을 더 많이 끼쳤다고 꼬집었다. 그녀는 "다이앤 포시는 모두에게 좋은 본보기가 되려던 애초 의도를 스스로 욕보이고 훼손시키고 그로부터 점차 멀어짐으로써 죽음을 자초한 것이나 마찬가지다. [……] 놀랄 것 없이 오만은 환경보호주의자가 설 자리를 잃게 만들 것이다."라고 글을 맺었다.

대부분의 야생동물 보존 단체들은 약속이나 한 듯이 이 같은 견해를 되풀이했다. 전에 다이앤의 학생이던 켈리 스튜어트가 어느 기자에게 말했다. "그녀는 자신이 원한 것을 얻었습니다. 그녀는 스스로를, 그녀를 궁지에 몰아넣으려는 적들과 싸우는 전사로 여겼습니다. [……] 그녀의 죽음이야말로 가장 완벽한 종말이 아닐 수 없습니다. 다이앤의 죽음은 그녀가 자기 인생 대본의 대미를 어떻게 장식해야 하는지 가장 극적으로 보여 준 것입니다."

아프리카 야생동물 재단의 다이애나 맥미킨이 말했다. "다이앤의 피살은 그저 시간 문제였습니다. 고릴라에 대한 다이앤의 공헌은 그녀가 죽기 5년 전에 이미 끝났습니다. 그녀는 너무 과도하게 군 나머지 그 유용성을 잃어버렸습니다. 끝내 그렇게 되고 말았지만 그녀가 저지른 행동은 가벼운 응보만으로 넘어갈 수 없는 것이었습니다." 전에 다이앤의 학생이던 빌 베버는 "그녀는 과연 다이앤 포시답게 행동했기 때문에 살해되었다."라는 의견을 내놓았다.

다이앤은 자신의 전략을 '적극적인 환경보호'라고 불렀다. 거기에는 반밀렵 순찰대에 자금을 지원하고 밀렵꾼을 고문하고 그들 소유물을 불사르고 그들 아이를 납치하는 일 등이 포함되었다. 처음에 불법 방목되어 풀을 뜯어 먹는 소 떼를 우리에 가두고 밀렵꾼의 덫을 망가뜨릴 때만 해도 다이앤은 자신이 거주하는 국가인 르완다의 법을 따르고 있을 뿐이라고 주장했다. 하지만 밀렵꾼의 창과 덫이 그녀가 이름 지어준 동물의 목숨을 앗아가기 시작하자 그녀의 전쟁은 점점 분노와 테러리스트적 열정에 불타

여전사들

는 사적인 것으로 변질되었다. 다이앤은 단순히 밀렵꾼을 방해하는 데 그치지 않고 그들을 적극적으로 응징하기에 이르렀다.

1976년 11월 다이앤이 친구 리처드 랭험에게 보낸 편지에 따르면 그녀의 분노는 증오로 굳어졌다. 그녀는 편지에서 카리소케의 어느 '일상적인 하루'를 이렇게 그린다. 오전 11시경 다섯 명의 공원 감시인이 그녀에게 고릴라와 코끼리 살해를 전문으로 하는 트와족 밀렵꾼을 한 명 끌고 왔다. "우리는 그의 옷을 벗긴 후 날개 뻗은 독수리처럼 몸을 펴놓고 상처가 가장 적게 날 부위를 골라 몸에서 푸르죽죽한 땀이 줄줄 흐를 때까지 쐐기풀 줄기와 이파리로 두들겨 팼어. 와, 그렇게나 시시한 친구들이 그렇게나 큰 일을 해낼 수 있다니……. 그런 다음 평범한 '수무sumu'●를 사용하고, 이어 메이스Mace◆, 에테르, 바늘, 가면 따위를 동원한 흑마술 절차를 거쳐 마지막에는 수면제로 마무리했어……. '보호'를 위해서라면 이런 일쯤이야."

그녀의 잔인함을 두고 학생과 동료들이 주고받는 이야기는 캠프파이어를 할 때마다 점점 더 무시무시해지는 유령 이야기처럼 시간이 가면서 한층 더 살이 붙었다. 모의 교수형, 밀렵꾼에게 고릴라 똥을 먹인 사건, 할로윈 가면을 쓴 습격……. 어떤 학생은 다이앤이 밀렵꾼에게 정신을 변화시키는 약물을 먹였다고도 말한다. 그의 말에 따르면 밀렵꾼의 정신이 돌아왔을 때 다이앤은 그에게 "나는 너의 정신을 가져왔다. 이번에는 절대 되돌려 주지

● 스와힐리어로 '독'이라는 뜻.
◆ 호신용 스프레이에 쓰이는 자극성 물질.

않겠다!"라고 소리쳤다.

다이앤을 소중한 친구로 여겼던 제인 구달조차 그녀의 전술을 드러내 놓고 옹호할 수는 없었다. 제인이 할 수 있는 최상의 조치는 다이앤을 변명해 주는 정도였다. 제인은 다이앤이 사망한 후 내셔널 지오그래픽에서 거행된 추도식에 녹음 메시지를 보냈다. "다이앤이 마치 자신이 법인 양 행동하고 혼자 힘으로 밀렵꾼과 맞서려고 한 것은 잘못된 선택임이 분명합니다. 또 이러한 방법이 자신이 목격한 엄청난 과오를 바로 잡을 수 있는 유일한 방법이라고 생각한 것도 백번 옳지 않습니다. 하지만 우리 가운데 누가 그녀에게 돌을 던질 수 있겠습니까? 만일 곰베 침팬지를 위협하는 밀렵꾼이 있었다면 나도 어떻게 대응했을지 장담하기 어렵습니다."

제인은 나중에 어떤 기자에게 말했다. "나는 그 일을 당장 그만두라고 다이앤을 타일렀습니다. 그녀를 아끼는 사람들은 다들 그렇게 했습니다. 하지만 다이앤은 도무지 그런 말을 귀담아듣지 않았어요. 그녀는 자기 스스로가 법이었습니다."

많은 사람이 이야기하다시피 다이앤의 죽음은 불 보듯 뻔한 결론이었다. 자신의 법을 주권국에 부과함으로써, 지역민을 친구가 아닌 적으로 몰아세움으로써, 사람보다 고릴라를 더 우선시함으로써, 다이앤은 손도끼 팡가를 휘둘러 두개골을 박살 낸 사람만큼이나 자신의 죽음을 재촉한 장본인이 된 것이다.

하지만 비루테 갈디카스는 '인류학자로서' 다르게 설명한다. "다이앤은 아프리카인입니다. 그게 그녀가 19년 동안이나 백

여전사들

인 여성으로서 산에서 홀로 외롭게 살아남을 수 있었던 유일한 이유입니다. 그녀는 아프리카인이 같은 상황에서 했을 법한 행동을 한 겁니다."

비루테는 "다이앤을 죽인 것은 바로 아프리카"라고 했다.

다이앤이 연구에 돌입한 지 2년쯤 되던 어느 날, 어느 직원이 고통에 겨워 울부짖는 소 울음소리를 들었다고 보고했다. 조사하러 함께 나간 다이앤은 아프리카삼나무의 갈라진 줄기 사이에 끼여 옴짝달싹 못 하고 있는 수컷 물소 한 마리를 발견했다. 그런데 그들보다 먼저 그 소리를 들은 것은 밀렵꾼들이었다. 그들은 살아 있는 물소의 뒷다리만을 잘라가 버렸다. 밀렵꾼들은 잘린 다리의 남은 부분으로 서려고 기를 쓰느라 똥물과 피로 뒤범벅된 채 단말마적인 울음을 토하는 물소를 그대로 두고 유유히 자리를 떴다. 다이앤이 다가오는 것을 본 물소는 덤빌 듯이 콧김을 내뿜었다.

다이앤은 울면서 그 수소의 머리에 총을 쏘았다. 그녀는 그 동물의 고통을 보고, 그런 상태로 동물을 남겨두고 떠나 버린 아프리카인의 잔인함을 보고, 또 그런 고통을 견뎌내는 물소의 용기를 보고 울었다. 하지만 아프리카인이라면 (부족의 유산이 서양 교육에 의해 개조되지 않은 경우라면) 그 장면을 보고 그냥 웃어넘겼을 일이다.

아프리카식 농담에 이런 게 있다. 어떤 마을에 전염병이 창궐하여 걸을 수 있는 사람은 모두 그곳을 떠났다. 병들어 죽어 가는 늙은 두 남자만이 이미 죽은 시체들과 함께 남았다. 시체 냄새가 썩은 고기를 먹는 동물과 육식 동물을 불러들였다. 그러던 어느 날 표범 한 마리가 서서히 그들에게 다가왔다. 표범은 죽어가는 두 남자 가운데 한 명을 택했다. 더 손쉬운 먹잇감을. 남은 한 남자는 너무나 기력이 약해져 표범을 쫓아버릴 수 없었다. 하지만 공격을 방해하려고 애쓰면서 고함을 질렀다.

이 농담에서 '빵 터지는 부분'은 바로 그 희생자가 도와주려는 친구의 노력에 답한 말이다. 그가 죽어가면서 내뱉은 말은 이랬다. "어쩌라고."

나미비아의 산족, 즉 부시맨은 포복절도하면서 이 이야기를 존 마셜에게 들려주었다, 정말 있었던 일이라면서. 하지만 서양인으로서는 이 이야기에서 도무지 웃음거리를 발견하기 어렵다. 하지만 많은 아프리카인들은 불운한 동료를 구해 주려는 친구의 가상한 노력이 비웃음받으며 수포로 돌아간 대목을 더할 나위 없이 웃기다고 받아들이는 것이다.

25년 동안 르완다에서 살아온 한 벨기에인은 언젠가 이런 말을 한 적이 있다. "아프리카인은 아주 인심 좋고 영리한 사람들입니다. 하지만 그들이 우리와 같지 않다는 사실을 똑똑히 기억해야 합니다. 그들은 당신이나 나와 전혀 다른 사람들입니다."

여전사들

언젠가 이 벨기에인이 나일강의 발원지로 유명한 지역을 방문했을 때의 일이다. 사람들이 거기에서 깊은 물웅덩이로 다이빙하고 있었다. 그런데 다이빙을 시도한 어떤 사람이 다시 수면 위로 떠오르지 않았다. 그가 떨어진 곳에서는 기포 몇 알만 뽀그르르 올라왔다. 5분쯤 지난 후 겁에 질린 벨기에인이 관계 당국에 알리자며 나섰다. 시큰둥한 사람들을 뒤로 하고 그가 직접 경찰서로 차를 몰고 갔을 때 경찰들 또한 그의 말에 별 관심을 기울이지 않았다. 경찰은 그곳에 소용돌이가 있어서 그렇다고 설명하며 그날 거기서 익사한 사람만 이번까지 벌써 열 명이라고 말했다. 물론 **경찰에 알려진** 것만. 벨기에인은 경찰에게 그럼 자기가 가서 죽은 사람의 옷이라도 찾아내 가족에게 돌려주어야 할지 물었다. 경찰이 되물었다. "당신, 출발한 지 얼마나 됐죠?" "15분쯤." 그러자 경찰이 말했다. "10분 정도 늦었군요." 아무도, 불과 몇 분 전에 죽은 사람 옆에서 다이빙하던 동료조차 그 실종자를 찾지 않고 가 버렸을 것이었다.

걸린 덫에서 빠져나오려 애쓰다 상처 입은 동물의 몸부림에 대해서나 다이빙하다 익사한 사람의 비극에 대해서나 아프리카인의 반응은 거의 한결같다. 인생은 무자비하며 고통은 만연하다. "어쩌라고."

아프리카 야생동물 재단의 전 대표로 아프리카에서 15년을 살았던 로빈슨 매킬베인은 말한다. "우리가 가진 이타주의적 생각은 이 사람들이 지닌 생각과 아주 다릅니다. 여기에서는 오지의 혹독한 삶을 견뎌야 합니다. 그들은 한 번의 폭풍우나 불시의 일격이 모든 것을 일거에 집어삼킬 수 있다는 사실, 오랜 기근이 모든 것을 앗아갈 수 있다는 사실 같은 삶의 냉엄함에 익숙해 있습니다. '목숨은 헐값이다. 그러니 할 수 있는 것이 있다면 기회를 놓치지 말라.'"

매킬베인은 언젠가 기니 대통령(그가 "독재자임에도 몇몇 훌륭한 자질을 갖추고 있었다."라고 평가한)과 나눈 대화를 기억한다. 매킬베인은 소아마비 피해자를 돕거나 노인에게 의약품을 제공할 수 있는 방안에 대한 견해를 피력했다. 대통령이 미심쩍어하며 그에게 딱 잘라 말했다. "부족한 자원을 노인이나 장애인을 돕는 데 쓸 수는 없어요."

그는 "휠체어를 탑승할 수 있도록 버스를 개조하는 미국인의 관점으로 그 말을 해석해 보면 아프리카는 우리와 전혀 다른 세계임을 이해할 수 있을 것"이라고 덧붙였다.

아프리카는 열에 한 아기가 첫돌이 되기 전에 죽고 아무런 의식도 치르지 않은 채 묘비 없는 무덤에 묻히는 세계다. 케냐 아캄바족의 경우 갓 태어난 아기는 나흘 동안 무사히 살아남을 때까지 인간이 아니라 어떤 초자연적 존재에 속해 있는 사물로 간주된다.

아프리카에서 어린 아동은 소를 보호하기 위해 사자와 맞서야 한다. 르완다 투치족이나 케냐 마사이족의 마을 공동체는 현금처럼 통용되는 소의 안전을 아동의 안전보다 더 중시하기 때문이다. 아프리카는 성년식 때 10대들에게 며칠 동안 잔혹한 고통을 가한다. 케냐 난디족의 경우 성년식에서 음핵이 제거될 때 여성이 울거나 소리 지르면 친척들은 그녀를 겁쟁이라며 죽이기까지 한다. 독성을 지닌 말라리아가 빈발하고 무자비한 부족 간 전쟁도 일상적으로 일어난다. 부족 구성원들은 어렸을 적부터 자연스럽게 공포나 연민 없이 고통이며 죽음에 직면하는 법을 배운다.

또 아프리카는 사적 보복이 횡행하는 세계다. 다이앤이 죽기 1년쯤 전 기세니에 사는 미국인 친구 로사먼드 카가 그녀에게 이런 이야기를 들려주었다. 로사먼드의 아프리카인 친구 밸런타인(그는 미국 대사의 운전기사다.)은 동료 운전기사가 미국 대사관의 휘발유를 빼다 암시장에 팔았다고 폭로했다. 그 사람이 해고되면서 밸런타인을 향해 고래고래 소리를 질렀다. "죽일 거야. 오늘 일에 대한 보답으로 반드시 널 내 손으로 죽이고 말겠어!"

몇 주 후 어느 일요일 아침 밸런타인이 오토바이를 타고 가고 있을 때 미니버스를 운전하던 한 남자가 밸런타인을 뒤쫓아 와서 전속력으로 그를 덮쳤다. 밸런타인은 튕겨 나가 길 위에 널브러졌다. 그 남자는 차를 후진해서 밸런타인을 뭉개며 지나갔고 그는 결국 숨지고 말았다.

키갈리 법정의 재판을 통해 유죄 선고를 받은 남자는 18개월 뒤 감옥에서 풀려났다. 하지만 법정이 정의를 실현하고 지켜주리라고 기대하는 아프리카인은 거의 없다. 그들에게 정의는 아주 사적인 문제다.

이언 레드먼드는 카리소케에서 일했던 어떤 아프리카인과 나눈 대화를 떠올렸다. "그는 내게 자신은 백인들이 어떻게 사람 간 차이를 가려내는지 잘 이해하지 못했다면서 이렇게 말했습니다. '만일 당신네는 누군가에게 화가 나면 그 사람을 때립니다. 그리고 누군가에게 불같이 화가 나면 그를 죽입니다. 그렇다면 때리거나 죽이는 게 아닌 중간 방법은 없습니까? 우리는 누군가에게 보복할 때면 그를 일주일 동안 차츰차츰 독살시킬 수도 있고 한 달 동안 서서히 병들게 할 수도 있고 그보다 더 오래 질질 끌면서 조금씩 조금씩 죽어가게 만들 수도 있습니다. 그 외에도 마법 등을 통해 온갖 종류의 다양한 방법을 두루 사용합니다. 하지만 유럽인은 오직 순진한 접근법, 즉 때리거나 죽이는 방법만 택합니다. 그들에게는 중간 접근법이 없어 보입니다.'"

다이앤은 아이나 동물에게는 지나칠 정도로 서양적인 태도를 보인다. 그녀는 아이들을 무척 좋아한다. 밀렵꾼의 아이, 심지어 그들의 개까지도 더없이 부드럽게 대했다. 동물이 오직 음식이나 가죽으로서만 가치를 지니는 아프리카 땅에서 그녀는 고릴라, 다이커영양, 물소 편에 섰다. 하지만 다이앤은 '적극적인 환경보호'에서만큼은 아프리카적 전술과 철학을 취했다.

———————

다리가 절단된 물소를 사살한 후 다이앤은 친구에게 보낸 편지에 "그건 내가 가능하리라 생각해 본 적이 없던 경험이었어. 나는 이제 투치족의 잔혹성에 복수하려고 기를 쓰고 있어."라고 썼다. 그 일이 있기 전까지 그녀는 소 떼를 향해 약간 비껴 위나 아래,

옆에 총을 쏘면서 그들을 그저 몰아내려고만 했다. 그러나 이제는 뒷다리에 총알을 관통시켜 소를 불구로 만들 만큼 달라졌다.

"이런 행동은 분명히 나를 살아 있는 물소의 뒷다리를 잘라간 투치족과 조금도 다를 바 없는 인간으로 만든다."라는 것을 다이앤은 충분히 알고 있었다. 어쨌든 그녀의 전술은 적어도 초기에는 효과가 있었다. 그 지역에서 소 떼가 사라진 것이다.

다이앤은 분명 자신의 복수를 아프리카 기준에 맞췄다. 특히 서양인을 경악하게 만든 발상은 아프게 찔러대는 쐐기풀을 고문 도구로 사용한 것이었다. 이 또한 그녀가 아프리카 전통에서 직접 빌려온 것이다. 난디족은 이 쐐기풀을 성년식 전날 밤 할례를 받게 되는 여성의 가슴과 성기를 마구 두들기는 데 사용한다. 다이앤이 르완다에 처음 도착했을 때 수인을 쐐기풀로 때리는 것은 국가 전역에서 허용되는 합법적 형벌이었다.

하지만 다이앤은 육체적 응징에서 멈추지 않았다. 마음속에 분노가 불타오르면서 마침내 전혀 새로운 인격, 복수의 마법사로 변신해갔다.

그녀는 마녀처럼 분장하고 마법을 걸고 저주를 퍼부었다. 그녀는 수백 달러를 들여 그럴싸한 가면을 마련하고 밀렵꾼 앞에 나타나기 전 로사먼드의 아프리카인 직원을 상대로 신중하게 습격 예행 연습까지 했다. "나는 이 산의 여신이다." 그녀가 스와힐리어로 말했다. "내 아이를 죽인 죄로 너희들을 응징하겠노라." 이 말은 나중에 그녀가 디짓의 죽은 넋에 대고 선언한 맹세였다.

자신이 무슨 초자연적 존재나 되는 양 꾸며대는 일은 예로부터 써먹던 식민주의적 책략이다. 아프리카인에게 자신의 신화적 역량을 인정받기 위해 초기 탐험가들은 총포를 발사하는 것부터 틀니를 뽑는 일까지 무슨 일이든 마다하지 않았다. 하지만 마법을 통한 다이앤의 모험은 단순한 속임수 이상이었다. 그것들은 마치 신성한 의식이 되었다. 그녀는 아프리카인이 고인의 영혼을 달래려고 이따금 육고기를 태우는 것처럼 지폐 소량을 태우는 자신만의 의식을 되풀이했다.

한편 다이앤 자신도 몇 번인가 주문과 주술의 표적으로 떠오른 적이 있었다. 심지어 이를 도모하고자 본인 머리카락이 체계적으로 수집되고 있음을 알게 된 후 다이앤은 매일 머리빗을 꼼꼼하게 치울 만큼 극심한 공포를 느꼈다. 이 버릇은 미국에서도 계속될 정도였다. 아프리카인과 마찬가지로 그녀 또한 마법이 작용하는 것을 체험했던 듯싶다. 다이앤은 자기 캠프에서 한 남자가 마법에 의해 죽어 가는 광경을 지켜보았다. 그녀의 친구 로사먼드는 이따금 동물의 뿔이나 숟가락을 이용해 우박을 동반한 폭풍을 그치게 하는 콩고 출신의 후투 부족민을 고용하기도 했다.

서구인은 마법을 비웃지만 아프리카에서는 그것이 바람이나 비처럼 강력하고 즉각적인 힘으로, 그리고 어느 부족인지 표시하는 몸의 상처처럼 실제적인 힘으로 간주된다. 케냐 정부는 지난 15년 동안 가뭄을 종식시키기 위해 '마법으로 비를 부르는 사람'을 고용했고 탄자니아 관리들은 홍수가 나면 이들을 투옥시켰다. 르완다 병원들은 환자를 걸핏하면 지역 주술사에게 보낸

여전사들

다. 마법은 비와 건강을 가져다줄 수도 있지만 죽음을 부르기도 한다. 시에라리온에서 야생동물보호구역을 설립하고 있던 게자 텔레키는 주술사가 땅돼지의 왼쪽 앞다리 뼈로 자신을 가리키며 죽음을 선고한 일에 대해 이야기했다. "그 행위는 24시간 내에 죽을 운명이라는 의미입니다. 그건 정신적 살인 행위나 마찬가지입니다. 그들에게 나는 이미 죽은 목숨이나 다름없었습니다."

결과적으로 게자가 24시간 내에 죽지 않고 살아남은 것은 일종의 기적으로 설명되었다. 그들은 게자가 인간이 아니라 틀림없이 훨씬 더 강력한 마법을 휘두르는 초자연적 존재로 거듭났다고 결론내렸다. 일어나는 일은 모두 마법의 결과로 해석되었다. 게자는 이 이미지를 신중하게 고수했다. "내가 아버지의 사망 소식을 들었을 때 가장 크게 신경 쓴 것은 고통스러운 내색을 하지 않는 것이었습니다. 그 사실을 알게 되면 그들은 즉시 지역 주술사가 저지른 일이라고 떠들어댈 것이기 때문입니다."

이언 레드먼드는 다이앤이 밀렵꾼을 상대로 벌인 전쟁은 마법처럼 대체로 '심리적'인 것이었다고 했다. 다이앤은 밀렵꾼에게 침을 뱉거나 그들 몸에 고릴라 똥을 문질러 바르거나 곤봉을 휘두르며 협박과 모욕을 퍼부었다. 하지만 2년 넘게 그녀와 일했던 이언은 르완다인 공원 감시인이 밀렵꾼을 구타하는 것을 말리지는 않았지만 다이앤이 직접 그들을 때리는 광경은 한 번도 보지 못했다.

빌 베버와 에이미 베더도 카리소케에서 일했던 400여 일 동안 다이앤이 밀렵꾼을 육체적으로 학대하는 장면을 본 적이 없었다. 켈리 스튜어트는 다이앤이 밀렵꾼의 목구멍으로 바르비투르산염을 억지로 밀어 넣으면서 고릴라 똥을 함께 먹였다고 했지만, 직접 목격한 게 아니라 다이앤이 자기가 그랬노라고 떠벌린 이야기를 들은 것이었다.

다이앤은 이따금 친구들에게 자신이 밀렵꾼을 벌하는 방법을 묘사하는 편지를 보내거나 전화상으로 같은 이야기를 했다. 리키 재단의 전 대표 네드 멍거는 다이앤이 밀렵꾼을 묶은 밧줄의 매듭을 더욱 단단히 하려고 거기 끼얹을 물을 끓이기 위해 밤에 일어난다고 말했던 것으로 기억한다. 그녀는 서둘러 밀렵꾼의 자백을 얻어 내기 위해 남성 고용인에게 칼을 건네주었던 심문에 관해서도 말한 적이 있다.

하지만 다이앤조차 목격자들이 묘사한 광경은 지나치게 과장되었다고 책에 적고 있다. 자이르에서의 '납치'에 대해 다이앤이 책에 적은 내용은 그녀의 진술서와 다르다. 팔리 모와트의 『안개 속의 여인Woman in the Mists』에 인용된 그녀의 일기 발췌록에서 전前 직원들은 현장 일지와 비교해볼 때 이름이나 날짜, 보고된 대화 따위가 서로 불일치하는 대목을 여럿 발견했다. 다이앤이 자기 스스로 저질렀다고 묘사했지만 누구도 목격한 바 없는 잔혹 행위 대부분은 실제로 일어난 일이 아닐 수도 있다. 아프리카 야생동물 재단의 다이애나 맥미킨은 "다이앤의 이야기에는 필시 과장이 섞여 있다. 그래도 그것은 사실에 기반한 과장"이라고 말한다.

사람들은 카리소케의 아랫마을에 알려진 이야기는 대개 다이앤이 의도적으로 흘린 것이라고 믿는다. 실제로는 실행에 옮길 수 없었던 잔혹 행위에 대해 거짓으로 또는 과장해서 말하고 글을 쓴 데에는 자신의 증오를 실감 나게 만들어 효과를 극대화하려는 저의가 숨어 있었을 것이다. 그녀가 그것을 원했음은 분명하다. 다이앤은 루이빌에 사는 슈바르첼 부부에게 편지를 쓰면서 디짓의 피를 티셔츠에 뒤집어쓴 트와족 밀렵꾼을 두고 이렇게 말했다. "심한 고통을 줘서 그를 죽여버리고 싶은 충동을 가누기 힘들었다."

주술사가 발설한 죽음의 저주처럼, 부두교 종사자가 응징할 사람의 형상을 본뜬 인형에 가하는 형벌처럼, 자신의 희망 사항에 기초한 다이앤의 말과 글은 그녀의 증오심을 극명하게 보여 주었다. 사실이든 사실이 아니든 그 이야기들이 그녀의 신념을 반영하고 있다는 점은 땅돼지 뼈를 들이대는 것만큼이나 밀렵꾼을 두려움에 떨게 만들었다.

하지만 그녀가 르완다인 공원 감시인이 전통적인 아프리카식으로 밀렵꾼을 벌하는 행위를 묵인하거나 지시했든, 아니면 칼, 밧줄, 마취제 등을 제공하면서 직접 정기적으로 그 학대 행위에 가담했든 여전히 난감한 질문 하나가 남는다. 그 일의 합법성 여부를 떠나 수십 만 년 동안이나 그들 땅에서 살아온 아프리카인을 위협하고 고문할 권리가 과연 이 미국 여성에게 있는가? 그녀가 그렇게 해도 괜찮다고 생각하게 한 것은 대체 무엇인가?

이 질문에 대해 내셔널 지오그래픽 협회 러너드 J. 그랜트는 "그녀는 아프리카식 정의를 적용한 것이다."라고 답했다.

르완다 관리들은 다이앤이 밀렵꾼을 대하는 방식에 특별히 반대를 표명하지는 않았다. 전 공원 관리인 디스마스 은사비마나는 다이앤이 밀렵꾼의 움막에 있는 거적을 뜯어내 불사르는 데 열렬한 성원을 보냈으며, 심지어 마을 전체를 불태워 버렸어야 옳았다고 한술 더 뜨기까지 했다. 다이앤이 르완다 대통령 하브야리마나의 고위 관료 두 사람과 만난 자리에서 그들은 디짓 살해범을 붙잡기만 하면 즉각 사형에 처해야 한다는 그녀 의견에 동조했다. 물론 총살형이 더 적절할지 교수형이 더 나을지에 대해서는 다소 옥신각신했지만. 정부 당국자와 다이앤이 주고받은 서신에 따르면 관리들을 화나게 한 것은 다만, 예컨대 관광객을 몰아내 그녀가 자기들 호주머니에 들어 올 돈줄을 차단할 때, 그리고 그녀가 쓰는 글이나 영화에서 자기들을 고릴라 보호에 무능한 사람으로 묘사할 때뿐이었다.

하지만 다이앤의 전술에 대한 서양인의 반응은 마치 구역질 반사처럼 신속하게 나타났다. 다이앤의 대다수 학생은 그녀의 폭력적 분노에 혐오감을 느꼈다. 어떤 학생은 자기 총을 숲에 내던져 버렸다. 그들 대부분은 총기 소지를 거부했다. 많은 이들이 그곳에 도착한 지 며칠 만에 되돌아갔다.

그들은 대개 언니 오빠나 누나 형이 시민운동에 참여한 바 있던 평화 봉사단의 자원봉사자나 대학생들이었다. 그들은 평등, 인간 존엄성, 논리적 추론력, 호의 등 서양의 자유주의적 이상을 간직한 채 아프리카에 왔다. 어느 평화 봉사단 자원봉사자는 수 세기 동안 창을 들고 살아온 밀렵꾼에게 밀렵 대신 토끼 기르는 법을 가르치겠노라는 믿기지 않는 계획을 품고 나타나기도 했다.

정치적으로는 보수주의자였던 다이앤은 "골수 복숭아 부류"*와 그들의 "낙관적인" 세계관을 경원시했다. 양쪽은 애당초 공통점이 없었다. 그들은 인간과 평화에 관여했고 다이앤은 동물과 전쟁으로 기울었을 뿐이다.

환경보호 기금 모금 광고 전단은 종종 환경보호 투쟁을 전쟁에 비유하곤 한다. 하지만 그것은 실제로는 말로만 치르는 전쟁이며 서류 작업, 정책, 선전 활동을 무기로 하는 싸움이다. 정장에 넥타이를 매고 벌이는 이 전쟁은 이 지역에서 저 지역으로 배달되는 외교 문서를 통해 개시된다. 이 전쟁에서 적은 얼굴이 보이지 않는 태도나 원칙, 혹은 멀리서 일어나고 있는 행위이다. 이들에게 '희생자'는 개체가 아니라 종이라는 개념이다.

그에 반해 다이앤의 자연보호 투쟁은 피와 총탄, 증오와 인질로 얼룩진 진짜 전쟁이었다. 창과 화살을 몸에 지닌 밀렵꾼들은 그녀의 텐트 말뚝을 뛰어넘었고 그녀가 이름 지은 고릴라를 죽였으며 그녀의 부엌 벽을 불살랐고 그녀가 다니는 길에 불길한 물건을 남겨두었다. 또 그녀의 학생 하나를 창으로 찔렀고 그녀의 앵무새를 독살했으며 그녀의 개를 납치해 갔다. 어떤 방문

* PEACH, 곧 '환경운동과 아동 건강을 추구하는 사람들People for Environmental Action and Children's Health'을 지칭한다.

자는 밀렵꾼들이 설치한 덫에 걸려 죽을 뻔했고 다이앤 자신도 구덩이를 파놓은 함정에 굴러떨어진 적이 있었다. 그녀는 '자원 관리 계획'을 정교하게 짜고 앉아 있을 여유가 없었고 새로운 법이 통과되도록 외교적 압력을 가하면서 느긋하게 기다릴 수도 없었다. 다이앤이 르완다에 처음 도착했을 때도 공원에는 마운틴고릴라가 고작 480마리만 남아 있었다. 그녀가 추정하기로 그 수치조차 1985년에는 260마리로 급감했다. 그들 가운데 다이앤이 개인적으로 알고 이름 지어 준 고릴라는 모두 88마리였다. 그런데 그중 여섯 마리가 밀렵꾼 손에 죽어 갔고 두 마리가 독일의 쾰른 동물원에 건네질 목적으로 생포되었다. 다이앤은 1983년 이언에게 부친 편지에 "밀렵꾼이 다이커영양, 물소, 고릴라, 코끼리를 한 마리 잡는 데에는 탄환 한 알, 덫 하나면 족하다."라고 썼다. 그녀는 오직 장비를 잘 갖춘 반밀렵 순찰만이 공원에 남은 고릴라를 보호할 수 있다고 믿었다.

그녀가 초기에 고릴라 관광 사업을 반대한(나중에는 유보적 입장을 취했지만) 것에 대해 다른 보호주의자들은 근시안적 단견이라고 지적했다. 흥미롭게도 이 '근시안'은 아프리카인을 겨냥한 흔한 비판 가운데 하나다. 동아프리카 각국의 언어를 연구한 우간다의 철학자이자 인문학자인 존 S. 음비티는 어떤 언어에도 수개월 넘는 미래를 나타내는 언어나 표현이 없다고 밝혔다. 그의 설명에 따르면 아프리카의 시간 개념은 사실상 현재(스와힐리어로 사사)로부터 과거(또는 조상의 시간인 사자가 되돌아가는 자마니)로 거꾸로 거슬러가고 있다. 겨울이 없는 지역에서는 과거나 현재와 달리 결코 경험해 보지 않은 미래를 위해 미리 계획을 짜야 할 절실함이 없는 것이다. 게자 텔레키가 말한다. "아프리카에서는 계획을 세울 필요가 없습니다. 그저 자극이 올 때 '반응'하면 그만인 거죠."

———

마운틴고릴라 프로젝트도 주로 이런 반응의 일환으로 시작되었다. 1978년 디짓 살해 후 몇 달이 되지 않아 에이미 베더와 빌 베버는 르완다가 소 목장을 짓기 위해 비룽가 화산공원 가운데 5000헥타르를 인수할 계획이라는 사실을 알게 되었다. 당시 이 공원은 1969년 어느 유럽인이 지원한 안에 따라 총 면적의 40퍼센트를 천연 살충제에 쓰이는 원료 제충국의 경작지로 사용함으로써 이미 충분히 잠식당한 상태였다. 에이미와 빌이 알아낸 새로운 계획은 밀렵꾼의 창만큼이나 고릴라에게 직접적인 위협이었다. 그것은 공원에 있는 대나무 지대 대부분을 사실상 파괴하고 고릴라 서식지를 세 군데 작은 섬으로 나눠 몰아넣을 게 뻔했다.

"이 사태는 너무나 급박해서 우리는 논문이나 쓰고 태평하게 앉아 있을 수 없었습니다."라고 에이미가 말했다. 그들은 소 목장 계획을 즉각 중단시키기 위해 그보다 더 채산성 있는 대안을 제시하지 않으면 안 되었는데, 그 가운데 하나가 고릴라를 보호하는 게 경제적으로 가치 있는 일임을 보여 주는 것이었다. 그래서 나온 안이 바로 고릴라 관광 사업이었다.

빌이 말했다. "우리는 관광객에 대해 마음속으로는 상당히 우려하고 있었습니다. 그래도 공원에 소 1000마리가 우글거리는 편보다는 그게 나았습니다. 마운틴고릴라 프로젝트의 최우선 순위는 반밀렵이었지만 우리에게는 채찍과 함께 당근도 필요했습니다. 이것이 악마와의 화해임을 알고 있었습니다. 하지만 우리는 숲이 급속도로 사라지는 문제에 직면해 있었습니다. 어차피 관광 사업을 피할 수 없다면 올바르게 진행해야 했습니다."

포너·플로라 보존 협회 및 아프리카 야생동물 재단이 지원하는 연구가 시작된 지 18개월이 지나면서 빌과 에이미는 J. P. 폰데어 베케와 손잡고 1979년 9월 마운틴고릴라 프로젝트를 설립했다. 이 프로젝트는 반밀렵 순찰의 강화, 고릴라 관광 사업, 교육을 주목적으로 삼았다.

처음에 르완다인 공원 관리는 빌에게 관찰자 존재에 익숙해 있는 두 고릴라 집단을 방문하는 관광객 수를 1회에 열두 명 이상으로 정하도록 압력을 넣었다. 그런데 관광객 한 팀이 열여섯 명으로 구성되어 덩치가 너무 커지는 바람에 은백색등이 북적이는 관광객에게 자극받아 일행을 덮치는 사건이 벌어졌다. 이 일로 빌이 척수에서 몇 밀리밖에 떨어지지 않은 곳에 치명상을 입었다. 놀란 공원 관리는 그제야 관광객 수를 한 팀에 여섯 명으로 제한하는 조치에 마지못해 동의했다.

관광 사업 프로그램은 신중하게 통제되었다. 각 고릴라 집단을 방문하는 일은 하루에 한 시간씩만 허용되었다. 산에 올라가기 전에 관광객은 고릴라를 대하는 예의에 대해 짤막한 교육을 받는다. 항상 이 동물에게 경의를 표하라, 조용하고 낮게 머물러라, 고릴라에게 손을 대지 말라, 만일 새끼 고릴라가 다가오면 서서히 뒤로 물러서라…….

1981년 공원은 관광 사업을 시작한 이래 최초로 수지를 맞출 수 있었다. 르완다 본토인은 고릴라를 방문하는 비용으로 한 시간에 몇 달러만 내지만 외국인 관광객은 같은 조건에 45달러를 지불했다. 고릴라 집단 네 개가 관광객 존재에 익숙해진 1988년, 고릴라 관광 사업은 르완다에서 커피, 구리, 차*를 제치고 가장 큰 외화 소득원으로 발돋움했다. 관광 사업에서 발생한 기금으로 마운틴고릴라 프로젝트는 직원을 두 배로 늘리고 고릴라 서식지를 위해 빼앗겼던 소 목장 62헥타르를 되찾아 오고 광범위한 반밀렵 순찰에 필요한 비용을 충당했다.

1984년에는 르완다 역사상 처음으로 밀렵꾼의 손에 단 한 마리 고릴라도 희생되지 않는 진기록이 세워졌다. 이 기록은 제5집단의 미성년 한 마리가 덫에 걸려 얻은 상처로 사망한 1988년까지 깨지지 않고 계속되었다.

마운틴고릴라 프로젝트의 교육 효과도 인상적인 성과를 거두었다. 마운틴고릴라 프로젝트 출범 전에 빌이 조사한 바에 따르면 시골 지역에 거주하는 르완다인 절반 이상이 그 작은 공원을 경작지로 전환하길 바랐다. 하지만 오늘날에는 70퍼센트가 넘는 지역민이 숲의 보존을 바란다. 이제 고릴라 이미지는 르완다 우표와 돈에도 등장할 정도로 낯익고 소중해졌다. 고릴라는 르완다의 인기가요에 등장하기도 했다. "고릴라가 어디로 갈 수 있을까요? 그들은 우리나라의 일부예요. 그들은 다른 고향이 없어요……."

『안개 속의 고릴라』에서 다이앤은 이론상으로는 적절하게 통제되는 관광 사업 아이디어를 찬성했지만 우선순위에서는 그것을 낮게, 즉 '이론적 환경보호에서 후순위'로 밀어 두었다. 책 후기에서 다이앤은 "더욱 합당한 조치들과 비교해볼 때 관광 사업이 고릴라의 생존 가능성을 더 개선시켰다고 볼 수는 없다."라며 마운틴고릴라 프로젝트에 대한 신랄한 비난을 피하기 어렵다고 썼다. 그녀는 자신과 고릴라만의 영역으로 간주해 온 지역이 이방인에게 잠식당하는 사태를 두려워했다. 그리고 자신이 신성하다고 여기는 동물을 이용해 돈을 벌려는 르완다 관리들의 생각을 혐오했다. 다이앤은 당시의 공원 관리인 하비아레메를 신뢰하지 않았다. 그녀는 그가 연구 장소를 관광객 숙소로 제공하기 위해 접수하고 싶어 한다고 의심했다. 그리고 그 꼴을 보느니 차라리 연구 캠프를 완전히 불살라 버리겠다며 펄쩍 뛰었다.

다이앤은 이렇게 예언했다. "나는 곧 죽을 것이고 나를 따라 고릴라도 모조리 죽을 것이다. 그들은 10년 안에 이 지상에서 완전히 사라질 것이다."

많은 사람은 다이앤이 살해된 후 그녀 예언이 실제로 고릴라의 운명이 되리라고 생각했다. 고릴라를 대신해 복수하던 마법사가 죽은 지 1년 후인 1986년, 처음 비룽가 화산 국립공원을 방문했을 때 나는 다이앤의 위엄 어린 고릴라가 도도*나 나그네비둘기*처럼 선조의 시간, 즉 자마니로 사라지기 전에 덧없긴 하지만

여전사들

흘끗이나마 그들을 볼 수 있는 시간이 주어지길 바랐다. 하지만 놀랍고 다행스럽게도 고릴라 개체수는 전보다 더 늘어나 있었다. "고릴라가 모조리 죽다뇨. 지금의 상황과는 완전히 거리가 먼 얘기죠." 마운틴고릴라 프로젝트 직원이었던 마크 콘디오티가 나를 안심시켰다.

모든 군 장성이 익히 알고 있는 군대 속담이 하나 있다. "병아리에게 이름을 지어 주지 말라." 농부가 닭고기를 얻으려고 병아리를 기를 경우 그들을 반려동물로 여기지 않는(이름을 붙여 주지 않는) 것처럼 사병들을 격전지로 보내 죽음을 맞도록 하지 않을 수 없는 사령관이라면 그들과 너무 가까이 지내지 말라는 충고다.

　어떤 이들은 다이앤의 환경보호 전술에서 문제점은 그녀가 '병아리에게 이름을 지어 준' 데 있다고 말한다. (이건 문자 그대로도 사실이었다. 그녀는 마을 사람들이 먹으라고 가져다준 병아리를 반려동물로 남겨두었으며 그들에게 루시, 데지, 마도파도파 같은 공상적인 이름을 달아 주었던 것이다.) 다이애나 맥미킨이 말했다. "다이앤은 오직 **자신의** 고릴라만을 밀렵꾼에게서 보호하려고 했습니다. 우리는 반밀렵 운동이 비룽가 화산 분화구의 **모든** 고릴라를 보호하는 데까지 확대되길 바랐습니다. 여기에 바로 우리 어려움이 놓

- 17세기 말에 멸종한 날지 못하는 새.
- 장거리를 나는 북미산 새로 역시 멸종한 철새.

여 있었습니다."

뉴욕 동물학회의 회원인 보호주의 생물학자 마이클 허친스가 말한다. "훌륭한 보호주의자는 자신들이 구출하려고 애쓰는 군집 모두에 감정적으로 몰입할 수 없습니다. 당신이 보호주의자가 해야 하듯이 대규모로 군집 전체를 다루게 된다면 개체는 큰 의미를 띠기 어려울 겁니다." 몇 년 전 이 동물학회는 "야생동물 보존과 동물의 권리, 이 둘은 양립 가능한가." 하는 제목의 연구를 후원한 적이 있는데, 연구 결과는 "가능하지 않다"였다.

다이앤이 죽고 마운틴고릴라 프로젝트가 공전의 대성공을 거둠으로써 "다이앤 포시가 틀렸다."라는 이구동성 판결은 결국 옳은 것으로 드러났다.

하지만 뒤이은 사건이 보여 주듯이, 이 결론은 지나치게 단순하다.

내가 1986년 키갈리를 처음 방문했을 때, 우리 집단은 토피, 코브, 가젤, 얼룩말 같은 동물을 보기 위해 곧장 아카게라 공원으로 달려갔다. 두 번째 방문에서 나는 시간을 좀 들여 그 도시를 탐험했다. 크게 볼 만한 것은 없었다. 대여섯 개의 유럽풍 호텔과 서양 이민자를 위한 근사한 네덜란드풍 가옥들이 들어서 있었다. 다이앤이 이곳에 오면 묵곤 하던 밀 콜린 호텔에는 새로 카펫이 깔리고 거울이 달렸다. 거기에서는 검은 하이힐이 호텔 프런트에서 타일 깐 테라스와 수영장까지 이어진 반나선형 층계를 또각또각 걸어가는 소리를 들을 수 있었다. 커피 값은 작은 컵에 1달러였다.

하지만 수도의 간선도로에서 조금만 안쪽으로 들어가도 풍광은 확 달라졌다. 길에는 병아리와 염소가 가득하고, 붉은 진흙과 땀으로 얼룩진 불결한 누더기를 걸친 사람들이 녹슨 양철로 벽을 두른 오두막 안에서 복작복작 살고 있었다. 가끔은 진흙 바닥에 버려진 금속판을 대강 기대 세워 놓은 것에 지나지 않는 쓰러지기 일보직전의 오두막도 보였다. 이 양철 오두막은 기침 소리, 가래가 목구멍에서 그렁거리는 소리를 더욱 크게 공명시켰다. 다리가 오그라든 소아마비 환자들은 지팡이 대신 낡은 파이프에 의지하거나 구부러진 파이프를 청소할 때 쓸 법한 우스꽝스럽게 비틀린 큰 천연 나뭇가지를 목발 삼아 걸어 다녔다. 성공회 교회의 게스트하우스 옆에서는 앞니 하나 안 남은 늙은 남자가 꽃 몇 다발을 팔려고 애쓰면서 행인을 향해 웃다 말고 가르랑거리는 기침을 쿨럭였다. 한 실성한 남자가 거리에서 원을 그리며 걷고 있기도 했다. 시골 지역에서 만난 사람들과 달리 이곳 사람들은 내가 건네는 인사나 미소에 아무 반응도 보이지 않았다.

그들은 내가 카리소케 방문 허가증을 받기 위해 빈민가에서 멀리 떨어진 마을 반대편에 지불한 300달러로부터 아무 혜택도 받지 못했다. 은행과 미국 대사관 근처에 있는 르완다 '공원·관광청' 사무소에서 금반지를 끼고 스리피스 맞춤 양복을 빼입은 뚱보 남자가 노골적인 경멸을 담은 눈길로 나를 노려보더니 내 현금을 받아 서랍에 넣었다. 그 돈을 받은 데 대해 아무 기록도 남기지 않은 채 말이다. 그는 케냐인들이 와벤치WaBenzi라고 부르는 아프리카 계급에 속했다. 와벤치는 부유한 관료들이 내가 지불한 것 같은 관광 달러로 구입해 몰고다니는 메르세데스 벤츠Mercedes Benz에서 온 말이다. 다이앤은 이런 사람들이라면 딱 질색했다. 유리로 된 단층 건물 외벽에는 다이앤의 책『안개 속의 고릴라』표지에 쓰인 엉클 버트 사진과 동명 영화「안개 속의 고릴라」를 광고하는 포스터가 걸려 있었다.

다이앤이 1985년에 저작권료로 15만 달러(다이앤의 어머니와 계부가 그녀 유언에 이의를 제기하지만 않았어도 디짓 기금으로 갔을 돈이다.)를 받은 영화「안개 속의 고릴라」는 대성공을 거두었다. 이 영화로 고릴라 관광 사업이 더욱 널리 알려지면서 르완다 공원 관리들은 더 많은 돈을 벌 기회를 얻었다. 그래서 그들은 고릴라 집단 두 개를 추가로 관광객 존재에 익숙하게 만들기를, 그리고 각 고릴라 집단을 방문하는 팀 수를 여섯 명에서 여덟 명으로, 더 나아가 열 명으로 늘리기를 바랐다.

한편 1987년에 이미 르완다 공원 관리인은 당시 카리소케의 지배인 데이비드 와츠에게 다이앤의 캠프를 박물관으로 개조하면 어떻겠느냐고 제안한 바 있었다. 와츠는 세계 야생동물 기금 동료에게 이런 실망조의 편지를 띄웠다. "캠프를 이리저리 쿵쾅거리며 걸어 다니는 수천 관광객이라! 공원 관리인 하비아레메는 관광객의 호주머니를 노릴 속셈으로, 서둘러 캠프를 마치 '위대한 인물'이 살다가 묻힌 '국가 기념물'처럼 개조하려고 해요. 거기에서 몇 발짝만 더 나가면 이곳은 분명 호화로운 관광 센터로 전락할 겁니다. 다이앤의 캠프에서 숙박하고 그녀 묘지를 관람하고, 그러고는 가서 '그녀의' 고릴라를 보겠죠……!"

호화로운 관광 단지는 결국 실현되지 않았다. 하지만 실제로 다이앤의 묘비는 현재 관광 코스에 포함돼 있다. 방문자에게 이같은 옵션을 제공하는 많은 여행사 가운데 하나는 자사 웹사이트에 "고릴라 트레킹과 다이앤 포시의 묘소 하이킹"이라는 문구를 대대적으로 광고한다. 방문자 수는 수천까지 이르지는 않으며 대부분 정중하다. 그러나 이미 1989년에 너무 많은 관광객이 몰리면 마운틴고릴라 프로젝트가 르완다에서 사업을 접고 그에 대한 자금 후원을 중단할지도 모른다는 소문이 나돌았다. 한 미국 대사관 관계자가 내게 말했다. "거위가 한 번 황금알을 낳으면 그것을 거꾸로 되돌리는 건 불가능합니다. 다이앤은 틀림없이 무덤에서 탄식하고 있을 겁니다."

───────────

다이앤이 느낀 두려움 중 상당수는 현실이 되었다. 그리고 르완다 정치인에 대해 그녀가 가졌던 불신은 짐작한 것보다 더 현명한 판단이었음이 드러났다. "골수 복숭아" 부류는 르완다에서 발생한 공포를 결코 짐작할 수 없었지만, 아프리카인을 포함해 인간이 저지를 수 있는 잔혹성을 간파한 다이앤은 그것을 상상할 수 있었을지도 모른다.

다수파인 후투족과 소수파인 지배 민족 투치족 사이에 벌어진 전쟁은 1990년에 시작해 1993년에 공식 종식되었다. 하지만 1994년에 벌어진 르완다 대통령 암살은 최근 아프리카 역사에서 가장 피비린내 나는 분쟁을 촉발했다. 극단주의자들에 의해 100만 명이 살해되었는데, 흔히 이웃 손에 고문당한 뒤였다. 그 집단학살의 가해자 상당수를 포함한 200여 만 난민이 브룬디, 우간다, 탄자니아, 그리고 자이르로 피신했다. 막대한 국제사회의 인도주의적 노력에도 불구하고, 수천 명이 더럽고 과밀한 난민 수용소에서 콜레라와 이질에 걸려 숨졌다. 당시 반군 세력인 르완다 애국 전선은 두 번 더 전쟁을 일으켰고, 그 전쟁은 2003년이 되어서야 끝났다. 오늘날에도 대학살은 끊이지 않고 있다. 이 책의 편집을 마칠 무렵 르완다와 기타 대여섯 개 아프리카 국가 출신의 민병대와 군인이 콩고민주공화국을 휘젓고 있었다. 비룽가 국립공원에 서식하는 마운틴고릴라 200마리의 운명은 알려지지 않았다.

르완다 전쟁 때와 마찬가지로 마운틴고릴라는 무고한 구경꾼이다. 반군 세력은 그 공원을 공격용 기지로 삼았다. 고릴라는 십자포화에 휘말렸으며 총에 맞고 덫에 걸렸다. 반군과 난민에 대한 맹공격이 일어나기도 전에, 가족이 풍비박산 난 아기 고릴라들이 먼저 죽었다. 카리소케 건물들은 콩고민주공화국의 공원 건물과 마찬가지로 재차 파괴되었다. 반밀렵 순찰대는 활동을 중단하고 떠났다.

르완다에서, 인구수는 이제 대량학살 이전을 회복했다. 하지만 고릴라 개체수는 그 지역 전반에서 내내 위험한 수준으로 남아 있다. 그런데 그들은 비단 전쟁의 부차적 사상자에 그치지 않았다. 때로 고릴라는 구체적인 표적으로 떠오르기도 했다. 콩고민주공화국에서, 길들여진 루겐도 고릴라 10마리가 살해되었다. 그중 일부는 2007년 7월에서 2008년 2월까지 6개월 동안 마치 처형당하듯 뒤통수에 총을 맞았다. 한 고위 공원 관리가 그 살해 혐의로 체포되었다. 이 글을 쓸 무렵 추정된 그의 범행 동기는 입이 떡 벌어질 정도로 사악했다. 숯을 얻기 위해 숲을 불태우려면 세계에 얼마 남지 않은 마지막 마운틴고릴라들을 보존하려는 노력의 싹을 잘라버려야 했던 것이다.

다이앤 포시는 중요한 의미에서 줄곧 옳았다. 즉 고릴라는 당시에도 사면초가 상태였고 지금도 마찬가지다. 그들을 보호할 책임이 있는 정부 관리들이 그렇게 하리라고 언제나 신뢰하기는 어렵다.

다이앤이 사망한 후, 오늘날 그녀 이름을 달고 있는 기금─디짓 기금이 '국제 다이앤 포시 고릴라 기금'으로 개칭되었다─은 그녀 자신이 예견하거나 선택하지 않았을지도 모르는 방향으로 그녀 유산을 가져갔다. 그 기금은 반밀렵 순찰대와 과학 연구에 자금을 대줄 뿐 아니라 (숲 사냥을 줄이고자) 트와족을 위한 염소 프로젝트를 지원해 왔으며 20만 명을 대상으로 깨끗한 식수 운동을 펼쳤고 두 나라에 병원과 유치원을 건립했다. 다이앤은 언젠가 지역민을 돕는 노력을 "보존의 이론적 변수들" 가운데 하나로 간주했었다. 하지만 그 어느 것도 그녀 없이 일어날 수 없었다는 사실은 여전히 남는다. 그런가 하면 슬프게도 또 한 가지 사실 역시 꿋꿋하게 버티고 있다. 바로 마운틴고릴라가 과거에도 그랬듯이 지금도 여전히 개체로든 종으로든 멸종위기에 처해 있다는 사실 말이다. 살인자들은 당국이 뒷짐 지고 있는 사이 꾸준히 활개 치는 중이다. 그리고 그것은 다이앤이 항상 똑똑히 이해하고 있었던 점이다.

오늘날 고릴라 관광 사업은 르완다에서 강력하게 되살아나고 있다. 2008년에 마운틴고릴라는 전 세계 차원에서 약 2만 명의 방문객을 끌어모았다. 그에 따른 관광 수입으로 지구상에 남은 마지막 720마리 마운틴고릴라 중 120마리의 고향인 그 공원을 보호하는 데 꼭 필요한 자금이 조달되었다. 관광 인프라를 재건하기 위한 모 프로그램은 다이앤 고릴라 기금, 국제 포너·플로라 보존 협회, 아프리카 야생동물 재단, 세계 야생동물 기금, 야생동물 보존 협회를 비롯한 수많은 훌륭한 조직으로부터 지원을 얻어 냈다. 또 하나의 중요한 후원자는 사업 연계 도전 기금으로, 분명 그들이 벌이는 노력에 대해 칭찬받을 만한 단체다. 하지만 나는 그 단체가 추진하는 프로젝트 보도자료를 읽었을 때 가슴이 철렁 내려앉았다. 마지막 문단은 이렇게 시작했다. "마운틴고릴라는 독특한 생태 관광 상품이다······." 만약 다이앤이 그 글귀를 읽는다면 무덤에서 가슴을 움켜쥐리라는 걸 나는 알았다.

다이앤과 함께 오랫동안 일해 온 수색자 네메예는 1985년 마지막

날 다이앤이 묻힌 이후 그녀 무덤이 왼쪽으로 1미터가량 옮겨졌다고 했다. 사람들이 그녀가 묻힌 고릴라 무덤을 방문하는 일은 드물다. 그녀의 초록색 양철 움막 왼쪽으로는 다이앤이 장화가 다 해질 정도로 고릴라 흔적을 따라다니던, 캠프에서 연구 지역에 이르는 길이 쭈욱 뻗어 있다. 사람들은 거기에 고릴라 묘지가 있다는 것을 보지 못하고 지나쳐버리기 일쑤다. 하지만 묘지를 발견하게 되면 그 비감함에 잠시 숨이 멎는다.

묘지는 테니스장 반만 한 면적에 상상할 수도 없이 큰 슬픔을 간직한 채로 들어앉아 있다. 고사리와 이끼류의 가지를 늘어뜨리고, 밝은 초록빛 지의류의 신비한 까끄라기를 나부끼는 거대한 아프리카삼나무가 무성한 잎으로 사방을 가득 채운다. 묘지 근처에 난 풀은 짧게 잘려져 있는데 가까이 다가가면 끄트머리가 다이커영양의 이빨로 뜯긴 자국을 볼 수 있다. 여기에서 100미터만 벗어나도 그 풀은 무릎을 뒤덮는 높이로 웃자라 있다.

다이앤은 묘소들의 봉분을 바라보았다. 엉클 버트, 크웰리, 마초, 디짓, 타이거, 리, 프리토, 넌키…… 그녀가 사랑하던 고릴라 이름이 새겨진 목재 묘비가 열다섯 개 있다. 이제는 다이앤의 묘비도 디짓, 엉클 버트, 마초 바로 뒤에 열여섯 번째로 서 있다. 거기에는 그녀가 사랑하던 이름, 그러나 본래 그녀 것은 아니었던 이름 '니라마카벨리'가 새겨져 있다. 여기에 그녀가 묻혀 있다는 사실에 안도감이 든다. 그녀의 고뇌가 르완다의 축축하고 검은 대지 아래에서 비로소 평안을 얻었으리라 생각하게 된다. 그것은 마치 반가운 재회 같다. 묘지가 보석처럼 반짝이는 햇살을

"NYIRAMACHABELLI"

DIAN FOSSEY

1932 — 1985

NO ONE LOVED GORILLAS MORE
REST IN PEACE, DEAR FRIEND
ETERNALLY PROTECTED
IN THIS SACRED GROUND
FOR YOU ARE HOME
WHERE YOU BELONG

다이앤 포시의 무덤은
오늘날 관광 코스 가운데
하나로 자리 잡았다.

머금고 있는데다 더없이 평화로워 여기에서는 어떤 나쁜 일도 일
어날 것 같지 않다.

그녀가 사망한 후 국제 차원의 모금으로 세워진 새로운 청동
묘비에는 이렇게 쓰여 있다.

"니라마카벨리"

다이앤 포시

1932~1985

누구도 그대보다 고릴라를 사랑하지는 못했네

그리운 벗이여, 그대의 고향인

이 신성한 대지의 품에 안겨

이제 평화 속에 고이 잠드소서.

캠프 연구자들은 여전히 다이앤에 대해 이야기를 나눈다. 심지어 그녀를 한 번도 만난 적이 없는 젊은 학생들까지도 그녀 이야기를 주고받는다. 밀렵꾼에 가한 고문, 미수에 그치고 말았지만 방문한 서양인 남성들을 유혹하려던 사건, 침대 밑에 숨겨둔 위스키병……. 1989년 캠프를 다시 찾아갔을 때 나는 학생들에게 새 묘비에 대한 소감을 물어보았다. 앳된 용모를 지닌 젊은 학생이 넌더리를 내며 말했다. "어이없게 영어로 쓰여 있죠. 여기는 키냐르완다어를 쓰는 나라인데 말이에요."

10

외교
비루테 갈디카스의 변신

비루테 갈디카스는 이따금 오랑우탄 꿈을 꾼다. 그녀에게 그것
은 인간 꿈을 꾸는 것만큼 자연스러운 일이다. 그녀는 꿈을 중요
하게 여기지 않고 꿈을 꾸어도 이내 잊어버린다. 하지만 이 꿈만
은 오랫동안 그녀의 기억에서 사라지지 않고 남아 있다. 그녀는
숨을 죽이고 당시 공포를 고스란히 간직한 채 예의 그 부드럽고
신중한 어조로 서둘러 꿈에 대해 이야기한다.

"볼살이 넓게 붙은 수컷 오랑우탄이 한 마리 있었어요. 숲은
베어지고 트럭이 여러 대 보이고 고가도로가 있어요. 녀석은 달
리고 몇몇 사람이 그를 죽이려고 찾아다녀요. 캘리포니아주 무
료 간선도로 같은 데서 볼 수 있는 거대한 메가톤급 콘크리트 트
럭, 그리고 엄청난 도시가 오랑우탄 서식지 바로 옆에 보여요. 나
도 달리고 있었어요……."

꿈에서 비루테는 사람들과 그들이 모는 거대한 트럭들이 그
오랑우탄을 찾아내기 전에 자신이 녀석에게 먼저 닿으려고 기
를 쓰면서 숲속을 이리저리 헤매고 있다. 하지만 그 오랑우탄은

여전사들

종적을 감추고 없다. "그는 여기 있다가 또 얼마 후에는 저기 있다가 했어요." 성년 수컷 오랑우탄이 자기 세력권을 알릴 때처럼 녀석은 귀청이 떨어져 나갈 듯이 긴 울음소리를 토해 내고 있다. "그는 스스로 자신의 위치가 어디인지 정체를 밝히고 있었어요. 나는 제발 그가 울음소리를 그쳐 주길 바랐어요! 만일 그가 조용히 하기만 한다면, 그리고 내가 그에게 먼저 닿을 수만 있다면……. 그 사람들은 지금 녀석을 죽이려 하고 있어요."

그녀는 냉정을 되찾으려는 듯 잠시 이야기를 멈췄다. 그리고 다시 침착하게 말을 이어 갔다. "늘 같은 꿈을 반복해서 꿔요."

이 꿈은 소름 끼칠 정도로 현실과 닮았기에 그토록 공포스러웠다. 비루테가 때로 양식이나 물품을 구입하려고 들르던 쿠마이 마을 가까이에는 햇볕에 탈색된 뼈처럼 하얗고 황량한, 불도저로 파낸 자국이 있는 얕은 토양 채굴터가 있다. 그녀 꿈에 나타난 것 같은 거대한 트럭들이 실제로 내다 팔기 위해 표토를 퍼가는 중이다. 박테리아, 바이러스, 지의류, 부식토 같은 생명체가 살아 숨 쉬는 표토층이 15센티미터 정도 패여 나간 곳에는 이제 창백한 점토만 드러나 있다. 2년 전만 해도 숲이던 이곳에 이제는 도로가 깔리고 도로 가장자리에 연한 산허리는 잘린 나무둥치가 스치며 남긴 생채기로 속살이 비어져 나와 있다.

마운틴고릴라나 침팬지처럼 오랑우탄도 멸종위기종이다. 불과 5만 마리 정도만이 보르네오섬과 수마트라섬에 제한적으로 살아간다. 비루테와 로드가 처음 보르네오섬에 도착했을 때 오랑우탄 암컷들은 새끼를 반려동물로 잡아가려는 사람들 손에 일상적으로 사살되고 있었다. 오랑우탄은 여전히 식용을 위해 살해되기도 한다. 하지만 요즈음 오랑우탄의 멸종을 재촉하는 최대 요인은 사람들이 거대한 콘크리트 트럭으로 그들의 서식지를 파괴하는 일이다.

세계은행에서 차관을 들여 1979년부터 시행하고 있는 인도네시아의 재이주 계획에 따라 인도네시아 보르네오섬(칼리만탄섬)에는 100만에 달하는 자바인이 이주했다. 당국은 이주자에게 이 적도 지역의 숲을 개간하고 새로운 경작지를 일구도록 권장했다. 비루테는 당시 "칼리만탄텡아주 전역에 도로를 내려는 정부 계획이 일정에 맞춰 착착 진행되고 있다."고 내게 말했다. 그 결과 그 전년도만 해도 여행하는 데 배로 2주가 걸리던 이 지역을 벌목꾼이나 농부들은 트럭으로 불과 이틀 만에 도착했다. 사람들이 이 숲 지역에 쏟아져 들어오자 마치 상처에서 피가 빠져나가듯 나무들이 속절없이 잘려나갔다.

그 후로 상황은 줄곧 악화하기만 했다. 이제는 1985년에 보르네오에서 볼 수 있었던 열대우림 가운데 약 3분의 1이 파괴되었다. 지난 20년간 단일 재배작물인 팜유는 성장일로인 화장품, 비누, 디저트 및 바이오 연료 시장에 공급하기 위해 보르네오 전역에서 암세포처럼 퍼져나갔다. 탄중푸틴 자체도 공격받고 있다. 오랑우탄 재단에 따르면, 2008년 7월 벌목꾼들이 야자나무 재배지를 확보하고자 오랑우탄 560여 마리가 서식하던 공원 북동쪽 모퉁이 4만 에이커에서 나무를 잘라내고 불도저로 땅을 고르는 작업에 착수했다. 그 재단의 현지 프로젝트 관리자 이클라스 알

사키는 야자나무 농장이 그 공원과 그보다 큰 세방가우 국립공원의 오랑우탄 서식지 500만 에이커를 집어삼키고 있다고 전했다. 현재 보르네오에서는 경작지가 약 1500만 에이커인데, 이 수치는 2020년에 이르면 갑절로 불어나리라 추정된다. 2007년 유엔 환경 계획UNEP에서 발표한 보고서는 이렇게 결론 내렸다. "미래의 오랑우탄 생존 및 국립공원 보호와 관련한 당면 위기를 해결하지 않는다면, 향후 20년 내로 남아나는 야생 오랑우탄은 거의 없을 것이다. 국립공원에서 자행되는 불법 벌목의 속도와 정도는 만약 이대로 놔둔다면 전 세계적으로 자연보호구역이라는 개념 자체를 위험에 빠뜨릴 수 있다."

비루테는 절박한 악몽 덕분에 이러한 현실을 실감했다. 하지만 인도네시아에서는 전통적인 환경보호 해법을 구현하기가 지극히 까다롭다. 이곳은 생물학자나 환경운동가가 일하기 어렵다고 정평이 나 있다.

이디 아민 통치기에 우간다에서 연구했던 톰 스트러스세이커는 인도네시아에서는 도무지 연구를 진척시킬 수 없었노라고 혀를 내둘렀다. 관료는 무질서하고 해이하며, 정부는 부패하기로 악명 높고, 사회적 예의범절은 너무나 복잡미묘하고 겹겹으로 층을 이루고 있어 그게 개별 관리에게 도대체 어떻게 작동하는지 이해하는 게 거의 불가능하다는 것이다. 그곳에서 연구를 수행한 어떤 인류학자가 말했다. "뇌물을 써야 하는 것은 괜찮습니다. 하지만 인도네시아에서는 대체 누구에게 어느 정도 뇌물을 주어야 하는지에 대해 명확한 답을 얻을 수 없습니다." 1986년 세계 야생동물 인터내셔널의 인도네시아 대표로 임명되었다가 1년 반 만에 사임한 한크 라이하르트가 말했다. "더 이상 참을 수 없었습니다. 누구도 이 사람들과는 세계의 나머지 사람들과 할 수 있는 것과 비슷한 수준으로 일할 수 없을 겁니다."

정당한 연구 허가를 얻는 것조차 벅찬 장애로 다가온다. 영장류학자 존 미타니는 이곳에서 지난 11년 동안 현장 탐험을 수행한 바 있었다. 그가 허가받은 마지막 연구는 인증을 획득하는 데만 자그마치 17개월이 걸렸다. 그는 언젠가 자신이 미국을 떠나올 때부터 마침내 캠프에 당도하기까지 허락받아야 했던 관청 수를 세어 본 적이 있었다. 무려 열일곱 군데에 달했다. 그는 탄자니아에서는 같은 경우 오직 관청 두 군데 허가만 필요했다고 덧붙였다.

관료주의, 정실주의, 부정부패에 맞서 비루테가 일구어 낸 결과는 기적이나 다름없다. 그녀는 자기 지역에서 포획 오랑우탄 거래를 사실상 근절시켰다. 그녀 요청에 따라 두 마을 전체가 보호구역으로부터 이전되어 다른 곳에 재배치되었다. 탄중푸틴에서 그녀가 추진한 작업 덕에 1981년 25만 헥타르 지역이 국립공원으로 선언되었다. 그녀는 그 공원을 위해 관리 계획을 세우기도 했다. 1996년부터 수하르토 정권이 무너진 1998년까지 비루테는 인도네시아 삼림부에서 오랑우탄 사안에 대해 조언하는 선임 고문을 역임했다. 그녀가 기울인 노력은 그 공원의 7만 6000헥타르가 오랑우탄 보호구역으로 지정되는 데 기여했다.

"나는 이곳 인도네시아에서 손님 자격이기에 공적인 비판과 행동주의는 내 몫이 아닙니다." 비루테가 언젠가 어느 인터뷰에서 말했다. 애매모호한 정치, 원시적인 의식, 복잡다단한 의사소통 방식 같은 인도네시아 문화가 그녀의 환경보호 전략에 영향을 미쳤다. 그러나 보르네오 정글에서 거의 20년을 지낸 후 흰 피부색을 띤 리투아니아인 혈통의 이 캐나다인은 마침내 인도네시아의 내부자가 되었고 서서히 미묘하게 중대한 영향력을 행사했다.

멀리 떨어진 다야크 마을 카네판에는 의식을 알리는 깃발과 대나무 장대에 매단 길게 짠 바구니가 나부낀다. 지상에서 약간 띄워 기둥 위에 지은 목조가옥과 대나무밭에 잇닿은 진흙길은 사롱을 입은 여인들, 티셔츠와 짧은 바지를 입은 남정네들로 북적인다. 사람들은 의식이 시작되기를 기다리고 있다.

　이윽고 배 한 척이 강 상류에 모습을 드러내자 사람들은 일제히 환호성을 질렀다. 뱃머리에는 칼을 차고 노란 천으로 허리춤을 간단히 가리고 머리에는 코뿔새 깃털로 꼭대기를 장식한 의식용 모자를 눌러쓴 남성이 서 있다. 음악이 쾅 하고 열광적으로 울려 퍼진다. 남성들은 드럼과 켈레난간(나무 실로폰)을, 고음은 차임처럼 저음은 저승에서 울리는 징처럼 두들겨 대고 있다. 그 가락은 일정하지는 않지만 몸을 구부린 듯이 조용하게 울리다가 갑자기 빨라지고 그러다가 다시 천천히 잦아드는 식으로, 조심조심 먹잇감에 다가가는 동물의 근육처럼 유연하게 펼쳐진다.

이제 막 다야크인의 인생에서 가장 중요한 의식인 테와의 주요 행사가 시작되려는 참이다. 사흘에 걸쳐 진행되는 테와는 죽을 때 갈라지는 영혼의 두 부분이 재결합되는 것을 축하하는 의식이다. 영혼의 한 부분은 저승에 있는 신의 손바닥에서 쉬고 있고 나머지 한 부분은 여전히 시체에 머물러 있다. 수년 뒤 그 시체를 테와에서 재차 파낼 때 조각 나 있던 영혼의 두 부분은 비로소 다시 하나로 만난다.

비루테는 백인으로서는 거의 목격한 예가 없는 테와 의식에 참석하려고 칼리만탄의 오지로 난, 몹시 고통스럽고 험한 경사로를 따라 이틀간 여행했다. 이날 파헤친 시체는 28년 전에 죽은 부副지사 모친의 것이었다. 부지사 곽 빅토르는 비루테에게 이 행사의 영예를 드높이기 위해 참석해 달라는 친서를 보냈었다.

우리는 약속한 시간보다 늦게 도착해서 시체 파내는 장면은 놓쳤다. 세월이 흐르면서 뼈는 대지에 의해 사위어 간다. 시체에서는 오직 뼈 여섯 조각만 추려졌고 두개골도 어린아이 것마냥 작아져 있었다. 뼈는 여행 가방에 담겨 훨씬 더 차분하게 새로 매장되었다. 하지만 극적인 주요 행사는 아직 시작되지 않았다.

칼을 든 남성 곽 로빈이 나무 보트에서 내려 야자 이파리로 장식한 의식용 문의 통나무 세 개를 마구 베기 시작했다. 군중들은 칼날이 내리쳐질 때마다 '우후' 하고 미친 듯이 고함을 질렀다. 그 문의 다른 쪽에는 밧줄로 발이 묶인, 흰색과 회색 반점이 뒤섞인 돼지 한 마리가 새된 소리를 내뱉고 있다. 칼날이 그 돼지의 등과 어깨를 차례차례 절단해 가는 동안 돼지는 고통에 찬 비명을 지르면서 서서히 죽어 갔다. 곽은 야자나무로 올라갔다. 그런 다음 나무 상단에 뻗은 이파리를 잘라 내더니 그보다 더 낮은 곳에 달린 이파리를, 이어 열매 코코넛을 절단했다. 그러고는 마침내 그 나무 자체를 쓰러뜨렸다. 그는 바구니와 꽃으로 장식되고, 나뭇잎으로 감싼 빈랑 열매가 매달린 대나무 장대에 이리저리 칼을 휘둘렀다.

군중들은 연신 기세 좋게 소리를 질러 대고 있다. 어떤 노인이 비루테를 향해 얼굴을 돌려 파안대소한다. 그의 잇몸은 검붉은 액체로 번들거리고 이빨은 검은색이다. 그가 빈랑 열매의 즙을 내뱉자 진흙이 핏빛으로 얼룩졌다. 마침내 칼 휘두르는 일은 끝났다. 노인들이 조각된 학 형상처럼 관절을 구부리며 근육을 치밀하게 움직이는 느린 동작의 춤을 추는 동안 그 도살당한 동물의 피는 결혼식에서 쓰이는 쌀처럼 물에 희석되어 군중들에게 뿌려졌다.

그날 밤에는 곡주를 곁들인 맛있는 음식과 춤의 향연이 펼쳐진다. 이튿날 새벽 3시에 연회 집전자들은 잠에서 깨어난다. 그리고 등불에 의지해 인간 사냥용 검 만다우를 칼집에서 뽑는다. 집전자들이 차례차례 그 칼날에 입을 맞춘다. 만다우를 머리 위에 올리고 있으면 그들에게는 투악이라는 의식용 곡주가 한 잔씩 돌아간다. 그들이 입에 대고 마시는 사발은 인간 두개골이다.

———————

비루테는 인도네시아인이 더없이 관대하고 점잖고 예의 바른 사람들이라고, "아마도 이 세상에서 가장 좋은 사람"일 거라고 말한다. 길에서 다른 사람과 스쳐 지나갈 때면 인도네시아인은 팔하나를 앞으로 내밀면서 실례지만 지나가도 되는지 물으며 머리를 숙이고 등을 구부린다. 인도네시아인은 신체에서 가장 낮은 부위인 발로 다른 사람을 가리키지 않는다. 그렇게 하면 결례로 받아들여진다. 어떤 대화든 상대의 안녕과 그 가족이나 친지의 안부를 묻는 것으로 시작된다. 누군가가 어느 마을에 도착하거나 그 마을을 떠나는 것에는 항상 의식이 뒤따른다. 이 민족의 얼굴에는 늘 웃음기가 가시지 않는다.

비루테는 "개별 인도네시아인에게 가장 중요한 것은 가족이나 집단, 혹은 자기가 속한 세계와 조화를 이루며 사는 것"이라고 설명한다.

"설사 인도네시아인이 당신을 몹시 미워하더라도 당신은 결코 그 사실을 눈치챌 수 없을 겁니다. 그들은 늘 웃고 있습니다. 그들의 신체 언어나 눈빛 또는 말하는 방식은 속내를 전혀 드러내 주지 않습니다."

하지만 매력적이고 우아하고 점잖고 침착해 보이는 이들 겉모습의 이면에는 홍차색 강물에 몸을 숨긴 악어처럼 전혀 다른 측면이 도사리고 있다.

지금 수리남에서 일하고 있는 세계 야생동물 인터내셔널의 한크 라이하르트는 "당신은 세계에서 인도네시아인보다 더 악의적인 적을 둘 수는 없을 것"이라고 말한다. 그는 자카르타에 배치

　　　　　　　　　　　　　　　　　　　　여전사들

되어 있는 동안 들었던, 자바에 떠도는 한 이야기를 기억하고 있다. 자기 어린아이를 태운 한 미국인 여성이 자동차를 몰고 길을 달리고 있을 때 어떤 인도네시아인 어린아이가 갑자기 차 앞으로 달려들었다. 그녀가 비켜 가려고 핸들을 틀었음에도 미처 어찌해 볼 새도 없이 아이는 차에 치였고 그 자리에서 즉사했다. 분개한 마을 사람들은 그녀의 어린아이를 차에서 끌어내 그녀가 보는 앞에서 무자비하게 살해해 버렸다.

비루테는 인도네시아인이 불협화음을 잘 참아 낼 줄 모른다고 지적한다. 그녀는 언젠가 수마트라에서 일어난 자동차 사고에 대해 들은 적이 있었다. 처음에 운전자들은 사태를 수습하려고 조근조근 이야기하고 있었다. 그런데 운전자 한 사람의 얼굴이 갑자기 탈을 뒤집어 쓴 듯한 모습으로 돌변했다. 흔히 이런 경우에 쓰는 표현처럼 그 남자의 얼굴은 일순 잿빛으로 변했다. 그는 느닷없이 칼을 뽑아 들더니 상대방을 그 자리에서 죽여 버렸다. 인도네시아에서 모욕당했다는 이유로 살인하는 것은 그다지 심각한 범죄로 취급되지 않는다. 강도 살인은 20년 동안 옥살이를 하지만 모욕에 의한 살인은 1년 반 정도의 옥살이로 그치는 게 보통이다.

이는 '몹시 험악해지는 상황'을 야기하는 문화다. 인도네시아는 아녀자와 아이의 목숨조차 살려 두지 않던 식인 사냥 전통을 지닌 나라다. 다야크족은 1900년대까지도 네덜란드인을 잡아먹었으며 식인 사냥 사례는 드물긴 하나 여전히 보고되고 있다. 독일 인류학자들은 최근에 북부 보르네오의 시다야크인^{Sea Dayaks}

이 테와를 축하하기 위해 인간 머리 대여섯 개를 사냥했다고 보고하기도 했다.

비루테가 말한다. "하지만 여전히 인도네시아인은 우아하고 점잖은 사람들입니다. 자신들의 세계가 균형 상태를 유지하고 있기만 하다면 말이죠."

따라서 이 균형 상태를 유지하는 일이 비루테에게 가장 중요한 환경보호 전략이 되었다. 예의범절과 폭력 사이에서 절묘하게 줄타기를 하는 이 나라 문화에 이입한 그녀는 신중하고 치밀하게 이 균형 상태 속에서 일하고 있다.

존 미타니가 말했다. "나는 그녀가 그렇게나 애로 많은 관료주의 환경에서 끝까지 버틸 수 있었다는 데 놀라움을 금할 수 없습니다. 비루테가 이룬 성취를 보면 그녀가 거기 공무원들과 믿어지지 않을 정도로 공감대를 형성했음을 알 수 있습니다. 이건 정말 대단한 성과입니다."

비루테와 2년 동안 탄중푸팅에서 일한 적 있던 게리 샤피로가 말했다. "그녀는 거기에 있는 거의 모든 사람에게 존경받습니다." 게리는 거기에서 인도네시아인을 만나 결혼했고, 지금은 미국 캘리포니아주에 살면서 비루테 작업에 자금 조달을 돕는 오랑우탄 재단의 부단장과 회계 업무를 겸하고 있다. "인도네시아에서 변화를 이끌어내려면 제도를 존중하면서 일해야 하고 정치 생명의 흥망성쇠에 매우 기민해야 합니다. 적절한 사람에게 전화를 거는 일과 또 형식을 잘 갖추는 일의 중요성을 똑똑히 알아야 합니다. 그녀가 일하는 방식은 그녀의 지위를 더욱 견고하게 다져 주었습니다."

　비루테의 명성은 서양 환경 단체에는 그리 널리 알려져 있지
않다. 그녀는 동남아시아의 열대우림이나 동물에 영향을 미치는
미국 정책 성명서 및 법안의 초안 작성과 관련해서조차 도움을
요청받지 않는다. 비루테의 동료 몇은 그녀가 팍 보합과 결혼한
사실에 놀랐다. 리키 재단의 전 단장 네드 멍거는 난감하다는 듯
이 "그녀는 이제 본토인이 되었다."고 말한다. 하지만 이것이 정확
히 그녀의 강점이다.

　야생 오랑우탄이 살아가는 곳은 여기 인도네시아이기에, 그
들의 운명은 바로 이곳 이웃들 손에 달려 있기에, 그녀가 영향력
을 행사하는 장소는 달콤한 차를 마시며 날씨와 아이들에 대해
이야기 나누는 바로 여기여야 한다. 형광등 불이 켜진 마을 관리
사무실에서, 그리고 롱하우스●의 등불 아래에서 그녀는 지위를
높혀 가고 있다. 서양인의 눈에는 거의 느껴지지 않는 정도라 해
도 비루테는 꾸준히 자신의 권력을 만들고 굳히고 압력을 가하
고 영향력을 행사하고 있다.

―――――――――――

비루테는 공식적으로는 다야크인 도우미의 수행 없이 아무데도
나들이하지 않는다. 인도네시아에서 존경받는 사람은 절대로 혼

●　대형 목조가옥.

자 다니지 않는다. 사람의 지위는 그를 수행하는 이들의 규모로써 가늠된다.

모 환경 단체 대표가 리키 캠프를 방문했을 때 그녀는 그에게 무려 200명의 수행원을 붙여 주었다. 비루테의 도우미들은 그들을 숙박시키기 위해 자기네 숙소를 내 주고 숲에 해먹을 치고 자야 했다.

비루테의 테와 여행을 수행한 이들은 그보다는 많지 않다. 다야크인 도우미 셋, 비루테를 방문한 독일 공무원 셋, 캘리포니아주 출신의 자원봉사자 하나, 다이앤 테일러 스노, 필자, 팔랑카라야에서 휴가를 보낼 때 테와에 대해 들은 적 있다는 중년의 미국인 관광객, 자바 언론인 하나, 경찰 둘.

인도네시아 정부는 경찰들이 백인의 섬 내륙 여행을 경호해야 한다고 극구 고집을 피운다. 다야크인이 여행객에게 독을 먹이는 게 아닌지 의심하고 있기 때문이다. 이러한 판단은 내륙을 방문한 서양인이 거의 빠짐없이 나중에 병을 앓는다는 사실을 근거로 삼는 것 같다. 하지만 비루테는 이러한 병은 의도적으로 독을 주입한 결과가 아니라며 안심시킨다. 멀리 떨어진 마을에서 목욕하기도 배설하기도 하는 강물을 이곳에서는 다시 식수와 조리용 물로 사용한다. 그러므로 샴푸한 머리를 헹구기 위해 강물을 한 바가지 펐을 경우 거기에 똥 덩어리 따위 건더기가 떠 있는지 반드시 미리 살펴야 한다. 그리고 테와 의식에서 사람들은 소변 빛깔의 의식용 곡주 투악을 마실 때 컵을 공유한다. 투악은 때로 데킬라 병에 벌레를 절이듯이 사슴 태아로 향미를 돋우기도 한다. 그러니 외부인은 굳이 일부러 독을 주입받지 않아도 원래부터 병을 앓지 않을 수 없는 험악한 환경에 놓인 것이다.

하지만 비루테는 병에 걸리지 않을 것이다. 부지사는 그녀를 위해 개인 욕실을 마련해 두었다. 강 위에 지은 수상가옥인 여행자용 숙소에 나무껍질로 벽을 두른 방이 그녀 욕실이다. 화장실은 마룻바닥에서 널빤지 두 개를 빼서 만든다. 다야크인 도우미들은 그녀가 목욕할 물을 끓여서 대령할 것이다. 그녀는 축하연에 참석한 백인 가운데 부지사의 감정을 상하지 않게 하면서 투악 마시기를 거절할 수 있는 유일한 사람이다. 부지사는 야간 의식에서 자신과 아내가 앉은 바로 옆에 그녀 자리를 마련해 둔다.

―――――――――

비루테가 미국 밖으로 첫 번째 조사 여행을 떠난 것은 1979년 UCLA 대학원생 때 세르비아*의 어느 시골에서 진행된 하계 고고학 발굴에 참여하기 위해서였다. 그녀는 당시 "엄청난 충격을 받았다". "미국 고고학자들은 유고슬라비아인을 전혀 다루지 못했어요. 그것은 마치 도덕을 두고 벌이는 전쟁처럼 보였죠."

유고슬라비아 고고학자들은 도시나 전체 유형을 발굴하기를 원했고 대담하고 잽싸게 붓을 놀렸다. 반면 미국인은 수고스럽게도 뼛조각 하나하나, 보존된 음식 쪼가리 하나하나까지 살

●　유고슬라비아 연방 공화국을 이루는 한 공화국.

살이 검토하려고 했다.

비루테가 말한다. "미국인은 그 발굴의 주인 격인 유고슬라비아인을 아무것도 모르는 어리석은 사람들이라고 여겼어요. 미국인은 유고슬라비아적인 작업 방식에 절대 양보하려 들지 않았어요. 그건 어처구니없는 일로 보였습니다. 나는 인류학자로 교육받았어요, 그렇잖아요? 그리고 우리는 미국에 있지 않고 그 나라 손님으로 갔어요. 그 광경을 보고 솔직히 소름 끼쳤어요."

예의 바르고 말수 적은 인도네시아인이라고 해서 이 떠들썩하고 개방적인 유고슬라비아인과 크게 다르다고 할 수는 없다. 비루테는 "결국 교훈은 마찬가지였다"고 지적한다.

"내가 거기에서 배운 것은 사람들을 완전히 이해하기 전에는 그들에 대해 절대로 억측하면 안 된다는 점이었어요. 나는 이 사실을 어렸을 적부터 이미 알고 있었고, 유고슬라비아에서도 배웠고, 지금 인도네시아에서 더 확실하게 배웠습니다. 누군가가 어떤 방식으로 행동하는 것이 당신에게는 전혀 이치에 닿거나 뜻이 통하지 않게 비칠 수 있어요. 하지만 당사자에게는 완전하게 이치에 닿는 일입니다. 나는 어떻게 그것이 완전하게 이치에 닿고 뜻이 통하는지 이해하려고 항상 노력했습니다."

비루테와 로드가 연구 허가를 얻기 위해 처음 자카르타에서 인도네시아인 관리(공무원)를 만났을 때 그들은 부부가 연구 현장으로 미리 정해 둔 유일한 계획을 수정하라고 권했다. 그들이 수마트라섬 대신 보르네오섬으로 가라고 제안하자 비루테와 로드는 지체 없이 그 제안을 받아들였다.

"그들은 우리를 좋아했어요. 왜 좋아했는지는 잘 모르지요. 내 생각에는 아마도 우리가 자기들 말을 두말없이 들어주었기 때문인 것 같아요."

연구 대상 동물이 제 눈앞에서 도살당하는 꼴을 지켜보아야 했던 다이앤은 남의 말을 통 들으려 하지 않는 외곬이었던 반면 비루테는 귀 기울여 듣는 시간을 오래오래 가졌다. 오랑우탄은 법의 보호를 받고는 있었지만 그 법이라는 게 거의 유명무실했다. 현지에서는 (애완용으로 팔기 위한) 오랑우탄 매매가 공공연히 성행하고 있었다. 비루테와 로드는 연구 대상 동물을 보호하려면 무엇보다 매매를 중단시키는 게 급선무임을 재빠르게 간파했다.

다이앤은 자신의 고릴라를 보호하려고 손에 벌채용 칼을 들었다. 제인은 침팬지를 지키려고 마이크를 잡았다. 하지만 비루테의 전략은 그것보다 훨씬 간접적이었다. 그녀는 의자를 당겨 앉아 함께 차를 마시는 방식으로 다가갔다.

비루테가 말한다. "인도네시아에서는 무슨 문제가 생겼을 때 뛰어들 듯이 덤벼서는 결코 그 일을 해결할 수 없습니다. 미로처럼 복잡하게 얽힌 예법을 주시하고 관계를 꾸리고 조화를 꾀하는 것이 더 우선입니다. 당신이 자꾸 문제를 만들려 하고 있지 않음을 확신시켜야 합니다. 나는 내가 요구하는 바를 전달하는 데 신중을 기했습니다. 그들 일에 주제넘게 나선다는 인상을 풍기지 않아야 했습니다. 나의 본능적인 느낌은 내가 누군가의 방문을 열고 들어설 때 그들이 '아, 저기 문제가 하나 걸어오고 있구먼.' 하고 생각하는 게 아니라 '아, 저기 친구가 하나 걸어오고 있구나.' 하고 여기도록 만들어야 한다는 거였습니다."

비루테와 로드는 문제를 제기하지 않고 청에 응하는 것에서 시작했다. 예컨대 부부는 '생포 오랑우탄을 야생 복귀시키고 방면할 수 있는 장소를 삼림청에 제공하게 되어 기쁘다.'고 말했다. 이것은 삼림청에게 개인이 불법 소유한 오랑우탄을 몰수할 수 있는 근거를 제공해 주었다. 삼림청 관리들은 불법 소유자의 집에 찾아가 오랑우탄이 살기에 가장 알맞은 곳은 숲이라고 그들을 설득했다. 대개 그들은 성공적으로 설득을 마칠 수 있었다.

비루테와 로드는 지역 공무원과 '조화를 이루는' 데 많은 시간을 할애했다. 때로 자연보호가 대화 주제가 되지 않은 적도 있다. 인류학자 프레더릭 에링턴이 말한다. "미국에서는 솔직함과 정직을 최고 미덕으로 꼽습니다. 하지만 인도네시아에서 문화적인 가치는 바로 간접성에 있습니다. 세련되고 교양있는 인간이 되려면 그 간접성을 극도로 정교하게 구사할 줄 알아야 합니다. 인도네시아에서 유능하고 진정한 인간은 바로 이 정교한 예법 유형에 숙달된 자입니다."

그래서 비루테와 로드는 날씨, 손자들, 생포 오랑우탄의 발전상에 관한 최근 소식을 두고 대화하는 가운데 자신들을 괴롭히는 사안에 대해 넌지시 이야기를 건넸다. 리키 캠프에서 강 상류로 한 시간 정도 여행하면 탄중푸팅의 경계 안에 200여 명이 거주하는 말라유족 마을이 나온다. 그들은 나무를 베고 덫을 놓아 숲속 동물을 잡아먹으면서 살아간다. 그들의 어획은 강을 마

여전사들

구 휘저어 놓는다. 비루테와 로드가 마을 대표에게 고했다. "이 마을은 불법입니다. 이곳은 보호구역이므로 마을이 들어설 수 없습니다."

하지만 실제로 탄중푸팅은 자연보호구역이 아니었다. 이 문제에 관여하고 있는 사람들은 모두 그곳이 자연보호구역이 아니라 동물보호구역이라는 것과 그 안에 마을이 들어설 수 있음을 알고 있었다. 실제로 동물보호구역은 그 땅에서 하는 일에 거의 아무런 제약을 가하지 않는다. 오직 동물을 죽이는 것만 불법이다. 비루테가 말했다. "하지만 우리는 그곳이 마치 자연보호구역인 양 굴었습니다. 법적으로 그 마을이 거기 들어서도 되는 상황에서 우리가 어떻게 그 마을을 이전하도록 설득할 수 있었는지 스스로 한 일이지만 도무지 믿기지 않을 정도입니다. 하지만 다시 한 번 기억하십시오. 인도네시아인은 그들과 오래 이야기를 나눌 수만 있다면 충분히 설득이 가능한 사람들이라는 것을."

비루테는 입버릇처럼 말하곤 한다. "예의범절과 부정부패가 공존하고 패러독스와 복잡한 의식이 횡행하는 나라, 말과 행동이 모호한 의미에 휩싸여 있는 나라, 이것이 인도네시아라는 것을 잊지 마십시오."

인류학자 에링턴이 1975년 연구한 인도네시아 부족, 서부 수마트라 미낭카바우족의 경우 모든 낱말을 비롯해 무릎 각도에 따른 모든 동작이 나름의 의미를 담고 있다. 의식 집전자가 책상다리를 한 채 두 무릎을 바닥에 대고 앉아 있는 공식 의식에 참석하면서 에링턴이 무심코 무릎을 세웠다. 부족민들은 이 인류학자가 너무 당황한 나머지 자신이 지금 어디에 있는지 잠시 망각했다고 여겼는데, 이것이 이 의사소통 형식의 심각한 위반에 대해 그들이 내릴 수 있었던 가장 관대하고 유일한 해석이었다. 에링턴은 "이렇게 복잡미묘한 사회체제에서는 제 구실을 하는 인간으로 기능하기가 너무 어려웠습니다. 정말로 고투였어요."라고 토로했다.

　게리 샤피로가 말했다. "알아야 할 게 무척 많습니다. 우리가 좋은 의도로 뭔가에 대해 말할 수는 있지만 나중에는 그 말이 우리를 따라다니며 괴롭힐지도 모릅니다." 몇 년 전 그가 좋은 아이디어라고 생각해 제안한 일이 하나 있었다. 팔랑카라야로 여행하는 길에 그는 전 정부 관리이자 비루테의 '양아버지'인 팍 빈티를 방문할 계획이었다. 퇴직하기는 했지만 팍은 여전히 자카르타에 영향력을 발휘하고 있었다. 게리는 그에게 정부가 비루테 작업에 자금을 지원할 수 있도록 도와 달라고 당부했다. 생포 오랑우탄은 엄청난 양의 바나나, 사탕수수 줄기, 쌀 등을 먹어 치웠다. 그들 먹이를 살 돈을 지원해 주면 고맙겠다는 내용이었다.

　비루테가 그 계획을 추진하지 않는 게 좋겠다고 만류했지만 게리는 막무가내였다. 몇 주가 지나고 비루테는 탄중푸팅에 있는 모든 오랑우탄이 굶어 죽어 가고 있다고 대문짝만 하게 기사를 실은 지역신문을 발견하고 깜짝 놀랐다. 그녀는 보고르에 있는 행정 관청에 즉각 불려 갔다. 정부 관리들은 화가 나 있었다. 그들이 비루테에게 단호하게 말했다. "만일 그 오랑우탄을 먹여 살릴 수 없다면 당신은 거기 있어서는 안 됩니다."

비루테는 이 곤경을 무사히 수습했으며 오늘날 그 지역의 부지사는 본인 재량 기금 일부를 생포 오랑우탄 먹이 구입에 쓰라고 그녀 캠프에 기부까지 하고 있다. 이 일은 인도네시아에서는 말의 내용보다 그 말이 전달되는 방식이 한층 더 중요하다는 뼈아픈 교훈을 게리에게 안겨 주었다.

삼림청 법령에 의해 탄중하라판 마을은 1977년 공원을 떠났고 곧이어 두 번째 마을도 비루테의 요청으로 이주했다. 오늘날 탄중하라판은 공원의 공식 본부가 되었다. 1988년에는 방문자를 위한 센터를 짓는 중이었다. 그 건물에는 "여기에 유령이 떠돈다."라는 낙서가 남았다. 숲이 서서히 마을 가옥의 잔해를 뒤덮어 갔다. 오직 묘지와 키 큰 풀로 뒤덮인 묘비 상단의 목재만이 지난날 여기에서 사람들이 살았음을 상기시켜 준다.

같은 해인 1977년은 인도네시아의 어느 거주민이 오랑우탄을 애완용으로 불법 소유했다는 이유에서 벌금형을 선고받은 역사상 최초의 해이기도 하다. 벌금액 50달러는 그 소유주가 부끄러워하면서 법정에 나타났다는 사실에 비하면 그리 중요한 게 아니었다. 소문은 순식간에 퍼져 나갔다.

비루테는 자신이 누구와 제휴할 것인가를 두고 신중함을 잃지 않았다. 게리는 "그녀는 항상 내게 최고위층과 가까워지려 하지 말라고 충고했다."고 말했다. 언젠가 그가 인도네시아의 모 고

위급 관리와 함께 찍은 그녀 사진을 프로젝트 선전에 활용하자고 했을 때 비루테는 딱 잘라 거절했다. 그 관리의 권력이 사라지면 덩달아 몰락할 수 있다는 이유에서였다. 게리는 그녀가 항상 지휘계통상 조금 낮은 위치에서 활동하기 시작한, 부상하는 실력가를 주시하고 그들과 제휴해야 한다고 조언한 것을 기억한다.

비루테는 캠프에서 항상 인도네시아 학생의 교육을 최우선으로 꼽는다.(다이앤은 말년까지 르완다 학생을 단 한 명도 지도한 바 없으며, 서양 학생의 장기 연구가 정책적으로 금지되기 전까지는 제인 역시 주로 서양인을 가르쳤다.) 30명이 넘는 인도네시아인 학생이 탄중푸팅에서 수집한 자료로 하자나 학위(대략 석사학위에 준하는 학위)를 취득했다. 그들은 비루테에게 명망 있는 훈련을 받은 뒤 종종 권력자 지위에 오르기도 한다. 그녀의 지도 학생 가운데 몇은 현재 인도네시아 정부에서 일한다. 또 몇은 지역 대학에서 학생들을 가르친다. 한 학생은 내각 수상의 고문 역할을 하면서 유명한 인도네시아 환경보호 재단을 설립하기도 했다.

비루테는 이제 더 이상 인도네시아에서 손님 신분이 아니다. 팍과 결혼하여 두 아이를 낳은 그녀는 영주권을 얻었다. 이곳 문화는 정실주의를 선호하는 문화이다. 많은 사람이 팍을 지역 행정 관청에 채용하려고 탐내고 있는데, 이런 남편의 지위는 비루테의 권력을 강화하는 데 큰 밑천이 된다. 그녀는 이 사회에서 자신의 지위에 대한 질문을 받을 때면 늘 찰스 왕세자*의 말을 떠올

● 2022년 장장 70년 동안 재위했던 엘리자베스 2세 여왕이 사망하자 찰스 왕세자가 국왕 찰스 3세로 즉위했다.

여전사들

린다. "나에게는 권위가 전혀 없다. 다만 영향력이 있을 뿐이다."

———————————

자신의 감정이나 의도를 숨기는 데 명수인 인도네시아인은 다른
사람의 감정이나 진의를 파악하는 데도 놀라운 혜안을 지닌 듯
하다. 영어를 전혀 할 줄 모르는 팍은 언젠가 어스워치 자원봉사
자 두 명이 식당에서 함께 이야기하는 모습을 지켜본 적이 있다.
식사 후 그가 비루테에게 '둘은 연인 사이'라고 확언했다. 비루테
뿐만 아니라 어떤 서양 자원봉사자도 둘 사이에서 로맨스 흔적
을 감지하지는 못했다. 그런데 그 팀이 떠나고 얼마 후 캠프로 둘
의 결혼을 알리는 우편엽서가 날아들었다. 비루테는 "인도네시
아인에게 서양인은 마치 열린 책처럼 분명하게 읽히는 사람들"이
라고 했다.

　비루테에게는 "나는 인류학자로서 교육받았어요, 그렇잖아
요?" 하는 식으로, 말하는 중간중간 듣는 이에게 계속하라는 허
락을 구하듯이 경쾌한 가락의 질문을 끼워 넣는 버릇이 있다. 어
스워치 자원봉사자에게 하는 강의에서도 그녀는 자기를 낮추는
겸허한 표현으로 말머리를 연다. "음, 잘 모르긴 합니다만, 나는
이렇지 않은가 생각합니다……." 그녀는 남의 말을 열중해서 듣
고 누군가 이야기하고 있으면 좀처럼 끼어드는 법이 없다. 비루테
는 또한 어떤 사람이 그녀에게 말한 것을 기억해 냄으로써 곧잘
그의 체면을 세워 준다. 그녀는 한참 전에 상대가 한 말을 거의 당

시 내용 그대로 그에게 되풀이해 들려주곤 한다. 하지만 대개의 서양인은 그녀가 오만하다는 인상을 받고 돌아간다. 어떤 자원봉사자는 비루테가 무슨 '선택받은 사람'인 양 분위기를 풍긴다고 못마땅해 한다. 그녀는 사람을 마냥 기다리게 하는 것으로도 악명이 높다. 비루테는 공군 사령관에게 오랑우탄을 넘겨받는 의식이 열리는 날조차 약속 시간보다 늦게 도착했다. 한《런던 타임스》기자는 그녀와 인터뷰하기 위해 팡칼란분에서 무려 나흘을 기다렸다. 어스워치 자원봉사자들은 비루테가 정오에 잡아 놓은 강의를 땅거미가 질 때까지 기다리고서야 간신히 들을 수 있었다고 투덜거렸다. 미국인 자원봉사자 하나는 호텔 객실에서 사흘 동안 그녀를 기다렸다. 비루테는 온종일 마을에만 머물러 있었다. 참다못한 자원봉사자가 급기야 과감하게 식당을 찾아 밖으로 나와 돌아 다니는데 비루테의 도우미 하나가 그녀를 찾아왔다. 그런데 도우미가 이렇게 말하는 게 아닌가. "교수님이 몹시 화가 나셨어요. 당신을 한 시간 동안이나 기다리고 있다고요."

어떤 캠프 방문자는 비루테가 인도네시아인 직원의 삶을 통제하는 데 실망하기도 했다. 어스워치 자원봉사자나 방문객이 캠프에 물품을 기증하면 비루테는 그것을 누가 무엇을 가질지 모조리 결정해 주었다. 특정 직원을 지목해 장화나 반바지, 혹은 배낭 같은 선물을 주는 행위는 금지시켰다. 그리고 인도네시아인이든 백인이든 누구도 그녀를 존칭 없이 '비루테'라고 부르지 못한다. 호칭은 항상 '교수님' 아니면 '갈디카스 교수님'이었다. 미

여전사들

국인 자원봉사자조차 이 둘 가운데 하나를 사용해야 했다. 그녀와 동갑내기인 서양 여성 둘은 그녀를 어머니라는 뜻을 지닌 존칭 '이부'라고 불렀다.

대개 나이 든 남성 방문자들은 "무슨 자신의 작은 왕국을 통치하고 있는 것 같군." 하며 불만을 지닌 채 떠난다.

하지만 인도네시아인은 비루테를 분명 그들과는 다른 시선으로 본다. 언젠가 비루테가 로드와 함께 자카르타를 방문했을 때 그곳 경찰이 수마트라에서 생포된 오랑우탄 한 마리를 몰수한 일이 있었다. 수마트라에서 야생 복귀와 방생 운동을 펼치던 한 스위스 여성은 그 동물을 본래 고향인 수마트라로 되돌려 받기를 희망했다.

그런데 비루테와 로드가 다음번에 자카르타에 갔을 때 그들은 그 동물을 자카르타 동물원에서 다시 만났다. "우리는 인도네시아 경찰본부장에게 어떻게 된 일이냐, 왜 이 오랑우탄을 스위스 여성에게 돌려주지 않았느냐고 물었어요. 그가 이렇게 대답했어요. '그녀는 잘난 체가 심하고 도도하고 거만했다. 그녀가 나를 찾아왔다는 소리를 듣기는 했지만 나는 그녀를 만나 주지 않았다. 그녀가 부탁하는 방식이 마음에 들지 않았다. 우리는 뻐기거나 거만한 사람은 누구도 상대하고 싶지 않다.'"

하지만 경찰본부장의 마음은 비루테와 이야기를 나누면서 차츰 누그러졌다. 그는 비루테에게 "당신은 보자마자 친근감이 느껴졌다."고 말했다.

비루테가 곰곰이 생각하면서 말한다. "인도네시아에 온 일부 외국인들이 내가 오만하다거나 정당하지 않은 방식으로 인도네시아인과 거래한다고 보는 게 상당히 흥미로워요. 외국인들은 여기에서 일이 어떻게 돌아가는지 잘 이해하지 못해요. 나는 인도네시아인과는 한 번도 문제를 일으켜 본 적이 없습니다. 이건 경험해 보지 않으면 이해하기 힘든 관계예요."

비루테는 캐나다에서 학생들을 가르치고 있던 어느 겨울에 캠프 책임을 맡긴 미국인 대학원생으로부터 이런 편지를 받았다. "인도네시아인들이 내게는 더 이상 푸사카가 없대요." 심상치 않은 소식이었다. 이것은 그 학생이 더 이상 사람들에게 그 캠프를 통제하는 사람으로서 받아들여지지 않고 있음을 의미했다.

푸사카는 권력을 상징하는 구체화된 물품을 말한다. 카네판 마을에서는 부처를 닮은 입상인 푸사카가 500년 된 롱하우스에 모셔져 있다. 방문객은 그 푸사카 머리에 쌀을 뿌리거나 그 안에 동전을 떨어뜨림으로써, 혹은 입에 담배(이는 산 자에게나 죽은 자에게나 가장 인기 있는 선물이다.)를 물려 줌으로써 경의를 표했다. 인도네시아의 푸사카는 전 대통령 수하르토의 아내가 만든, 붉은색과 흰색으로 된 국기다.

푸사카는 훔칠 수도 있다. 하지만 사람들은 만일 그것을 훔치기는 했으나 권력을 줄 수 없으면 푸사카가 권력을 가진 자에게 되돌려진다고들 한다.

이렇게 물품으로 상징되지 않을 경우 푸사카는 권력 그 자체를 의미한다. 따라서 그 대학원생이 푸사카를 잃었다는 것은 그녀가 더는 고용주에게나 지도자에게 주어지는 존경을 얻을 수 없다는 뜻이다.

비루테는 권력에 대한 인도네시아적 개념에서는 두 가지 사항을 반드시 이해해야 한다고 지적한다. 첫째, 권력은 전구가 발하는 빛처럼 유한하다는 사실이다. 권력이 아무리 막강하다 한들 기껏해야 하늘 아래 있는 것이다. 비루테는 언젠가 전 국립공원 수장 직무대행과 관계가 껄끄러워진 적이 있었다. 비루테에게 뭔가 좋은 일이 생길 때면 그의 심기는 늘 불편해지곤 했다. 그녀는 처음에는 그것을 의아하게 생각했다. 그를 친구로 여겼고 그래서 당연히 자신의 행운을 함께 기뻐하리라고 믿었기 때문이다. 그러던 어느 날 그와 이야기할 기회가 생겼다. "그와 나란히 앉아서 '내 권력과 당신 권력은 상이한 곳에서 나온다. 내 권력은 당신 권력과 아무 상관이 없다.'고 그에게 말했어요. 그 말을 듣고서야 비로소 그의 얼굴이 환해졌어요."

둘째, 권력은 한 번 몰락하기 시작하면 돌이키기 어렵다는 사실이다. 인도네시아인은 항상 지도자가 지닌 약점의 징후나 권력이 스러져 가는 조짐 따위를 예의주시하고 은근히 기다린다.

비루테가 말한다. "만일 누군가가 여럿이 모인 식당에서 내게 '아니오.'라고 한다면 미국에서는 그것을 일종의 반항으로 여깁니다. 하지만 이곳 인도네시아에서는 그것을 권력이 스러져 가는 증상으로 간주합니다. 사람들은 다들 과연 권력이 몰락할 것인지 유심히 지켜보고 있습니다. 나의 권력이 건재함을 입증하려면 즉석에서 그 사람을 해고해야 합니다."

어느 날 나는 탄중푸팅에서 다야크인 도우미 둘과 어스워치 자원봉사자인 건강해 보이는 40대 미국인 교사와 함께 오랑우탄 한 마리를 따라다니러 현장으로 나갔다. 일행은 새벽 5시부터 오후 1시경까지 밀림을 이리저리 옮겨다니는 검은 형상을 목이 떨어져라 올려다보면서 쫓아다녔다. 한사코 장화를 물고 늘어지는 늪지에서 비지땀을 부르는 혹염을 뚫고 가시에 할퀴면서 말이다. 우리가 그날 관찰한 오랑우탄은 조만간 새끼를 낳기로 되어 있는, 이름을 잘못 붙인 암컷 피트*였다.

이윽고 피트가 얕은 호숫가에 다다랐다. 그러자 다야크인 도우미들이 피트가 연구 지역을 떠나려 하고 있어서 더는 따라갈 수 없다고 우겼다.

교사와 나는 그 연구에서 가장 중요한 사건이라고 할 수 있는, 분만을 코앞에 둔 오랑우탄에게 등을 돌려야 한다는 게 무척 의아했다. 우리는 10분가량 문법이 엉망인 영어와 인도네시아어로 도우미들과 논쟁을 벌였다. "조금 더 따라가 보면 안 될까요?" "우리가 그냥 돌아가면 교수님이 화내시지 않을까요?" 마침내 피트가 낮게 속삭이듯이 나무들 속으로 사라지자 우리는 마지못해 도우미들 의견에 따랐다. 그리고 그들이 그 호수를 넘어서까지 가지 못하도록 말린 데에는 필경 무슨 안전상의 이유가 있

---

* 피트는 피터의 애칭으로 대개 남자 이름으로 쓰인다.

을 거라고 결론 내렸다.

두 시간 반 동안 캠프로 돌아오는 길에 교사는 바늘처럼 가는 등나무 가시에 눈을 찔려 엄청난 고통을 겪었다. 땀에 흠뻑 젖고 진흙을 뒤집어쓴 채 벌레들에게 물려 부풀어 오른 자국과 거머리에게 시달려 피를 흘리는 자국으로 성한 데가 없는 몰골을 하고서 캠프에 당도했다. 오직 세코니어캐넌강에 뛰어들고 싶다는 생각뿐이었다. 하지만 비루테가 식당에서 몇몇 인도네시아인 방문자에게 강의하고 있었기에 우리는 일정이 끝나길 기다려야 했다. 그녀는 예상보다 일찍 돌아온 우리를 보고 화들짝 놀랐다. 우리가 그녀에게 말했다. "도우미들이 피트가 연구 지역을 벗어나서 그만 돌아가야 한댔어요."

그녀가 우리에게 말했다. "피트는 연구 지역을 떠나지 **않았어요**. 도로 가서 그녀를 찾아보세요."

교사가 간청했다. "교수님. 저는 가시에 눈을 찔렸어요. 정말로 되돌아가지 않는 게 낫겠어요."

나 역시 맞장구치면서 비루테에게 교사가 누워서 쉬어야 할 것 같다고 말했다. 교사를 제외하고 나만 도우미들과 동행하여 피트를 다시 찾아보는 게 좋을 것 같았다. 비루테가 분명히 알고 있었다시피, 나 또한 출산이 임박하여 극도로 경계하고 있을 그 오랑우탄을 우리가 재발견할 가능성이 전무하다는 것을 알고 있었다. 뒤쫓는 일을 도중에 그만두고 등을 돌렸으므로 출산하기 전에 피트를 다시 만나기란 어려울 것이다. 하지만 비루테는 단호히 우리 등을 떠밀었다. 느리고 열의만 넘치는 우리를 챙기게 함으로써 그 다야크인 도우미들을 혼내주기 위해서였다.

비루테가 교사인 그 어스워치 자원봉사자에게 말했다. 언성을 높이지도 않았고 잔잔한 호수처럼 아무 감정도 드러내지 않았지만, 그녀 안에서는 뭔가가 칼날처럼 번뜩였다.

"만일 당신이 눈을 가시에 찔렸다면," 비루테가 천천히 마음을 가다듬으며 말했다. "그 위에 항생물질이 포함된 연고를 살짝 바르면 됩니다. 하지만 나는 당신이 다시 피트를 찾아보러 가야 한다고 생각합니다."

호수로 돌아가는 길에 늪지를 지나면서 교사는 울기 시작했다. 그리고 다섯 시간쯤 지난 뒤 어둠이 깔리고 여전히 그 오랑우탄을 발견하지 못한 채 헤매고 있을 때 다야크인 도우미 가운데 한 사람도 흐느끼기 시작했다. 그는 자신이 해고되리라는 것을 똑똑히 알고 있었다.

하지만 인도네시아적 권력 개념에는 또 한 가지 특징이 있다. 비루테는 도우미들을 여러 차례 해고하고 또다시 고용하는 일을 되풀이했다. "나는 어떤 도우미를 세 번이나 해고하고 도로 고용했어요. 그런데 그 사람만큼 나를 존경하는 사람은 없어요." 카네판에서 치러지는 테와를 보러 가는 길에 우리는 레몬두강가에 있는 다야크인 마을인 파노파에서 하룻밤을 묵었다. 갈디카스 교수가 오고 있다는 말을 듣자 마을 전체는 어둠 속에서 돌연 부산해지고 사람들은 그녀를 맞으러 떼 지어 달려나왔다.

롱하우스로 안내된 우리는 폭 15미터쯤 되는 목조 홀의 껌벅이는 등불 아래에서 점점 옆으로 기우는 몸을 추스르고 자꾸만 감기는 눈꺼풀에 힘을 주길 반복하면서 괴롭게 앉아 있었다. 비루테는 등을 꼿꼿이 세우고 몇 안 되는 의자 가운데 하나에 제왕처럼 당당하게 앉아 부지사와 이야기를 나누었다.

먼저 쟁반에 받친 뜨겁고 달콤한 차가 들어왔고 연이어 라당 쌀과 고기, 해초처럼 생긴 야채 같은 맛있는 음식이 차려졌다. 족히 자정은 지났을 무렵 이윽고 부지사가 비루테에게 말했다.

"이제 환영식을 시작합시다."

"오, 이런! 환영식을 해야 한다고요, 지금 이 시간에?"

그가 솔직하게 대답했다.

"우리도 고단하기는 마찬가지입니다. 그렇지만 환영식을 빠뜨릴 수는 없습니다."

"예. 그래야겠지요."

우리는 몹시 기진맥진한 상태에서 마을 사람들과 함께 열을 지어 다른 롱하우스로 자리를 옮겼다. 켈레난간이 이미 연주되고 있었다.

비루테는 낮은 왕좌같이 생긴, 헝겊을 씌운 나무 기둥에 앉도록 안내받았다. 두 여성이 등 뒤에서 그녀의 어깨를 폭 좁은 금색 목도리로 감았다. 그리고 조심스럽게 경의를 표하면서 그녀 머리에 사롱을 둘렀다.

사제가 그녀 앞에 무릎을 꿇었다. 그는 검 모양의 목조 칼을 들고 서서히 그녀의 관자놀이, 목, 입술 등 권력을 상징하는 지점에 그것을 가져다 댔다. 마침내 그녀가 푸사카를 가지게 되었을 때 그녀 머리 위로 마른 쌀이 뿌려졌다.

후기

샤먼들

오늘날 제인 구달, 다이앤 포시, 비루테 갈디카스가 수집한 대형 유인원 자료의 방대함을 칭송하지 않는 과학자는 거의 없다. 대개 이 여성들이 멸종위기종을 보존하기 위해 기울인 노력이 소중하다는 점에도 기꺼이 동의한다. 이 여성들이 추구한 것은 옳았으며 이들의 성취는 감탄할 만한 것으로 여겨진다. 하지만 아직도 어떤 사람들은 이 여성들에게서 뭔가 불온한 것, 뭔가 미심쩍은 것을 발견하곤 한다.

그들이 연구 대상 동물에게 이름을 붙인 것이 그 하나다. 엄밀한 기록을 위해 각 개체를 서로 분간하는 일은 오늘날 중요하게 받아들여지고 있다. 하지만 그 동물들과 개체로서 관계를 맺는 것, 혹은 그들과 독특한 관계를 꾀하는 것은 또 다른 문제다. 혹자는 동물과 맺는 관계라는 개념 자체가 위험한 착각이라고 본다. 그러한 개념이 바로 **실제** 세계(인간 세계)에서 상상 세계(인간처럼 동물도 생각하고 느끼며, 따라서 동물의 생각과 느낌이 더 중요해지는 세계)로 우선순위를 왜곡한다는 것이다. 전 생애를 유인원과 함께 살아가는 데 몽땅 써 버린다? 이 여성들은 틀림없이 뭔가 잘못된 사람들이 아닐 수 없다. 그들은 확실히 노력해야 할 지점을 잘못 짚고 있다. 그 지점은 응당 인간 세계에 봉사하고 인간 세계에 머물고 인간 세계를 지원하는 것이어야 한다……

하지만 훌륭한 사람, **평범한** 사람을 막론한 상당수는 직관적으로 자신들이 반려견 같은 동물과 관계 맺고 있다고 느끼며 그 관계는 소중하게 가꿀 충분한 가치가 있다고 믿는다. 동물에 대한 감정이 자연스러운 것도 정상적인 것도 진정한 것도 아니라면 과연 왜 이런 감정이 널리 만연해 있는 것일까?

인간행동학자는 우리 인간이 동물에게 긍정적인 감정을 품는 것에 대해 이렇게 설명해 왔다. 즉 인간 아기의 어떤 가시적인 특징(큰 눈, 둥근 머리, 뭉툭한 코, 둥근 몸체 등)을 공유하는 동물을 보면 엄청난 모성애적 감정이 분별력을 잃은 채 자동으로 작동한다는 것이다. 이것이 바로 사람들이 이를테면 거미나 뱀, 게 따위보다 인간 아기를 더 닮은 침팬지, 개, 올빼미 같은 동물을 본래부터 더 좋아하는 이유다. 또 이것은 아이 같은 가시적인 '자극'에 반응하도록 '프로그램화되어 있는' 여성에게서 특히 더 흔하게 나타나는 태도다. 요컨대 동물에게 느끼는 친근감이나 우정 같은 감정은 인간 정신이라는 배선 장치가 순간적으로 오작동을 일으킨 결과라는 것이다.

하버드 대학에서 수학한 어느 동물행동학자는 이렇게 말했다. "이것은 상당히 일반적인 반응입니다. 내가 알기로도 자기 고양이와 관계를 맺고 있다고 생각하는 이들이 많습니다. 하지만 만일 고양이 뇌에 관해 속속들이 안다면 그건 결코 가능한 일이 아님을 깨닫게 될 겁니다."

그녀 말은 처음에 우주로 여행했을 때 별과 하늘 외에는 아무것도 보이는 게 없고 거기에는 하느님이 없었다고 했던 옛 소련 우주비행사의 말을 떠오르게 한다. 동물행동학자는 고양이 뇌에 관해 많은 것을 알고 있다. 분명 그녀도 고양이를 해부하고 현미경으로 세포를 관찰하며 고양이 뇌를 인간 뇌와 비교했을 것이다. 그녀는 의심할 나위 없이 고양이 뇌에 가한 전기자극과 그 실험이 산출한 결과에 대한 기록도 읽었을 것이다. 하지만 실제로 고양이에 관해 그녀가 뭘 알겠는가?

좀 더 땅과 가까운 곳에서 살아가는, 우리 문화보다 더 오래된 다른 문화권에서는 사람들이 자기네가 인위적으로 만들어 놓은 위계의 꼭대기에서 다른 동물을 낮추어 보는 짓 따위를 결코 저지르지 않는다. 생명은 동물과 인간, 인간과 비인간으로 나뉠 수 없다. 생명은 연속적이고 상호작용하며 상호 의존적이다. 인간과 동물은 삶이라는 드라마에 함께 출연하는 동료 연기자인 것이다. 동물의 삶, 그들의 동기, 사고, 감정은 인간의 주목을 끌고 인간에게 존중받을 만한 가치가 있다. 따라서 그들의 중요성을 묵살하는 태도는 중대한 잘못으로 마치 '원죄'라는 근대 서양식 개념과 유사한 어떤 것이 된다. 조지프 캠벨은『신의 가면』에서 "이

들에게 동물은 위대한 샤먼이자 위대한 스승"이라고 썼다. "날아가는 새든 잰걸음으로 걷는 포유동물이든 꿈틀거리는 뱀이든 간에 어떤 짐승이든 경이로움과 기적을 알려 주는 사자使者, 즉 샤먼의 변신체 또는 경고하거나 보호해 주는 누군가의 수호자가 될 수 있다." 산 사람, 죽은 사람과 마찬가지로 동물은 스승이요, 수호자요, 파괴자요, 특별한 지각력을 지닌 존재요, 비와 가뭄을 몰고 오는 자요, 고기와 의복을 제공해 주는 존재다. 사람과 마찬가지로 동물도 영혼을 가지며, 존중하고 본받고 탐구하고 의견을 구해야 하는 존재다.

북미 오글라라 인디언들은 통찰력을 구하기 위해 종종 특정 동물을 찾아내려 한다. 부족민들이 인류학자 제임스 워커에게 전해 준 바에 따르면 그 동물은 "많은 것을 듣고 알고 있지만 아무 말도 하지 않는" 지혜로운 여성 같은 거북일 수도 있고, 약초 의학에 관해서는 동물 가운데 으뜸인 곰일 수도 있으며, 모든 사람과 동물을 명명하는 자인 거미일 수도 있고, 지상에서 일어나는 모든 것을 내려다보는 독수리일 수도 있다.

많은 아메리카 원주민은 어떤 특정 동물을 개인의 수호자 또는 부족의 토템으로 택했으며, 이 동물은 힘과 지혜, 그리고 영감의 원천이었다. 이것이 바로 사회생물학의 창시자인 위대한 미국 생물학자 에드워드 윌슨이 자기 사무실 유리상자에 아마존강 유역에 사는 가위개미 1만 마리를 보유하고 있는 이유다. 그의 전공은 개미로, 그는 주로 개미 사회에 관한 이론을 정립해 왔다. 분명히 그는 사무실 안에서 이들 개미를 연구한다. 때로 현미경으로 그들을 들여다보기도 한다. 확대해서 보면 그들의 개체적인 차이를 알아낼 수도 있다. 하지만 이게 윌슨이 사무실에 개미를 보유하고 있는 이유는 아니다. 종으로서 개미는 그에게 영감과 '개인적 시상詩想'의 원천이다. 그가 동물학자에 대해 쓴 어떤 책에서 말했다. "개미는 나에게 모든 것을 준다. 나 또한 항상 부족 토템을 신성시하는 샤먼처럼 그들에게 보답하고자 한다."

윌슨은 개미로부터 세상을 이해하는 데 많은 도움을 받는다. 그 이해는 여러 문화권을 초월하는 유서 깊은 것이다. 「욥기」는 이렇게 적고 있다. "짐승들에게 물어보게, 가르쳐 주지 않나. 공중의 새들에게 물어보게, 알려 주지 않나." 오글라라 인디언에게 수호동물의 영혼은 통찰력을 추구하는 구도자의 몸에 실제로 깃든다. 따라서 그 동물은 그의 **힘** 중 일부가 된다.

동물의 지식, 동물의 능력을 빌려는 사람에게는 때로 스스로 동물이 **되어 보는** 일이 요구되기도 한다. 동부 아프리카 일부 문화권에는 '표범회'라고 알려진 비밀 단체가 있다. 자이르를 방문한 인류학자 콜린 턴불은 다음과 같은 표범회의 강령에 대해 조사한 적이 있다. "반투어를 사용하는 부족에서는 누가 표범회 회원인지 입회자 외에는 아무도 모른다." 한 표범회 회원이 턴불에게 비밀을 털어놓음으로써 그는 입회자가 겪는 기상천외한 변신에 대해 알게 되었다. 모임을 가질 때면 표범회 회원들은 진짜 표범이 하는 것과 똑같은 행동을 해야만 한다. 밤이 되면 그들은 악명 높은 인간 사냥꾼 표범이 잠복한 것처럼 길가 물웅덩이의 무성한 풀섶에 몸을 숨기고 있다. 첫 번째로 지나가는 사람을 보면 그는 손으로는 갈고리 모양의 발톱을 만들고 입술은 양볼 쪽으로 잡아당겨 이빨을 무섭게 드러내면서 표범 발톱과 표범 이빨로 그 인간 사냥감을 죽인다.

희생자는 누구든 그곳을 처음 지나가는 사람으로, 그 표범회 회원의 아내일 수도 그의 자식이거나 부모일 수도 있다. 이것은 유난히 무시무시한 살인이다. 표범회 회원에게 습격당한 시체는 발톱 자국과 구멍 난 이빨 자국으로 범벅이 되어 차마 눈 뜨고 볼 수 없는 처참한 몰골이 된다. 그들이 살아 가는 사회에서는 어느 인간도 정상적으로는 친척을 공격하는 법이 없고, 심지어 적이라 할지라도 이렇게 참혹하게 살해하는 경우가 없다. 하지만 턴불은 이 살인이 자행될 때 표범회 회원은 더 이상 사람이 아니라 그저 한 마리 표범일 뿐이라고 해석했다.

일부 문화권에서 강력한 샤먼들은 자기 의지에 따라 스스로 변신할 수 있다고 한다. 페루의 야노마모 인디언을 방문한 민족식물학자 마크 플롯킨이 한 번은 샤먼을 만날 수 있게 해 달라고 요청한 적이 있는데 거절당한다. 그날 밤 플롯킨은 재규어에 관한 꿈을 꾸었다. 아침에 그가 마을 사람에게 말했다. "샤먼에게 내가 재규어를 보았다고 전해 주시오." 샤먼으로부터 답신이 왔다. "그렇소. 그게 바로 나요."

반인반수半人半獸 개념은 인간 종의 역사만큼이나 오래되고 친숙한 것으로 구석기시대의 믿음을 반영한다. 피레네산맥에 있는 한 동굴에서 발견된 400여 개의 구석기시대 암벽화와 조각 가운데 다른 모든 것을 제압하는 독보적인 이미지가 하나 있다. 바

닥으로부터 4~5미터쯤 떨어져 설치된 동굴 신전의 맨 끄트머리
에는 사슴처럼 가지진 뿔이 달린 머리, 수사슴의 쫑긋한 귀, 올
빼미처럼 동그란 눈, 인간의 풍성한 턱수염, 여우의 꼬리, 곰의 발
톱, 그리고 인간의 다리와 발 형상을 한 주술사가 있다. 이 강력
한 이미지는 고대 이집트와 메소포타미아 지역의 스핑크스에서
부터 아메리카, 오스트레일리아에 걸친 원시 문화권의 샤먼들이
입는 동물 의상에 이르기까지 인간 역사에서 오랫동안 되풀이되
고 있다.

　지난 수천 년간 인간이 동물이 되는 것은 바람직할 뿐 아니
라 필수 불가결한 일로 여겨졌다. 토테미즘 문화권에서 동물은
인간에게 위대한 샤먼이자 스승이며 "인간과 같은 토템 선조를
둔 후예"라고 캠벨은 썼다. 다양한 씨족과 집단은 "반은 인간이
고 반은 동물인 조상을 공유한 친척"인 것이다. 따라서 동물화하
는 것은 같은 조상을 둔 존재가 되는 일이고 우리 혈통의 기원으
로 돌아가는 일이며 신의 원초적인 창조의 비밀에 합류하는 일
이다.

　이러한 통찰은 영국 성공회 선교사의 아들 루이스가 아담의
선조를 찾으려고 하면서 마음속에 그렸던 생각과 정확하게 일치
한다. 그 역시 동물, 특히 인간과 가장 가까운 살아 있는 친척인
대형 유인원들이 우리 자신에 대해 말해 줄 수 있으리라 기대했
다. 그가 보기에 인간의 창조, 혈통, 이 지상에서의 위상 등에 관
한 비밀은 바로 이 대형 유인원 속에 숨겨져 있었다. 이 대형 유인
원을 관찰할 뿐 아니라 그들과 더불어 살라고 제인, 다이앤, 갈디

카스의 등을 떠민 일은 대단히 종교적인 이 인물에게는 분명 과학적 탐구 이상의 의미를 가졌으리라. 일종의 비전을 탐색하는 일이었을 것이다. 그들 작업은 근대인이 인간과 동물 사이에 벌려 놓은 커다란 틈새의 가장자리를 더듬는 신성한 여정이었다. 그런데 그 가장자리에 다다라 그곳을 주의 깊게 들여다본 세 여성은 할 수만 있다면 그 틈을 훌쩍 뛰어넘으려고 덤볐다.

———————

물론 세 젊은 여성은 처음에는 자신들 작업을 신성한 탐색이 아닌 위대한 모험으로 접근했다. 애써 이루려는 계획이 있었고 이름을 날리고 성취를 일구려는 야심도 없지 않았다. 그건 여느 과학자가 하는 것과 동일한 문제해결 과정이었다.

하지만 그 작업은 그렇게 순조롭게 전개되지 않았다. 그 여성들이 현장에서 보낸 초기 몇 달은 연구 대상 동물이 어디에 있는지조차 가늠할 수 없거나 자신들 존재를 알아채고는 냅다 달아나는 녀석들의 뒷모습을 언뜻 보거나 했을 뿐인, 좌절과 낙담으로 점철된 나날이었다. 이 여성들은 좀 더 은밀한 방식으로도, 더 나은 장비로도, 좀 더 새로운 기법으로도 자신들 작업을 유효하게 만들 수 없었다. 혹자는 작업의 성과를 앞당기려고 실험하거나 조작을 가하기도 했지만 이 여성들은 결과를 섣불리 강요하거나 서두르지 않았다.

우리 문화보다 더 오래된 문화권에서 살아가는 사람들도 이런 감각을 지니고 있다. 어떤 통찰력을 얻으려 할 때 구도자는 먼저 자신을 변화시키는 정화의식을 거친다. 야노마모 인디언은 정신을 변화시키는 약물을 섭취한 후에 영혼을 부른다. 오글라라 인디언은 예수가 황야에서 40일 동안 그랬던 것처럼 며칠 동안 단식한다. 어떤 문화권에서는 제물을 마련하고 성지 참배를 하기도 한다. 이런 정화의식을 거쳐야만 구도자는 일반인이 평상시에 볼 수 없는 뭔가를 체험할 준비가 되는 것이다.

제인, 다이앤, 비루테에게 이 정화의식은 다름 아닌 고독과 좌절을, 특히 다이앤과 비루테의 경우에는 상대적 박탈감까지를 두루 견뎌야 하는 과정이었다. 기다림과 낙담은 그들이 그 의식에 바친 제물이었다. 오직 그런 연후에만 그들은 보통 사람이 볼 수 없는 것, 즉 유인원의 개별성, 그러니까 분명 그 동물이 인간 개체만큼이나 고유하다는 사실을 확인하고 이해할 수 있었다.

이 여성들은 제단에 이르는 사제처럼 경건하게 동물 세계에 접근했다. 비루테는 탄중푸팅의 숲을 '위대한 대성당'이라고 생각한다. 캠프에서는 직원들이 그녀가 먹을 음식을 장만하고 그녀를 시중들고 그녀의 옷을 세탁하고 손질한다. 하지만 숲을 거닐 때면 비루테는 담배꽁초나 종이 쪼가리 등 인간이 어질러 놓은 흔적은 제아무리 사소한 것이라도 집어 들기 위해 몸을 구부린다. 그녀가 보기에 그것은 깨끗하게 유지해야 할 신성한 장소에 대한 모독이다. 비루테는 열대우림을 과거에 인간이 신과 함께 거닐고 동물과 함께 이야기 나누던 창조의 산실인 '에덴동산의 원형'에 비유하면서 성스럽게 여겼다.

제인 역시 곰베에서 신성함을 느꼈다. 그녀에게 곰베는 자신의 영혼이 변화되는 장소다. 그녀는 영감이 가득한 책『용기 있는 신념』에 기고한 글에서 이렇게 썼다. "곰베에서 나는 시간이 멈춘 듯한 숲속을 거닐고 오래된 나무껍질을 더듬어 보곤 했다. 또 해변에 앉아 파도가 굴곡을 그리며 모래사장에 뒤집어질 때마다 달빛을 받아 반짝이는 풍경도 지켜보았다. 거기에서는 모든 생명체가 서로 조화를 이루며 살아가는 것을 느낄 수 있었다. 그곳은 새롭게 신을 경험하도록 해 주었다."

이들 성지에서 세 여성은 유인원의 발자국을 따라 걷거나 그들이 서식하는 숲 차양부의 아랫길을 따라 걸었다. 유인원들이 먹는 음식을 표집하기도 했다. 이따금 숲에서 그 동물과 함께 잠을 청하기도 했다. 제인은 '제인 봉우리'에서, 다이앤은 텐트에서, 비루테는 오랑우탄이 꼭대기에 보금자리를 튼 나무 아래에 해먹을 치고서. 그들은 매일 동물 세계로 성지순례를 떠났다. 조사나 기록을 위해서만이 아니라 그들 속으로 들어가서 그들과 하나되기 위해서.

표명된 것이었든, 무의식적인 것이었든, 끝까지 고수한 것이었든, 중도에 포기한 것이었든 그 여성들은 모두 자신의 동물과 하나되기를 끈질기게 소망했다.

다른 무언가와 하나가 된다는 것! 둘이 이제 하나가 될 거라는

혼인 서약이 그것이다. 제 몸 안에 또 하나의 생명을 잉태하는 축복 어린 임신이 그것이다. 그리고 신과 하나된다는 종교의 목적이 그것이다.

다른 사람의 일부가 되려 하거나 누군가와 하나가 되려 하는 인간의 정서적인 욕구는 너무나 강렬해서 여전히 근대 서양의 종교적 실천에서 가장 중요한 항목으로 남아 있다. 기독교인은 영성체에서 동족을 잡아먹던 먼 과거에 우리가 이미 다 써먹었던 방법을 되풀이한다. 피를 마시고 살코기를 나누어 먹으면서 다른 존재의 능력과 영혼을 취하는 일 말이다. 우리는 이런 식으로 죽은 자와 하나되며 제물로 바쳐진 예수와 하나된다.

하지만 현대 서구의 개념에 따르면 인간과 동물 간의 틈은 남성과 여성, 인간과 신, 산 자와 죽은 자 사이에 놓인 심연보다 더 넓게 벌어져 있다. 오늘날 우리는 샤먼이 소유했던 지식 태반을 잃어버렸다. 우리는 신을 우리 같은 인간 이미지로 만들었다. 성직자는 동물 신을 한사코 거부했으며 과학자는 동물도 영혼을 가지고 있다는 사실을 극구 부인했다. 에덴동산에서는 인간이 동물과 이야기 나누는 법을 알고 있었다. 하지만 오늘날 우리 대다수는 그 방법을 잊어버렸다. 아니 애초에 배운 적이 없다.

루이스가 여성을 동물 세계에 다시 접근하는 샤먼으로 선택한 이유가 또 하나 있다. 전통적으로 남성은 문화 세계와 동맹을 맺어 왔다. 반면 도나 해러웨이가 언급했듯이 '비밀스러운 암호를 사용하는' 여성은, 다시 말해 암시적이고 잠재적인 여성은 자연 세계, 야생 세계, 천상 세계와 제휴해 왔다. 대다수 현대 서양

사회의 경우 남성 신을 섬기고 성직자가 모두 남성인 것은 결코 우연이 아니다. 하지만 우리가 무당, 혹은 영매라고 부르는, 산 자 와 죽은 자의 세계를 넘나드는 현대 샤먼은 대개 여성이다.

남성 지배 문화에서 여성은 최근까지도 그 지위를 남성보다 주로 동물과 공유해 왔다. 즉 여성은 소유주인 남성 '주인'에 의 해 길들여져야 하는, 동물처럼 잠재적 충동에 반응하는 예측 불 허의 존재로 여겨졌다. 캐럴 길리건은 심리학에서 인간 전형은 남성이었다고 지적했다. 프로이트가 자신의 환자 태반이 여성이 었음에도 도무지 이해할 수 없다고 했을 만큼 불가사의한 존재 인 여성은, 인간 '규범'에서 예외로 치부되었다. 한편 여성 또한 야생동물처럼 문명화한 남성의 규칙을 부단히 거부해 왔다.

많은 문화권에서 야생동물 세계는 여성이 지배한다. 카리부 에스키모 가운데에는 핑가라는 신이 있는데, 샤먼들은 성공적인 사냥을 간청하려고 그녀의 왕국을 방문한다. 핑가만이 동물의 영혼을 보살피고 그것을 이해할 수 있다. 인간의 영혼 어딘가에 서 우리는 여성이야말로 동물 세계에 다가가는 데 최적임자임을 본래부터 알고 있는 것 같다.

수천 년 동안 지상에는 동물로 변신한 여성, 여성으로 변신 한 동물에 관한 숱한 전설이 전해 내려오고 있다. 래브라도 에스 키모의 여우 여성 이야기에서는 한 남성이 자기 집 쪽에 생긴 여 우 족적을 따라가서 벽에 여우 외투를 걸고 있는 한 아리따운 여 성을 발견한다. 그들은 부부 연을 맺고 오래오래 행복하게 산다. 그러던 어느 날 남편은 오두막에서 사향 냄새가 난다며 투덜거린다. 아내는 이내 입고 있던 옷을 벗어 던지고 여우 외투를 찾아 입더니 유유히 사라져 버리고 두 번 다시 나타나지 않는다.

이 이야기는 일본의 두루미 아내 이야기나 평원 인디언의 물소 여인 이야기, 그리고 그린란드부터 아시아에서 보편적인 야생 거위 여인 이야기와도 유사하다. 이런 전설은 한결같이 여성의 '변화력'을 보여 준다. 정말이지 루이스의 세 프라이메이트는 인간과 유인원, 인간과 동물에 대한 우리의 관점을 '변화'시켰다.

———————

처음에 일부 과학자들은 세 여성의 조사 결과를 도무지 믿으려 들지 않았다. 곰베 침팬지가 도구를 사용한다고 제인이 보고했을 때 어떤 이들은 그녀가 필시 그것을 그들에게 가르쳤을 거라고 수군거렸다. 다이앤은 추론 능력이 있고 손놀림이 능란한 일부 고릴라는 덫에 걸린 희생물의 손목에서 단단한 철사 덫을 제거하기도 한다고 주장했다. 하지만 카리소케에서 그녀와 공동 작업한 일부 연구자는 그녀 주장의 사실 여부를 의심하고 있다.

오늘날조차 곰베 침팬지에 관한 조사 결과 일부는 단지 아무도 믿지 않는다는 이유로 출간되지 않은 채 묻혀 있다. 언젠가 1960년대에 패트릭 맥기니스가 뭔가를 보러 오라며 게자 텔레키를 불렀다. 가 보니 발에 상처 입은 피피가 바닥에 등을 대고 반듯이 누워 있었다.

게자는 당시를 이렇게 기억한다. "패트릭이 목소리 음색과 음조를 변화시키지 않으려고 애쓰면서 말했습니다. '게자, 어쩌고저쩌고……. 자 이제 피피, 나한테 발 보여 줘.' 그러자 피피가 누워서 발을 공중으로 들어 올렸습니다. 패트릭은 같은 말을 반복했습니다. 피피는 똑같은 행동을 되풀이했습니다. 그때까지만 해도 침팬지는 어떤 언어로도 결코 지도할 수 없던 동물이었습니다. 나 말고도 다섯 사람이 이 광경을 목격했습니다."

발표될 만큼 충분히 믿을 만한 것으로 간주된 이 조사 결과는 동물행동학자의 사고를 완전히 뒤엎었다. 동물학자들은 인간과 유인원 사이를 가르는 넓은 틈에 대해서 이전보다 훨씬 덜 언급하게 되었고, '틈' 대신 경계'선'이라는 용어를 사용하기 시작했다. 그 '선'이라는 것도, 하버드 대학 영장류학자 어빈 드 보레의 말에 따르면, "과거보다 훨씬 흐릿"해졌다.

우리 인간과 다른 영장류를 가르는 이 선의 구성요소는 과연 무엇일까? 이제 더는 도구 사용으로 그것을 정의하기는 어려워졌다. 그렇다면 추론 능력은 어떤가? 볼프강 쾰러는 언젠가 나무 상자 몇 개와 나무막대 하나를 밀폐된 장소에 두고 높은 천장에 끈으로 바나나를 매달아 놓는 실험을 통해 생포 오랑우탄의 추론 능력을 관찰한 적이 있다. 오랑우탄은 나무 상자 위에 또 다른 나무 상자를 쌓은 후 그 위에 올라 나무막대로 탁 때려서 바나나를 손에 넣을 수 있다는 사실을 잽싸게 알아냈다.

어떤 이들은 언어가 인간과 유인원을 가르는 선이라고 말하기도 한다. 하지만 이에 대해서도 의문이 제기되고 있다. 생포 침팬지, 고릴라, 오랑우탄은 언어를 이해하고 언어를 만들어 내는 법을 배웠다. 그들은 말 대신 플라스틱 조각을 활용한 언어, 컴퓨터 언어뿐 아니라 청각 장애인의 언어인 미국 기호 언어를 배우기도 했다. 기호 언어를 사용하는 침팬지 와슈는 이따금 진기하고 독창적인 방식으로 이미 알고 있는 기호들을 조합했다. 그녀는 '백조'라는 단어를 배우지는 않았지만 백조를 보자마자 '물-새'라는 신호를 만들어 냈다. 기호 언어를 사용하는 또 다른 침팬지 루시는 처음으로 수박 맛을 보더니 '사탕-음료'라고 불렀으며 같은 상황에서 매운 무를 '불쾌하고-눈물 나는-음식'이라고 이름 붙였다. 루시는 인간 아동이 인형에게 말을 거는 것처럼 장난감을 가지고 놀면서 그들에게 몸짓 언어를 해 보이기도 한다. 페니 패터슨의 고릴라 수제자 코코는 장난치거나 야단맞는 일을 피하거나 자기 상황을 설명하거나 이야기하기 위해, 심지어 거짓말하기 위해 몸짓 언어를 사용하기도 한다. 비루테의 암컷 오랑우탄 프린세스는 게리 샤피로에게 많은 미국 기호 언어를 배웠다. 그런데 프린세스는 오직 음식을 가져다주는 기호만 선별적으로 써먹었다. 자기에게 이롭다고 생각되는 것 외의 기호는 사용하지 않으려 한 것이다.

오늘날에는 돌고래, 바다사자, 잔점박이물범, 심지어 비둘기조차 인공 언어를 배우고 있으며 초보적인 문법과 구문론을 익힐 수 있다고 한다. 선도적인 연구자 로널드 슈스터먼은 "언어의 구성 요소는 모든 척추동물에서 '십중팔구' 존재하며 모든 포유동물과 조류에서는 '100퍼센트 확실하게' 존재한다."고 믿는다.

의미론이나 구문론과 관련하여 심리학자, 동물행동학자, 언어학자는 여전히 그 '선'에 대한 정의를 놓고 의견이 분분하다. 루이스는 침팬지의 도구 사용에 대한 제인의 발견 소식을 듣고 "우리는 인간을 재정의하든가, 도구를 재정의하든가, 정의상 침팬지를 인간으로 받아들이든가 해야 한다."고 외쳤다. 실제로 몇몇 언어학자도 고유하게 인간 것이라고 여기고 유인원을 배제해 온 언어에 대한 정의를 이제는 바꿔야 한다고 주장하고 있다.

인간과 유인원을 가르는 '경계선'은 인간의 측정에 의해서가 아니라 서구적 상상력의 한계에 의해 더 잘 규정될 것이다. 그 선은 대지와 수면을 가르는 명백한 경계선보다는 국경선처럼 임의로 영역을 가르는 지도상의 경계선에 더 가까울 것이다.

헨리 베스턴은 『가장 먼 집The Outermost House』에 이렇게 썼다.

동물은 인간에 의해 측량되어서는 안 된다. 동물은 우리 인간보다 더 오래되고 더 완전한 세계에서 명멸하며, 우리가 잃어버렸거나 결코 가져본 적 없는 여러 확대된 감각을 부여받고, 우리가 결코 들어 본 적 없는 목소리로 살아간다. 그들은 우리의 동포가 아니요, 우리보다 열등한 존재는 더더욱 아니다. 그들은 다만 국경선으로 분리된 우리와는 **다른 국가들**의 국민이요, 이 대지의 고단함과 찬란함 속에서 더불어 살아가는 이웃이다.

국가들 사이에 그어진 국경선은 당연히 눈에는 보이지 않는다. 하지만 그것은 틀림없이 실재한다. 동물 국가로 여행하기 위해서는 어떻게 그 선을 넘을 수 있을까? 그들 국가를 여행할 때 당신은 어떤 점에 주력할 것인가? 당신은 무엇이 될 것인가?

———————

사람들은 제인, 다이앤, 비루테를 아는 이들과 대화할 때 그들이 얼마나 빈번하게 이 여성들을 연구 대상 동물과 비교하는지 깨닫고 놀라게 된다. 셋 가운데 가장 침착한 제인은 흔히 침팬지에 비유된다. 평화스럽고 말수 적고 자신이 연구하는 고독한 오렌지빛 유인원처럼 머리카락이 적갈색인 비루테는 곧잘 오랑우탄에 비유된다. 자주 허세를 부리며 위협을 가하지만 막상 자기 집단에게는 대단히 충직한 흑발의 다이앤은 마운틴고릴라를 묘사할 때와 같은 용어로 표현되곤 한다.

이와 관련해서 제인은 이따금 농담을 던진다. 그녀는 언젠가 기자에게 "나는 점점 나무에서 살기에 적합해지는 것 같아요." 하고 장난스럽게 말했다. 그녀와 휴고는 "침팬지에게 뒤지지 않으려고 애쓰는" 그럼에 대해 농담을 주고받기도 했다. 최근 제인을 다룬 잡지의 기사에서 주요 삽화는 얼굴 반쪽은 그녀 자신의 이미지로, 나머지 반쪽은 침팬지의 이미지로 그녀를 그렸다.

하지만 제인은 자신이 진짜로 인간과 유인원 사이에 그어진 선을 넘었다고는 생각지 않는다. 그녀는 대신 '창을 통해서(그녀의 책 제목이기도 하다.)' 그들을 보았다고 토로한다. 우리는 세계를 보는 많은 창을 가지고 있다. 그 가운데 몇은 "과학에 의해 열리며, 그 창의 유리는 명민한 통찰력에 의해 지속적으로 닦여 더 투명해졌다." "철학자의 논리에 의해 열린" 창도 있는데, "그 창을 통해 신비주의자는 진리에 대한 비전을 구하며, 그 창으로부터 위대한 종교 지도자가 등장하기도 한다." 그녀는 너무나 빈번히 "이 창들은 우리 인간의 한계 때문에 안개 속처럼 혼탁해져 있다."고 말한다. 제인의 창은 그 안개가 걷힌 창이고 플로, 데이비드 그레이비어드, 미스터 맥그리거, 피피 같은 개체 침팬지와 맺은 관계의 힘을 통해 열린 창이다.

제인은 한때 이 관계를 우정이라고 부른 적이 있었다. 그녀는 자신의 저서 중 한 권에 '내 친구 야생 침팬지'라는 제목을 달았다. 하지만 그날 이후 생각을 바꾸었다. 제인은 자신이 침팬지와 맺은 관계는 인간들끼리의 통상적인 유대, 혹은 심지어 사람과 동물 간의 통상적인 유대로는 예측될 수 없기에 '우정'이라고 표현하기에는 부적절하다고 생각한다.

제인이 말한다. "내가 침팬지와 맺은 관계는 우정과 다릅니다. 우정은 목적을 공유하고 지향을 공유하며 인생 전체에 걸쳐 서로 돕고 의지하는 관계입니다. 하지만 내가 침팬지와 맺은 관계는 그런 게 아닙니다."

제인은 데이비드 그레이비어드 덕분에 자기 이력에서 중요한 두 가지(침팬지의 도구 사용과 육식)를 발견할 수 있었다. 제인은 엄마 노릇의 기쁨과 경이와 기술을 배웠던 플로에게 지혜로운 여성으로 만들어준 데 대해 빚졌다. 그녀는 이렇게 침팬지에게 많은 빚을 졌지만 그들은 그녀와 그 부채감을 공유하지 않는다.

제인은 침팬지에게 음식물이나 의약품을 제공하기도 했다.

그녀는 그들을 위해 바나나 더미를 남겨 놓았고 녀석들이 아플 때 의약품을 투약해 주었다. 그녀가 침팬지에게 최초로 제공한 것, 데이비드 그레이비어드에게 건네준 야자수 열매를 그는 받으려고 하지 않았다. 그는 그녀 손에 있는 과일을 원하지도 필요로 하지도 않았다. 이게 바로 침팬지가 그녀와 맺은 관계의 특징이다. 그들은 그녀를 친구로 선택할 수도 있고 때로 그녀의 제공품을 받을 수도 있었지만 그녀를 **필요로 하지**는 않았다. 그들은 인간의 경우라면 서로를 묶어 둘 부채감을 그녀와 나누어 가지려 들지 않았다. 오늘날 제인은 말한다. "침팬지가 나에게 뭔가 의존하려 한 적은 전혀 없습니다. 내가 침팬지와 함께 있으면서 느끼는 점은 그런 것과 상당히 다릅니다. 다만 친밀감, 서로를 알아보는 것, 그들과 공감하는 것, 그들에 대한 존경심, 그들에 대한 사랑 같은 것일 뿐. 하지만 그건 우정은 아닙니다. 우정은 상호 호혜적인 게 아닌가요?"

제인은 조심스럽게 침팬지와의 관계를 가꾸었다. 그녀는 자신이 한 약속, 즉 해치지 않으며 기다리며 받아들이겠다는 약속을 지켰다. 그녀는 그들이 자신에게 알려 준 지식을 과학자로서가 아니라 입문자로서 수용하고 신전의 서기처럼 새겼다. 대의명분을 가지고 전사처럼 싸웠다.

하지만 제인은 침팬지와 결코 하나는 아니었다. 침팬지는 그녀를 자신들의 일원으로 여겨 본 적이 없다. "아마 그들은 나를 개코원숭이처럼 자신들보다 하등한 또 하나의 생명체쯤으로 여겼을 겁니다." 그녀가 생각에 잠기면서 말한다. 제인은 자신이 그들과 다르다는 것을 감출 수 없었다. 그녀는 '시민'으로서가 아니라 방문자로서 침팬지 국가를 여행했다. 오직 그들 세계의 언저리만 맴돌았을 뿐이다. "그들은 자기네가 원하기만 하면 내게서 떠날 수 있다는 걸 잘 알고 있습니다. 인간으로서 나는 그들과 교제를 지속할 수 없기 때문입니다. 하지만 그들이 다른 침팬지를 떠나는 것은 훨씬 더 어려울 겁니다."

게자는 "아마도 이게 어떤 침팬지가 다른 침팬지를 대신해 잠시 인간과 교제하려는 이유일 것"이라고 말한다. "그 침팬지는 자신이 원하기만 하면 언제든지 인간을 떠날 수 있다는 걸 압니다. 어떤 침팬지가 다른 침팬지와 맺는 관계는 상호 호혜적입니다. 하지만 그 침팬지가 인간과 맺는 관계는 언제나 침팬지 입장에서 침팬지가 주도해 이루어집니다."

———————

비루테는 리키 캠프에서 나에게 "여기 있던 처음 10년 동안 한 마리 오랑우탄이 되기를 바랐다."라고 했다.

그녀는 항상 다른 어떤 존재보다 오랑우탄에게 이끌렸다. 야생 오랑우탄을 한 마리도 보지 못했을 때도 이미 녀석들에게 경외감을 느끼고 그들과 결합해 있었다. 평온하고 고독하고 자급하는 오랑우탄은 그녀의 개인 토템처럼 보였다. 마치 오글라라 인디언이 힘을 집중하기 위해 토템의 능력과 지식을 빌려고 하는 것처럼.

그녀가 사려 깊고 조용한 목소리로 말한다. "우리 서양인은 모두 오랑우탄처럼 되기를 열망하지 않나요? 우리 문화의 궁극적인 목적, 즉 모든 이들이 자신의 배우자나 부모, 아이로부터 완벽하게 독립하고자 하는 목적을 주의 깊게 살펴보면 그것이 바로 오랑우탄처럼 되려는 뜻임을 알 수 있습니다."

실제로 연구 초기 10년 동안 비루테는 자신의 독립성에 대해 끊임없이 자문했다. 그녀는 로드를 사랑했지만 그에게 의존하지는 않았다. 빈티도 사랑하기는 했지만 역시 자신의 삶을 보람 있게 만들기 위해 그 아들을 필요로 하지는 않았다. 하지만 완벽하게 독립적이지는 못했음을 인정한다. 오랑우탄이 필요했기 때문이다. 그녀는 마찬가지로 오랑우탄에게도 자신이 필요했으면 싶었다. "처음 10년 동안은 그들에게 전적으로 몰두했어요. 결국 그들에게 받아들여졌죠. 당신도 원한다면 그렇게 될 수 있습니다. 하지만 그들은 그걸 필요로 하지는 않습니다. 만일 그들에게 받아들여지길 바란다면 당신 쪽에서 먼저 다가가야 합니다. 절대 그들이 알아서 그렇게 해 줄 거라고 기대해서는 안 됩니다."

"그들을 지켜보노라면 인간은 결코 오랑우탄이 될 수 없음을 어쩔 수 없이 깨닫게 됩니다. 아마 침팬지는 될 수 있을지 모르겠습니다. 고릴라도 될 수 있을지 모릅니다. 하지만 결코 오랑우탄은 되지 못할 겁니다. 그들에게서 물러나 거리를 두고 지켜보면 자신을 속이고 있다는 것을 금세 깨닫게 됩니다. 이 점이 오랑우탄을 위엄 있고 숭고하게 보이도록 합니다. 그들에게는 어느 누구도 필요하지 않습니다."

사려 깊고 겉으로는 자립적으로 보이는 비루테도 자신에게 인간으로서의 욕구, 즉 가족을 이루고 남편을 사랑하고 남편에게 의지하고픈 욕구가 숨어 있음을 감출 수 없었다. 때로 게리 샤피로는 그녀가 특유의 표정으로 어딘가를 물끄러미 응시하는 모습을 보곤 했다. 게리는 그것을 과일을 찾아 밀림을 뒤적이며 서서히 이동하는 지적인 유인원인 오랑우탄에게서 볼 수 있는 모습이라 하여 '과일 응시'라고 불렀다. 다른 어떤 동물에게도 찾아볼 수 없는 오랑우탄만의 독특한 얼굴 표정인 것이다. 그는 "비루테가 그러고 있으면 영락없는 오랑우탄처럼 보인다."라고 했다.

비루테가 정향향 담배를 하나 꺼내 물더니 생각에 잠긴 듯이 말한다. "나는 분명히 다른 것보다는 오랑우탄을 더 닮은 듯싶어요."

———

내가 이 책과 관련한 작업을 시작했을 때 다이앤은 이미 이 세상 사람이 아니었다. 그녀의 연구 결과와 방법론을 알아보기 위해 그녀가 쓴 책, 학술 논문, 대중 논문, 학사학위 논문 등을 참조할 수는 있었다. 하지만 과학자들은 흔히 자신이 연구한 동물에 관한 감정, 혹은 그들 속에서 자신이 어떠한 위치에 놓였는지 기록하기를 몹시 싫어한다. 나는 이런 것에 대해 살아 있는 다이앤과 직접 이야기를 나눠보지는 못했다.

오늘날의 샤먼이랄 수 있는 영매, 그레천 보걸 푸아송이 다이앤과 나를 연결해 보겠노라고 제안했다. 우리 집 근처에서 농사짓고 있는 그녀는 다이앤의 책을 읽어본 적도 최근 대중매체에서 그녀에 관한 기사를 접한 적도 없었다. 다이앤이 사망한 지 2년째 접어들던 1987년 3월의 어느 토요일, 집에 혼자 있던 그레천은 자신이 본 모습을 녹음기에 이렇게 담았다.

"다이앤이 동굴처럼 생긴 어떤 구조물 속에 있다는 인상을 받는다. 밝은색 옷을 입은 그녀를 몇 마리 고릴라가 둘러싸고 있다. 하지만 불빛이 거의 없는 곳이어서인지 그녀 몸체는 착용한 밝은색 옷으로만 간신히 감지된다. 매우 기이한 광경이다. 나는 천사들에게 나를 당장 그녀 가까이 데려다 달라고 요청한다." 여기까지 녹음한 뒤 그레천의 말이 잠시 끊긴다. 테이프에서는 그레천이 숨을 들이쉬는 소리가 들린다. "세상에, 다이앤은 실제로는 옷을 입고 있는 고릴라다!"

"나는 고릴라 언어로 그들에게 말을 겁니다." 다이앤이 「조니 카슨 쇼」에 출연했을 때 말했다. 그녀는 왼쪽 팔뚝을 카슨의 나뭇결무늬 책상에 기댄 채 턱 끝을 쳐들고서 이렇게 발성했다. "나움 므-느우움 마나우움-나오움 나우움?" 그러고 나서 다른 손님들에게 고개를 돌리더니 같은 발성을 되풀이했다. "나움 므-느우움 마나우움-나오움 나우움?" 이 대목에 이르러서야 그녀는 다른 어떤 순간보다 더 긴장이 풀린 편안한 모습이 되었다.

다이앤은 때로 기자들에게 자신은 고릴라가 하는 것과 같은 식으로 그들 질문에 답한다고 말했다. 로빈슨 매킬베인이 마지막으로 다이앤을 방문하러 카리소케에 왔을 때였다. "그녀는 고릴라 외에는 아무 이야기도 하지 않았습니다. 한 시간 동안 꿀꿀거리면서 온갖 종류의 고릴라 소리를 다 냈어요. 거부감이 느껴질 정도였습니다." 디짓이 죽었을 때 그녀는 다른 사람들이 형제자매나 배우자의 죽음을 경험할 때보다 더 커다란 충격을 받았다. 디짓이 숨진 뒤 그녀는 디짓이라는 이름만 들어도 목이 메어 말을 잇지 못했다. 비루테는 다이앤이 살해되고 나서 이렇게 말했다. "이번으로 다이앤은 두 번 죽은 셈입니다. 그녀는 디짓이 죽었을 때 그와 함께 이미 죽은 거나 다름없었습니다."

다이애나 맥미킨이 말했다. "'디짓'은 다이앤에게 그녀가 실제로 가져본 적 없는 아들이자 형제이자 아버지였습니다. 그리고 '고릴라'는 그녀에게 인간 종을 대신해 주는 대리 종족이었습니다."

"다이앤이 여러 가지 점에서 고릴라가 되었음"을 비루테가 처음 깨달은 것은 다이앤이 죽기 10년쯤 전 새크라멘토에서 그녀를 만났을 때였다. 당시 다이앤은 "나움 므-느우움 마나우움-나오움 나우움?" 하며 기분을 돋우는 고릴라 발성을 했다. 비루테는 1986년 3월 내셔널 지오그래픽이 주최한 다이앤의 디짓 기금 추모 공연에서 이 일을 언급했다. "나는 그때 이미 다이앤의 영혼이 고릴라에 깊이 물들어 있을 뿐 아니라 고릴라와 합쳐져 있음을 깨달았습니다."

혹자는 다이앤이 고릴라와 맺은 관계, 그리고 그녀가 그들과 하나라고 느낀 감정은 일종의 정신병적 징후라고 진단하기도 한다. 그녀를 잘 알고 있는 미국인 환경 공무원이 말했다. "내 생각에 그녀의 불가해한 심술과 불행은 상당 부분 그녀가 보란 듯이 자기 삶 속 인간들을 고릴라로 대체하기 위해 그 녀석들과 보기 민망하리만큼 각별한 관계를 일구어야 했다는 사실 탓에 한층 악화된 듯하다." 또 다른 사람도 회의적 평가를 내렸다. "다이앤은 비인간 세계라는 새로운 실재를 획득했다기보다 인간 세계라는 **현실**과의 접점을 놓쳤습니다. 그녀는 고릴라가 자신을 지극히 염려해 주었으며 그들이 인간보다 더 사랑할 가치가 있는 존재라는 생각을 은근히 즐겼던 게 아닌가 싶습니다. 고릴라는 확실히 그녀를 잘 인내했지만, 분명 그녀에게 긍정적인 감정을 품지는 않았습니다. 그들은 자신들 세계만으로도 이미 충분했으며 자신들만의 관계가 있었습니다. 그들은 그녀에게 어떤 욕구도 없었고, 그녀가 **필요하지도 않았습니다.**"

역시나 과학자인 다이앤의 한 제자가 말했다. "어떤 고릴라는 우리에게 진정한 애정을 가지고 있었을지도 모릅니다. 그럼에도 그들은 우리가 그들을 좋아하는 것만큼 우리를 좋아하지는 않았습니다. 그들은 우리가 그들을 이해하는 것만큼 우리를 이해하지도 못했습니다." 하지만 아마 우리보다 '더 오래되고 더 완전한' 세계에서는 상호 호혜적인 부채감을 요구하지 않는 그런 사랑도 있으리라. 확실히 다이앤은 고릴라가 필요했다. 아마 고릴라도 다른 어떤 인간이 다이앤을 이해했던 정도보다 그녀를 더 잘 이해했을 것이다.

이언 레드먼드가 다이앤을 기리는 내셔널 지오그래픽 추모 자선 공연에서 한 가지 이야기를 꺼냈다. 말할 계획이 없었는데 느닷없이 질문을 받게 된 것이다. "고릴라는 다이앤의 죽음에 어떤 반응을 보였습니까?"

"이것은 엄밀한 과학의 영역을 넘어서는 이야기입니다. 다이앤이 죽은 직후 비소케에서 약간 떨어져 살던 세 고릴라 집단이 갑자기 그녀가 있는 산 쪽으로 이동하기 시작했습니다. 한 집단은 거의 이틀 동안 계속 그녀 가까이 오려고 움직였습니다." 과학자 이언은 다이앤의 근거지가 자리한 산을 향해 고릴라들이 급작스럽게 이동한 것에 함축되어 있을 의미를 자진해서 해석하려 들지는 않았다. 좌우지간 다이앤이 죽은 후 고릴라들이 대거 그녀를 향해 다가온 것만은 분명한 사실이었다.

동물로 변신한 여성에 관해 예로부터 전해 오는 전설(여우 여성 이야기, 물소 여성 이야기, 두루미 아내 이야기……)에서 그 여성은 결국 모두 원래의 동물 형상으로 되돌아간다. 이들 이야기에서 또 한 가지 공통점은 남은 남성이 모두 분기탱천한다는 것이다. 대다수 이야기에서 여성은 마지막에 동물로 변신한 후 그 남성에게 사냥당하거나 살해된다.

이것이 정확히 다이앤에게 일어난 일이었다. 이는 또한 일부 사람들이 비루테나 제인에게 거북함을 느끼는 이유이기도 하다. 본래 길이 가장 잘 들어 있던 존재인 여성이 변신해서 우리 곁을 떠나 야생으로 가 버렸다는 거북함.

비루테와 제인은 확실히 인간적인 노력의 세계에 뿌리를 내렸다. 제인은 침팬지가 되지는 않았다. 비루테도 오랑우탄이 되지는 않았다. 하지만 세 사람의 삶은 모두 꿈에 의해 '변신'에 필적하는 변화를 겪었다. 그들은 자신들이 여행한 나라와 견고하게 유대를 맺고 있다.

헨리 베스턴의 표현을 빌자면 그들은 어느 정도 우리가 전혀 들어 본 적 없는 목소리를 내며 살고 있으며, 우리가 잃어버렸거나 결코 도달해 본 적 없는 확장된 감각을 부여받았다. 당신은 **'맛있는** 과일(인간 감각으로는 너무 시어서 즉시 인상을 찌그러뜨리는 과일)이 주렁주렁 달린 나무'를 본 제인이 감탄했던 일에 대해 들어 볼 필요가 있다. 당신은 어떻게 다이앤이 썩은 나무 맛을 찬미하면서 고릴라 노래를 그들에게 들려주었는지 떠올려 보아야 한다. 당신은 오랑우탄처럼 '과일 응시'를 할 때 비루테가 마음속으로 무엇을 경험하고 있는지 상상해 볼 필요가 있다.

그런데 서양 과학자들은 이런 이야기를 별로 하고 싶어 하지 않는다. 오랫동안 말해질 수 없다고 여겨져 온 주제에 대해 언급하는 어려운 일이기 때문이다. 서양 과학에서 인간과 동물 간의 유대, 감정 이입이나 직관 같은 정신적 도구는 은폐된 것, 암시적인 것, 무언의 것이라는 꼬리표가 붙은 채 비밀스럽게 암호화되었다. 우리가 과거에 우리 세계를 설명할 때 사용하던 진실, 예로부터 전승되는 신화가 이야기해 주는 진실은 과학적 객관성을 주장하는 열정 없는 목소리에 눌려 침묵을 강요당해 왔다.

하지만 이제 우리는 그런 태곳적 진실을 조금씩 재발견하는 중이다. 저명한 일본인 영장류학자 가와이 마사오는 『일본 원숭이의 삶』에서 연구 토대가 된 새로운 개념, '공감'에 대해 개관한다. 이는 '같이 느끼다'라는 의미다. 그는 일본의 짧은꼬리원숭이 암컷과 상호작용하던 자기 팀의 어떤 여성 연구자를 관찰한 후 이 개념에 착안했다. "남성은 암컷 짧은꼬리원숭이들을 서로 분간하지 못해 애를 먹는다. 하지만 연구에 합류한 이 여성 연구자는 개체 암컷을 쉽게 분간했으며 그들의 행동, 인성, 정서 생활 등을 남성보다 훨씬 쉽게 간파했다. […] 나는 전에는 한 번도 암컷 원숭이와 여성이 즉각 서로를 이해할 수 있다고 생각해 본 적이 없었다. 이 사실을 발견하고 나는 '공감'의 본질에 거의 근접했다는 느낌을 받았다."

공감 접근법에 구현된 아이디어는 삶을 공유한다고 느끼는 것, 연구 대상 동물과 상호 애착을 지니는 것(그들과 '같은 느낌'을 갖는 것)은 바람직할 뿐 아니라 엄밀한 과학이나 진리의 발견을 위해서도 '필수 불가결'하다는 것이다. 마사오는 "일정한 수준에서 그들과 접촉함으로써, 또한 적극적으로 그 집단에 들어감으로써 객관성을 확보할 수 있다는 게 바로 우리의 관점"이라고 강조했다.

마사오는 과학자들에게 고대 샤먼의 역할로 돌아갈 것을, 즉 동물과 '같은 느낌'을 맛볼 것을, 그들의 국가를 다녀볼 것을, 우리의 변신을 허락할 것을, 보통 사람이 일상적으로는 볼 수 없는 것을 경험할 것을 촉구하고 있다. 도표화된 자료보다 출판이나 수상보다 훨씬 더 소중한 것은 제인, 다이앤, 비루테가 이룬 선구자적 성취다. 이 여성들은 감히 우리 아닌 타자에게 다시 다가가려 했으며, 우리가 그들(베스턴의 말을 빌자면 "국경선으로 분리된 우리와는 다른 국가들의 국민이요, 이 대지의 고단함과 찬란함 속에서 더불어 살아가는 이웃")과 이 세계라는 단일체를 함께 공유하는 존재임을 기꺼이 인정하려 했던 것이다.

감사의 말

이 책을 쓰는 데에 정보와 통찰력, 영감을 제공해 준 많은 이들에게 감사드린다. 여기에는 그들 가운데 일부만 적는다. 이름을 적지 않은 이들 가운데 몇몇은 익명을 요구했고, 나머지는 너무 많아서 다 열거하지 못했다. 그들에게는 개인적으로 감사를 전해야 할 것이다.

이 책을 구상하려고 해외여행을 하는 동안 내게 베풀어 준 사람들의 환대에 특히 감사드린다. 많은 기억을 함께 나눈 로사먼드 카는 르완다 기세니에 있는 아름다운 집에서 나를 편안하게 맞이해 주었다. 탄자니아에서는 곰베의 직원이자 연구자 데이비드 길라기자가 침팬지를 소개하면서 훌륭한 접대와 안내를 해 주었다. 리처드 에스테스 박사는 나이로비에서 밥 캠벨과 자신의 애교스러운 바위너구리 두 마리를 비롯해 유용한 만남을 주선해 주었다. 탄중푸팅과 보르네오섬에 있는 파시르팡장에서 현장 연구를 할 수 있게 해 준 비루테 갈디카스 박사와 팍 보합에게, 그리고 '오랑우탄 프로젝트'의 직원과 오랑우탄에게도 고마

426

움을 전한다. 칼리만탄섬에서 걸린 이름 모를 병으로 고생할 때 돌봐준 다이앤 테일러 스노에게 특별히 감사를 드린다.

팔리 모와트, 게자 텔레키와 히더 맥기펜, 슈바르첼 가족, 티타 콜드웰 여사, 이언 레드먼드, 리처드 랭험, 에이미 베더와 빌 베버, 엘리자베스 마셜 토머스와 스티브 토머스, 그레천 보걸 푸아송, 밥 플리걸이 보여 준 우정과 염려에 깊이 감사드리고 싶다. 자상하게 도와주고 잉글랜드 본머스의 집에서 환영해 준 구달 가족—제인, 밴, 그럽—에게도 감사를 드린다.

나보다 훨씬 유능한 작가이자 누구보다 훌륭한 편집자인 남편 하워드 맨스필드에게도 각별히 고마움을 전한다.

몇몇 단체와 그곳에서 근무하는 직원들은 참고 자료와 개인적인 기억을 제공해 주었다. 그들 가운데 특별히 내셔널 지오그래픽 협회, 리키 재단, 제인 구달 연구소, 어스워치, 국제 영장류 보존 연맹, 워싱턴과 나이로비에 본부를 둔 아프리카 야생동물 재단에 감사드린다.

이 프로젝트가 진행되는 동안 자금 지원과 도덕적 지원을 해 준 여성을 위한 기금과 바버라 데밍 추모 기금에 감사한다.

야생동물에 대해 최초의 현장 연구를 할 수 있도록 해 준 데 파멜라 파커와 시카고 동물학회에게 감사드린다.

사랑하는 저작권 에이전트 세라 제인 프레이먼에게 감사드린다. 1991년에 나의 첫 번째 책을 출간할 만큼 나를 믿어 준 편집자 고# 피터 데이비슨과 2009년에 이 새로운 개정판을 재출간할 정도로 나를 지지해 준 조니 프레이디드에 대한 고마움은 영원히 잊지 않을 것이다. 이 책의 업데이트 과정을 도와준 케이트 캐봇은 훌륭한 연구 조교였으며 지금도 여전히 영장류 보존의 대의에 깊이 헌신하고 있다. 훌륭한 작업을 진행해 준 그녀에게 감사드린다. 또 아프리카의 영장류, 특히 고릴라에 헌신함으로써 이 책이 출간된 이래 줄곧 내게 영감을 준 조엘 글릭에게도 고마움을 전하고 싶다. 조엘은 내가 이 책에서 다룬 주제에 관해 보스턴에서 발표한 프리젠테이션에 중학생 신분으로 아버지와 함께 참석했는데, 그때 이미 자신이 마운틴고릴라 보존에 생을 바칠 것임을 알고 있었다. 그는 다른 젊은이들이라면 이겨낼 수 없다고 생각했을 여러 어려움에도 불구하고 다이앤 포시의 발자취를 따라 걸으면서 실제로 그 일을 해냈다. 나는 그가 꿈을 이루는 광경을 지켜보는 특권을 누릴 수 있었다.

그리고 마지막으로 이 책 초판과 동일하게, 돌아가신 나의 아버지 육군 준장 A. J. 몽고메리에게 감사를 전하고 싶다. 아버지는 책을 보기 전에 세상을 떠났지만 내가 이 책을 쓰고 있다는 사실을 알았고, 심지어 내 책의 주인공 제인 구달에게 경의를 표하고자 마련한 저녁식사 자리에 나와 동행하기까지 했다. 아버지는 언제나 나의 가장 위대한 영웅이었으며 오늘날까지도 여전히 그런 존재로 남아 있다. 아버지의 격려에 힘입어 처음에 아프리카와 오스트레일리아로 여행을 떠날 수 있었다. 나는 아무리 비틀거리더라도 언제까지나 그의 담대한 발자취를 따라갈 것이다.

옮긴이의 말

먼저 읽는 독자라고 할 수 있는 역자로서 처음 이 책을 접했을 때 유인원과 세 '유인원 여인'은 내게 전혀 낯선 세계였다. 이 책을 '첫 만남'으로 하기 위해 제인 구달, 다이앤 포시, 비루테 갈디카스에 대한 기왕의 문헌이나 영상 자료는 초고를 완성하기 전까지 참고하지 않았다. 그러다 보니 자연 생소한 내용과 씨름하는 과정이 되었지만, 독자들이 처음 책을 대할 때 그랬겠듯이 나도 플린트의 죽음 같은 느닷없는 대목에서는 가슴이 철렁 내려앉곤 했다. 또 디깃의 사망, 루이스와 다이앤이 나눈 비운의 사랑, 제인의 길고 긴 침묵, 다이앤의 광기, 비루테의 귀화歸化 등과도 흥미진진하게 만날 수 있었다.

이전에 출간된 세 여인의 저서들이 남의 일기장을 엿볼 때 같은 차분한 울림을 준다면, 몽고메리라는 역량 있는 작가에 의해 재구성된 이 여인들 삶은 한 편의 소설을 읽는 듯한 재미를 선사한다. 이 책은 시공을 넘나들고 세 주인공을 교차하면서 속도감 있고 역동적으로 전개된다. 작가는 한 인간의 밝은 면과 어두운 면, 그의 강점과 그 이면에 도사리고 있는 약점 등을 지나치다 싶을 만큼 가차 없이 파헤친다. 따라서 독자들은 세 여인에게서 경외와 부러움, 공감과 연민, 거부감과 혐오감 등을 고루고루 경험할 수 있다. 그렇게 작가의 붓대에 휘둘리고 나서 마지막 책장을 덮을 때쯤이면, '우리 인간은 위대한 인생이든 시시한 인생이든 어쩔 수 없이 하늘 아래 사는, 겸허함을 견지해야 하는 작은 존재'라는 삶의 진실을 받아들이게 된다. 또 '인간'이라는 통칭通稱 속에서 우리는 너나없이 더할 것도 덜할 것도 없는 외로운 존재로 살아가고 있음을 깨닫게 된다.

　세 여인들처럼 세기의 명사가 되는 것, 공인公人으로 등극하는 것은 보통 사람의 부러움을 사는 영광스러운 일임에 틀림없다. 하지만 그것은 다이앤에게서 느낄 수 있듯이 비밀을 간직하고 싶은 인간의 욕구를 반납하고 사생활을 드러내야 하는 곤혹스러움, 제인의 경우에서처럼 자신의 기질이나 취향과 상관없이 거대 주제에 대해 발언해야 하는 부담감, 비루테에게서 볼 수 있듯이 낯선 문화권에 적응하기 위한 분투가 서구적 판단 기준에 의해 함부로 난도질당하는 낭패감 따위를 동시에 수용해야 하는, 무거운 대가를 치르는 일이기도 하다는 생각이 든다.

　개인적으로는 세 여인 가운데 다이앤의 삶에 가장 눈길이 갔다. 다이앤은 제인의 그늘에 가려 영원히 빛을 보지 못한 2인자로서 열패감과 시기심에 몸부림치고, 인간관계에서 뭐 하나 성공적으로 얻은 게 없는 실패한 인생으로 그려진다. 하지만 그녀를 그렇게 야생마이자 마녀처럼 만든 성장 과정, 냉담한 어머니, 사랑의 결핍 등을 떠올리다 보면 이 또한 움직일 수 없는 삶의 단면이 아닌가 싶어 마음이 서늘해진다. 그녀의 실패와 고독, 그녀를 향한 냉대와 독설, 비극적 죽음 등은 어찌할 수 없는 연민으로 가슴을 아프게 한다.

여성성을 유난히 고무하는 이 책에서 특히 흥미로운 것은 세 여성이 남성과 맺은 관계이다. 그녀들 인생에서는 여성이 주主이고 남성이 조력자나 지원자로 등장한다. 그녀들이 그 조력이나 지원을 마치 권리인 양 당당하게 구가하고, 상대 남성이 결국에는 그 보조적 지위를 견디지 못해 떠나는 모습을 상당히 이기적인 것으로 해석하는 것을 볼 수 있다. 이것은 거꾸로 많은 남성이 여성의 희생을 당연시하고 무심하게 받아들이는 우리 사회의 현실을 떠오르게 한다. 어쨌든 이 대목에서는 성性을 떠나 누구도 다른 이의 희생을 딛고 서서는 안 되는 게 아닌가, 질문해 보게 된다.

이 책은 제인 구달, 다이앤 포시, 비루테 갈디카스가 각각 침팬지, 고릴라, 오랑우탄과 함께한 인생을 파헤친 독보적인 구성의 삼인 평전이다. 나는 이 자리를 빌려 작가 사이 몽고메리에 대해 이야기해 보려 한다. 2001년 출간된 초판과 달리 이 번역서의 원본이 되어준 2009년 개정판에는 엘리자베스 마셜 토머스가 쓴 서문이 곁들여졌다. 그 서문을 통해 우리는 이 책의 저자가 그녀가 조명한 세 유인원 여인 못지않은 역량과 투지의 소유자라는 사실을 알고 새삼 놀라게 된다.

세 여인의 삶을 이렇게까지 생생하게 복원한 작가의 노력은 참으로 인상적이다. 서적이나 문서나 편지 같은 문헌, 또는 인터뷰나 참여 관찰 같은 취재의 도움을 받는다고 해도 사건들이 일어난 일시와 전후 관계를 사실대로 짜맞추면서 일일이 복원하려면 보통 품이 많이 드는 일이 아닐 것이다. 잘 모르고 하는 소리일 수 있지만 다른 글과 달리 평전은 절대 일필휘지로 써내려 갈 수 없다. 사실에 근거한 평전의 기술은 정말이지 더디고 까다로워 보인다. 한 줄 한 줄이 문헌이나 다른 사람들의 진술 등 반드시 무언가를 근거로 쓰여야 하기 때문이다. 이 책에서도 작가는 인용 출처를 밝히느라 진땀을 빼고 있다. 독자들은 매 문장마다 이 말은 누가 했고, 저 말은 누가 했고를 낱낱이 밝히려는 통에 글의 흐름이 매끄럽지 못하다고 느껴지는 대목을 이따금 만날 것이다. 하지만 이야말로 평전의 엄밀함을 담보하는 필수 요소다.

평전의 묘미가 뭘까. 여느 사람들과의 관계도 그렇지만 마치 하루하루를 같이 사는 것처럼 그 사람의 삶을 통째로 들여다보게 되면 끝내는 그를 이해하지 않을 수 없고, 애증의 감정으로나마 사랑하지 않을 수 없게 된다. 작가는 세 유인원 여인을 결코 미화하지 않는다. 도리어 너무 신랄한 게 아닌가 싶을 정도로 그들 삶에 대해 대단히 중립적인 태도를 취한다. 비난도 옹호도 아니다. 그래서 우리는 이따금 세 여인에 대해 미움과 분노 같은 감정도 품게 된다. 그런데 작가가 하필 그 일을 '세 유인원 여인'을 상대로 했다는 사실은 그녀들 삶에 대한 작가의 독특한 사랑법이라고밖에 달리 표현할 길이 없다. 미움과 증오도 때로 삶을 밀고 나아가는 추진력이 되어 주지만 그것은 어디까지나 잠깐 동안만 가능할 뿐이다. 평전의 묘미는 한 사람의 삶을 촘촘하게 들여다 봄으로써 그를 깊이 이해하고 긍정하고, 결국에 가서는 사랑하게 만드는 데 있는 것 같다. 누군가를 사랑하기 위해서 그가 꼭 흠잡을 데 없이 완벽해야 하는 것은 아니니까. 위인전이 아닌 평전은 결국 독자들에게 '교훈'보다는 '공감'과 '감동'을 전해 준다. 이것이 바로 나를 비롯한 많은 사람들이 평전에 이끌리는 이유가 아닌가 싶다. 이런 일반적인 평전의 묘미에 더해 이 책은 유인원이라는 키워드로 묶일 수 있는 세 여인의 역동을 담아냈다는 점에서 무척이나 흥미진진할뿐더러 독보적이기까지 하다.

이 책의 초판은 1991년과 2001년에, 그리고 개정판은 2009년에 출간되었다. 2009년 개정판은 초판을 위해 취재했던 내용이 현재형에서 과거형으로 일부 수정된 부분과 사실관계들의 몇몇 변화가 반영되어 있었지만 큰 틀에서 바뀐 것은 없다. 우리나라에서는 초판이 2001년에 출간되었고, 개정판 번역서는 2023년에 출판된다. 개정판이 나오고도 우리나라에 소개되기까지 또 10여 년이라는 짧지 않은 세월이 흐른 것이다. 이런 시차 때문에 본문에는 시제상의 혼란이 다소 남아 있다. 하지만 전반적인 그림을 그리는 데 방해가 될 정도는 아니다.

후일담을 정리해야 할 필요가 있다 싶었다. 하지만 그건 역자의 역량을 넘어서는 일일뿐더러 유인원과 관련한 르완다, 탄자니아, 인도네시아의 근황을 보면 책 내용만으로도 이미 충분하다고 여겨질 정도로 그곳 상황이 답보 상태거나 다소 악화 상태라고 느껴진다. 세 여인이 일평생 쏟아부은 노고를 고려할 때 그녀들 유인원의 삶이나 복지 수준이 극적으로 개선되었다고 말하기는 어려워 보인다. 인간 중심의 자연 파괴와 개발 논리가 세계적으로 여전히 기승을 부리고 있는 이즈음, 그녀들의 노력이 그 속도를 다소 지연시키고 있다는 사실을 그나마 위안 삼아야 할 것 같다.

초판 옮긴이로서 이 아름다운 책이 절판되어 못내 아쉬웠던 차에 돌고래 출판사로부터 개정판 번역을 의뢰받았다. 이 책이 뜻을 지닌 훌륭한 출판사에서 이렇듯 소생했다는 사실이 기쁘기 한량없으며, 그런 결정을 내린 돌고래 출판사에 진심으로 감사드린다. 내가 그랬듯이, 독자들도 세 유인원 여인의 불꽃같은 삶에 진한 감동을 맛보고 그녀들이 우리에게 들려주려는 말에 조용히 귀 기울여 보길 바랄 따름이다.

2023년 3월
옮긴이 김홍옥

참고문헌

침팬지

Ghiglieri, Michael P. *East of the Mountains of the Moon: Chimpanzee Society in the African Rain Forest.* New York: Free Press, 1988.

Goodall, Jane. *Through a Window.* Boston: Houghton Mifflin, 1990.

_____ . *My Life with the Wild Chimpanzees.* New York: Minstrel Books, 1988.

_____ . *The Chimpanzees of Gombe: Patterns of Behavior. Cambridge,* Mass.: Harvard University Press, 1986.

_____ . *In the Shadow of Man.* Boston: Houghton Mifflin, 1971.

Premack, David, and Ann James Premack. *The Mind of an Ape.* New York: W. W. Norton, 1983.

고릴라

Fossey, Dian. *Gorillas in the Mist.* Boston: Houghton Mifflin, 1983.

_____ . "The Behavior of the Mountain Gorilla." Ph.D. dissertation, Cambridge University, Darwin College, 1976.

Goodall, Allan. *The Wandering Gorillas.* London: William Collins Sons, 1979.

Mowat, Farley. *Woman in the Mists.* New York: Warner Books, 1987.

Nichols, Michael. *Gorilla: Struggle for Survival in the Virungas.* New York: Aperture, 1989.

Schaller, George. *The Year of the Gorilla.* Chicago: University of Chicago Press, 1964.

오랑우탄과 보르네오

Galdikas, Biruté M. F. "Orangutan Adaptation at Tanjung Puting Reserve, Central Borneo." Ph.D. dissertation, University of California, 1978.

MacKinnon, John. *In Search of the Red Ape.* New York: Holt, Rinehart & Winston, 1974.

Schwartz, Jeffrey. *The Red Ape*. Boston: Houghton Mifflin, 1987.

Wallace, Alfred Russel. *The Malay Archipelago*. London: Macmillan, 1869.

영장류학

De Waal, Frans. *Peacemaking among Primates*. Cambridge, Mass.: Harvard University Press, 1989.

———. *Chimpanzee Politics: Power and Sex among Apes*. New York: Harper & Row, 1982.

Hamburg, D. A., and E. R. McCown, eds. *The Great Apes. Menlo Park,* Calif.: Benjamin-Cummings, 1979.

Harraway, Donna. *Primate Visions*. New York: Routledge, 1989.

Linden, Eugene. *Silent Partner: The Legacy of the Ape Language Experiments*. New York: Times Books, 1986.

———. *Apes, Men and Language*. New York: Penguin Books, 1974.

Smuts, Barbara, et al., eds. *Primate Societies*. Chicago: University of Chicago Press, 1987.

인류의 진화와 고인류학

Cole, Sonia. *Leakey's Luck*. New York: Harcourt Brace Jovanovich, 1975.

Hrdy, Sarah Blaffer. *The Woman Who Never Evolved*. Cambridge, Mass.: Harvard University Press, 1983.

Leakey, L. S. B. *By the Evidence*. New York: Harcourt Brace Jovanovich, 1974.

Leakey, L. S. B. *White African: An Early Autobiography*. Rochester, Vt.: Schenkman Books, 1966.

Leakey, Mary. *Disclosing the Past*. New York: Doubleday, 1984.

Leakey, Richard, and Roger Lewin. *People of the Lake: Mankind and Its Beginnings*. New York: Avon, 1978.

동물행동학

Gould, James L. *Ethology: The Mechanisms and Evolution of Behavior*. New York: W. W. Norton, 1982.

Hinde, Robert A. *Ethology: Its Nature and Relations with Other Sciences.* Oxford: Oxford University Press, 1982.

Lorenz, Konrad. *The Foundations of Ethology.* New York: Simon and Schuster, 1981.

아프리카

du Chaillu, P. B. *Adventures in Equatorial Africa.* New York: Harper Brothers, 1868.

Knappert, Jan. *Myths and Legends of the Swahili.* Nairobi: Heinemann Kenya, 1970.

Mbiti, John S. *African Religions and Philosophy.* Nairobi: Heinemann, 1969.

기타

Campbell, Joseph. *The Masks of God: Primitive Mythology.* New York: Penguin Books, 1976.

Gilligan, Carol. *In a Different Voice.* Cambridge, Mass.: Harvard University Press, 1982.

Hearne, Vicki. *Adam's Task: Calling Animals by Name.* New York: Alfred A. Knopf, 1986.

이 책 이후 출간된 읽을 만한 추가 도서

Galdikas, Biruté Mary. *Orangutan Odyssey.* New York: Harry N. Abrams, 1999.

_____. Reflections of Eden. New York: Little, Brown (Back Bay Books), 1996.

Goodall, Jane, edited by Dale Peterson. *Beyond Innocence: An Autobiography in Letters: The Later Years.* Boston: Houghton Mifflin, 2001.

_____, edited by Dale Peterson. *Africa in My Blood: An Autobiography in Letters.* Boston: Houghton Mifflin, 2000.

_____, with Phillip Berman. *Reason for Hope: A Spiritual Journey.* New York: Warner Books, 1999.

Peterson, Dale. *Jane Goodall: The Woman Who Redefined Man.* Boston: Houghton Mifflin, 2006.

Spaulding, Linda. *A Dark Place in the Jungle: Following Leakey's Last Angel into*

Borneo. Chapel Hill, N.C.: Algonquin Books, 1999.

Weber, Bill, and Amy Vedder. *In the Kingdom of Gorillas: Fragile Species in a Dangerous Land.* New York: Simon and Schuster, 2001.

유인원과의 산책
제인 구달, 다이앤 포시, 비루테 갈디카스

초판 1쇄 발행 2023년 3월 23일
초판 2쇄 발행 2023년 4월 15일

지은이   사이 몽고메리
옮긴이   김홍옥

발행인   김희진
편집   윤현아, 김지운
마케팅   이혜인
디자인   민혜원
제작   제이오
인쇄   민언프린텍

발행처   돌고래
출판등록   2021년 5월 20일
등록번호   제2021-000173호
주소   서울시 강남구 선릉로 704 12층 282호
이메일   info@dolgoraebooks.com

ISBN   979-11-980090-5-0 03490